数控仿真软件应用丛书

斯沃数控仿真技术与应用实例详解（V7.36）

主　编　牟华洪　涂志标
副主编　蒋宇杰　刘华全　吴　岚
参　编　张子园　张继堂　史新星
　　　　张丽丽　郑宝增

机械工业出版社

本书系统地介绍了斯沃 V7.36 数控仿真软件的功能与应用，涵盖数控车床、数控铣床及加工中心的仿真操作，内容从基础入门到高级应用，循序渐进，帮助读者全面掌握数控加工技术。

全书共 6 章，前两章讲解斯沃 V7.36 数控仿真软件的特点、安装、操作环境及基本功能，使读者快速上手；第 3、4 章详细介绍斯沃 V7.36 数控仿真环境的构建、刀具轨迹仿真及仿真验证方法；第 5、6 章精选 12 个典型数控仿真加工实例，包括数控车床和数控铣床仿真实例，结合 FANUC 0i-F Plus 系统的最新应用，深入剖析从零件图样分析到最终检测的全过程，强化读者的实践能力。本书提供学习视频和相应素材，读者可通过手机扫描书中二维码观看和获取。本书 PPT 课件请联系 QQ296447532 获取。

本书适合数控技术从业者、职业院校师生及数控技能竞赛选手学习使用。

图书在版编目（CIP）数据

斯沃数控仿真技术与应用实例详解：V7.36 / 牟华洪，涂志标主编． — 北京：机械工业出版社，2025.7．（数控仿真软件应用丛书）． -- ISBN 978-7-111-78731-0

I. TG659-39

中国国家版本馆 CIP 数据核字第 20259SS158 号

机械工业出版社（北京市百万庄大街 22 号　邮政编码 100037）
策划编辑：周国萍　　　　　　责任编辑：周国萍　刘本明
责任校对：龚思文　王　延　　封面设计：马精明
责任印制：单爱军
北京盛通数码印刷有限公司印刷
2025 年 8 月第 1 版第 1 次印刷
184mm×260mm・12.75 印张・282 千字
标准书号：ISBN 978-7-111-78731-0
定价：59.00 元

电话服务	网络服务
客服电话：010-88361066	机　工　官　网：www.cmpbook.com
010-88379833	机　工　官　博：weibo.com/cmp1952
010-68326294	金　书　网：www.golden-book.com
封底无防伪标均为盗版	机工教育服务网：www.cmpedu.com

前　言

随着数控机床的大量使用，社会亟须培养大批能熟练掌握现代数控技术的人才。在这种形势下，推广学习斯沃数控仿真软件十分必要。该软件是数控仿真领域的代表性产品，提供车床、立式铣床、卧式加工中心、立式加工中心仿真环境，包括 FANUC 系统、SIEMENS 系统、三菱系统、大森系统、华中数控系统、广州数控系统等；同时具有丰富的刀具材料库，用户使用它可以进行机床操作全过程仿真，包括毛坯定义、工件装夹、压板安装、基准对刀、刀具安装、机床手动操作等。此外，斯沃数控仿真软件具有数控程序预检查和运行中的动态检查功能。

为了保证图书的实用性，本书以典型的零件为载体，从"零件图样及信息分析"到"零件的检测与分析"，按照读者学习知识的规律，由浅入深，对整个零件的加工过程一步一步地进行详细阐述。全书共 6 章，具体内容包括：

第 1、2 章为斯沃 V7.36 数控仿真软件入门，简要介绍了斯沃 V7.36 数控仿真软件的特点、安装启动、用户环境，以及基本操作。读者通过学习，将对斯沃 V7.36 数控仿真软件有一个基本的了解和认识。

第 3、4 章为斯沃 V7.36 数控仿真技术介绍，包括机床仿真环境构建、斯沃刀具轨迹仿真、斯沃仿真验证与分析。读者通过学习，可以掌握斯沃 V7.36 数控仿真的一般过程和主要技术特点。

第 5、6 章为斯沃 V7.36 数控仿真实例，包括 5 个数控车床仿真实例、7 个数控铣床及加工中心仿真实例。实例全部来自工程实践，方便读者学习后举一反三，实现从入门到精通。

与同类书相比，本书有以下特点：

1）内容安排以实用、适度为原则，将基本技术和应用实例相结合，避免枯燥的纯理论讲解，适合各类读者学习。

2）实例典型丰富，实践性和代表性强。讲解深入浅出，以零件图样及信息分析→加工方法与工艺→零件程序→仿真加工→检测与分析的顺序进行全程展示，有助于提升读者的学习效率。

3）本书视频和素材放在出版社资源平台上，生成二维码供读者下载，手把手指导读者温习和巩固所学知识。

4）书中实例均使用 FANUC 0i-F Plus 系统进行讲解。市面上关于该系统的书籍较少，本书详细讲解了该系统的使用方法，对初学者有极大的帮助。

本书适合广大数控仿真人员使用，是参加数控大赛人员的必备参考书，同时也可作为大中专及技工院校数控专业学生的教材。

本书赠送 PPT 课件，请联系 QQ296447532 获取。

素材文件

作　者

目 录

前言

第 1 章　斯沃 V7.36 数控仿真软件入门....001
- 1.1　斯沃 V7.36 数控仿真软件简介................001
- 1.2　斯沃 V7.36 数控仿真软件运行环境........002
- 1.3　斯沃 V7.36 数控仿真软件启动................002
- 1.4　斯沃 V7.36 数控仿真软件用户环境........003
  - 1.4.1　软件窗口................................003
  - 1.4.2　菜单栏....................................006
  - 1.4.3　工具栏....................................006
  - 1.4.4　软件版本................................007
- 1.5　斯沃 V7.36 数控仿真软件系统和机床面板切换..007
  - 1.5.1　数控系统切换........................008
  - 1.5.2　机床面板切换........................008
  - 1.5.3　机床模型切换........................008

第 2 章　斯沃 V7.36 数控仿真软件基本操作..................................009
- 2.1　文件管理..009
  - 2.1.1　打开工程文件........................009
  - 2.1.2　保存工程文件........................010
  - 2.1.3　另存工程文件........................010
- 2.2　视图设置..010
- 2.3　机床参数设置..011
  - 2.3.1　数控车床参数........................011
  - 2.3.2　数控铣床参数........................012
- 2.4　冷却液软管调整..012
- 2.5　机床舱门设置..013
- 2.6　刀具管理..013
  - 2.6.1　车床刀具库管理....................013
  - 2.6.2　铣床刀具库管理....................015

第 3 章　斯沃 V7.36 数控仿真环境构建....018
- 3.1　FANUC 0i-TF Plus 数控车床仿真环境构建....018
  - 3.1.1　FANUC 0i-TF Plus 数控车床选择......018
  - 3.1.2　FANUC 0i-TF Plus 数控车床面板......018
  - 3.1.3　FANUC 0i-TF Plus 数控车床基本操作..023
  - 3.1.4　FANUC 0i-TF Plus 数控车床刀具的选择与安装..028
  - 3.1.5　FANUC 0i-TF Plus 数控车床工件的安装..031
- 3.2　FANUC 0i-MF Plus 数控铣床仿真环境构建..032
  - 3.2.1　FANUC 0i-MF Plus 数控铣床选择......032
  - 3.2.2　FANUC 0i-MF Plus 数控铣床面板......032
  - 3.2.3　FANUC 0i-MF Plus 数控铣床基本操作..033
  - 3.2.4　FANUC 0i-MF Plus 数控铣床刀具的选择与安装..035
  - 3.2.5　FANUC 0i-MF Plus 数控铣床工件的安装..038

第 4 章　斯沃 V7.36 刀具轨迹仿真...........041
- 4.1　FANUC 0i-TF Plus 数控车床对刀操作....041
  - 4.1.1　G54～G59 参数设置方法.................041
  - 4.1.2　刀具补偿参数........................042
  - 4.1.3　试切法设置 G54～G59................043
  - 4.1.4　试切法设置刀具补偿参数.................045
  - 4.1.5　FANUC 0i-TF Plus 数控车床零件加工轨迹仿真检查............................045
- 4.2　FANUC 0i-MF Plus 数控铣床及加工中心对刀操作......................................045
  - 4.2.1　刀具半径补偿参数.................045
  - 4.2.2　刀具长度补偿参数.................046
  - 4.2.3　对刀的方法............................047

4.2.4　FANUC 0i-MF Plus 数控铣床及加工
　　　　　中心零件加工轨迹仿真检查............048

第 5 章　FANUC 0i-TF Plus 数控车床仿真实例.................................049

5.1　FANUC 0i-TF Plus 数控车床的有关功能............049
　　5.1.1　快速点定位（G00）............049
　　5.1.2　直线插补（G01）............050
　　5.1.3　圆弧插补（G02、G03）......051
　　5.1.4　暂停功能（G04）............052
　　5.1.5　进给功能（F 指令）..........052
　　5.1.6　主轴功能（S 指令）..........052
　　5.1.7　刀具半径补偿功能
　　　　　（G41、G42、G40）..........053
　　5.1.8　螺纹加工循环..................054
　　5.1.9　外径、内径粗加工循环指令
　　　　　（G71、G73）..................058
　　5.1.10　精加工循环指令（G70）....060
　　5.1.11　常用辅助功能（M 指令）..060
　　5.1.12　工具功能（T 指令）..........061
5.2　零件圆柱表面及端面的数控车削仿真加工............061
　　5.2.1　零件图样及信息分析..........061
　　5.2.2　加工方法......................062
　　5.2.3　走刀路线......................062
　　5.2.4　加工程序......................063
　　5.2.5　仿真加工......................064
　　5.2.6　检测与分析..................072
5.3　零件圆锥表面的数控车削仿真加工........072
　　5.3.1　零件图样及信息分析..........072
　　5.3.2　加工方法......................073
　　5.3.3　走刀路线......................073
　　5.3.4　加工程序......................074
　　5.3.5　仿真加工......................074
　　5.3.6　检测与分析..................082
5.4　零件圆弧表面的数控车削仿真加工........083
　　5.4.1　零件图样及信息分析..........083
　　5.4.2　加工方法......................084
　　5.4.3　走刀路线......................084
　　5.4.4　加工程序......................085
　　5.4.5　仿真加工......................085
　　5.4.6　检测与分析..................092
5.5　应用单一循环功能及螺纹指令的零件数控车削仿真加工........094
　　5.5.1　零件图样及信息分析..........094
　　5.5.2　加工方法......................094
　　5.5.3　加工程序......................095
　　5.5.4　仿真加工......................096
　　5.5.5　检测与分析..................099
5.6　应用复合循环功能的零件数控车削仿真加工........100
　　5.6.1　零件图样及信息分析..........100
　　5.6.2　加工方法......................101
　　5.6.3　加工程序......................101
　　5.6.4　仿真加工......................102
　　5.6.5　检测与分析..................106

第 6 章　FANUC 0i-MF Plus 数控铣床仿真实例.................................108

6.1　FANUC 0i-MF Plus 数控铣床有关功能...108
　　6.1.1　准备功能（G 代码）..........108
　　6.1.2　辅助功能（M 代码）.......... 111
　　6.1.3　绝对值编程与增量值编程....112
　　6.1.4　插补功能......................112
　　6.1.5　坐标系..........................115
　　6.1.6　FANUC 0i-MF 系统的程序结构........116
6.2　槽类零件加工仿真实例（G01）............121
　　6.2.1　工艺分析......................121
　　6.2.2　走刀路线......................121
　　6.2.3　刀具选择......................121
　　6.2.4　加工程序......................122
　　6.2.5　操作过程......................122
　　6.2.6　检测与分析..................128
6.3　内外轮廓类零件仿真实例（刀具补偿）....129
　　6.3.1　工艺分析......................129

6.3.2 走刀路线	130
6.3.3 刀具选择	130
6.3.4 加工程序	130
6.3.5 操作过程	132
6.3.6 检测与分析	138
6.4 中心对称类零件的数控铣床仿真加工（旋转坐标）	140
6.4.1 工艺分析	141
6.4.2 走刀路线	141
6.4.3 刀具选择	141
6.4.4 加工程序	141
6.4.5 操作过程	142
6.4.6 检测与分析	149
6.5 多个相同轮廓零件仿真实例（子程序）	151
6.5.1 工艺分析	152
6.5.2 走刀路线	152
6.5.3 刀具选择	152
6.5.4 加工程序	153
6.5.5 操作过程	153
6.5.6 检测与分析	158
6.6 孔加工固定循环仿真实例	160
6.6.1 工艺分析	160
6.6.2 走刀路线	161
6.6.3 刀具选择	161
6.6.4 加工程序	161
6.6.5 操作过程	163
6.6.6 检测与分析	168
6.7 综合零件仿真加工实例	169
6.7.1 工艺分析	169
6.7.2 走刀路线	170
6.7.3 刀具选择	171
6.7.4 加工程序	171
6.7.5 操作过程	173
6.7.6 检测与分析	180
6.8 加工中心宏程序编程仿真实例	183
6.8.1 工艺分析	183
6.8.2 走刀路线	183
6.8.3 刀具选择	184
6.8.4 加工程序	184
6.8.5 操作过程	185
6.8.6 检测与分析	191
附录 斯沃 V7.36 操作中常见问题及处理方法	193
参考文献	197

第1章 斯沃 V7.36 数控仿真软件入门

仿真软件在数控加工学习中扮演着至关重要的角色，它具有如下几方面的优势：

1）仿真软件提供了一个安全的学习环境，允许学生在虚拟场景中模拟真实的数控加工过程，无需真实的物理材料和机床设备。这降低了学习成本，减小了可能出现的错误和事故风险，为学生提供了一个安全的实践平台。此外，学生可以在仿真环境中随时调整参数、修改程序，并观察其对加工结果的影响，从而更全面地理解数控加工的原理和技术。

2）仿真软件能够提供实时的反馈和性能评估。学生可以实时观察到其编写的数控程序在虚拟环境中的执行效果，从而发现并纠正潜在的错误，不断提升实际操作技能。

3）仿真软件具有高度可视化的特点，能够清晰呈现整个加工过程。通过三维模型的展示，学生可以更直观地理解不同刀具路径、工件轮廓等与数控加工相关的概念。学生可以在仿真软件中随时修改数控程序、调整加工参数，并实时观察这些修改对加工结果的影响。这种灵活性使学生能够尝试不同的编程策略，加深对数控编程原理的理解，提高其编程技能。

4）由于设备种类和数量的限制，学生在真实的实训车间学习时只能接触到一种数控系统和一个面板，而仿真软件可以模拟不同品牌、型号的多种数控系统。通过提供多种系统和面板的仿真环境，拓宽了学生的学习视野，使其能够更全面、更灵活地应对未来实际工作中的各种挑战。这种多样性的培训有助于培养学生的综合素养和适应能力，提高其在数控加工领域的竞争力。

1.1 斯沃 V7.36 数控仿真软件简介

斯沃数控仿真软件是南京斯沃软件技术有限公司开发的一款功能强大的数控仿真软件，具有以下特点和功能：

1）机床控制系统包括发那科（FANUC）、西门子（SINUMERIK）、三菱（MITSUBISHI）、海德汉（HEIDENHAIN）、西班牙发格（Fagor）、美国哈斯（HAAS）、德国 PA、德国德克（DECKEL）、广州数控（GSK）、华中世纪星（HNC）、北京凯恩帝（KND）、大连大森（DASEN）、江苏仁和（RENHE）、南京华兴数控（WA）、南京四开数控（SKY）、成都广泰（GREAT），以及马扎克（Mazak）等 24 个大类共 108 种主流的数控系统。

2）可提供数控车床、铣床及加工中心等高达 228 种主流的操作面板，真实感强，效果逼真。通过在计算机上模拟操作，用户能在短时间内掌握各种系统的数控车床、数控铣床及加工中心等操作。

3）仿真系统具备宏程序和参数编程功能，支持 ISO-1056 准备功能码（G 代码）、辅助功能码（M 代码）及其他指令代码，支持各系统自定义代码及固定循环，可直接调入 UG、ProE、Mastercam 等 CAD/CAM 后处理文件模拟加工。

4）斯沃 V7.36 数控仿真软件增加了 FANUC 0i-MF Plus 和 FANUC 0i-TF Plus 数控系统，接轨市面上最新的数控系统。该版本同时支持导入 stl 格式文件为工件，除常见寻边器、塞尺、千分尺、卡尺等工具外，还增加了百分表、铜锤校正，更贴近真实生产。

5）斯沃数控仿真软件网络版采用客户机 - 服务器结构，运行于局域网系统。服务器可随时获取客户端操作信息，并具有考试、练习及广播功能等，可进行考试数据管理、准考证管理，以及考试成绩管理。

1.2 斯沃 V7.36 数控仿真软件运行环境

斯沃 V7.36 数控仿真软件运行环境要求如下：
1）支持 TCP/IP 协议。
2）建议使用 Intel Core i5 以上的处理器，以保证软件的运行流畅性。
3）建议使用 8GB 以上的内存，以确保软件的运行稳定性和仿真效果。
4）建议使用独立显卡，显卡内存不低于 2GB，以保证图形仿真显示效果和渲染效果。
5）操作系统：中文版 Windows 11、Windows 10、Windows 8、Windows 7。

1.3 斯沃 V7.36 数控仿真软件启动

斯沃 V7.36 数控仿真软件启动界面如图 1-1 所示。

图 1-1　启动界面

1）在对话框左侧选择"单机版"。

2）在"数控系统"下拉菜单中选择所要使用的系统名称，本图选取了"FANUC 0iMF Plus"系统。

3）根据用户实际情况，选择"软件狗加密"或"Web 认证"。

4）单击"运行"按钮进入系统界面。

1.4 斯沃 V7.36 数控仿真软件用户环境

下面对斯沃 V7.36 数控仿真软件的用户环境进行介绍，使读者对该仿真软件有一个简单了解。

1.4.1 软件窗口

斯沃 V7.36 数控仿真软件窗口由菜单栏、视图工具栏、操作工具栏、状态栏、数控系统屏幕、数控系统面板、主窗口屏幕、机床操作面板、手轮等部分组成。图 1-2 为 FANUC 0i-MF Plus 系统窗口（采用 FANUC 0i-MF Plus 标准面板），图 1-3 为 FANUC 0i-TF Plus 系统窗口（采用 FANUC 0i-MF Plus 标准面板），图 1-4 为 FANUC 0-MD 系统窗口（采用 FANUC 0-MD 标准面板），图 1-5 为 FANUC 0-TD 系统窗口（采用大连机床 FANUC 0-TD 面板），图 1-6 为 SINUMERIK 828DM 系统窗口（采用 SINUMERIK 828DM 标准面板），图 1-7 为 SINUMERIK 828DT 系统窗口（采用 SINUMERIK 828DT 标准面板）。

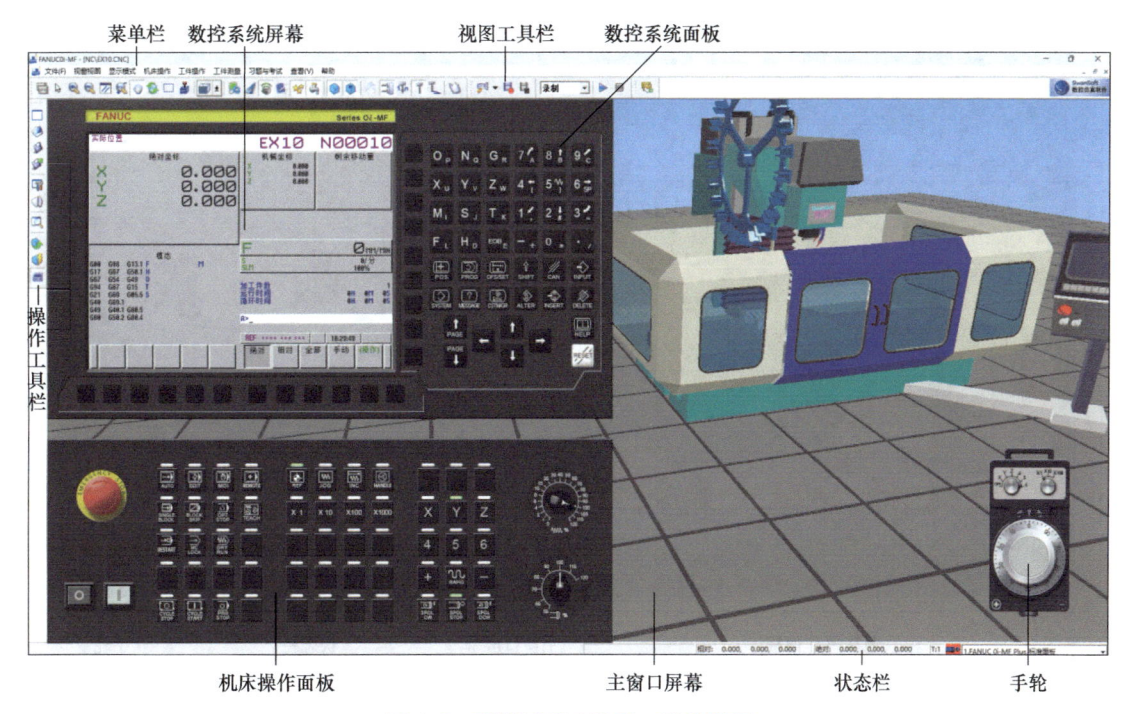

图 1-2　FANUC 0i-MF Plus 系统窗口

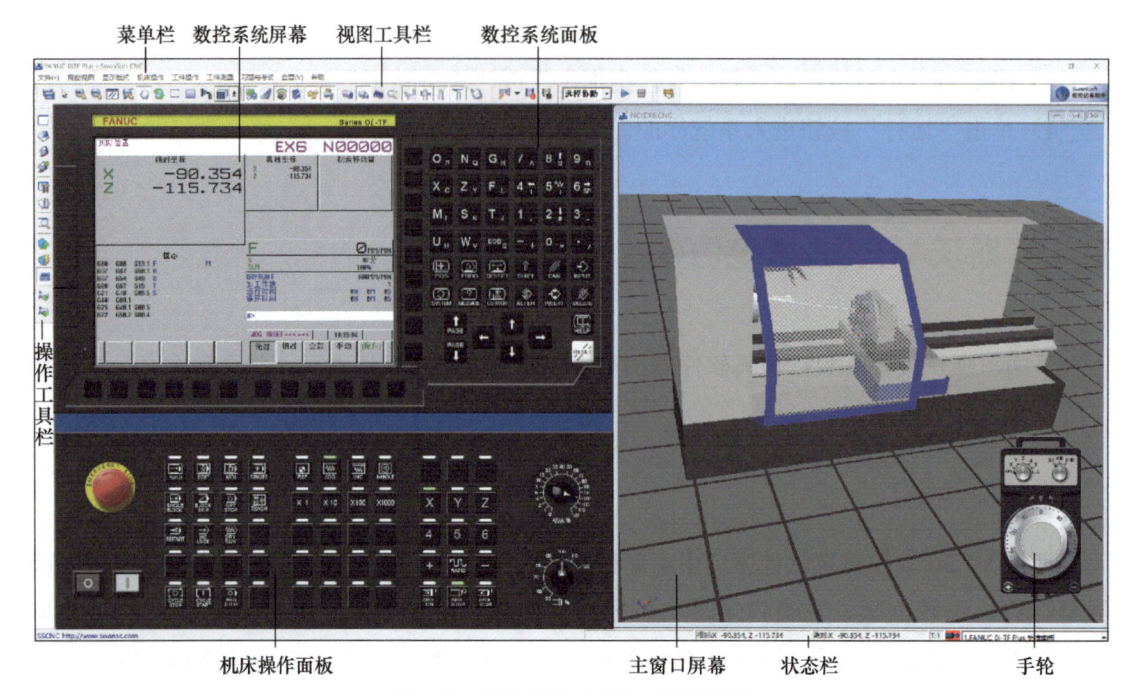

图 1-3　FANUC 0i-TF Plus 系统窗口

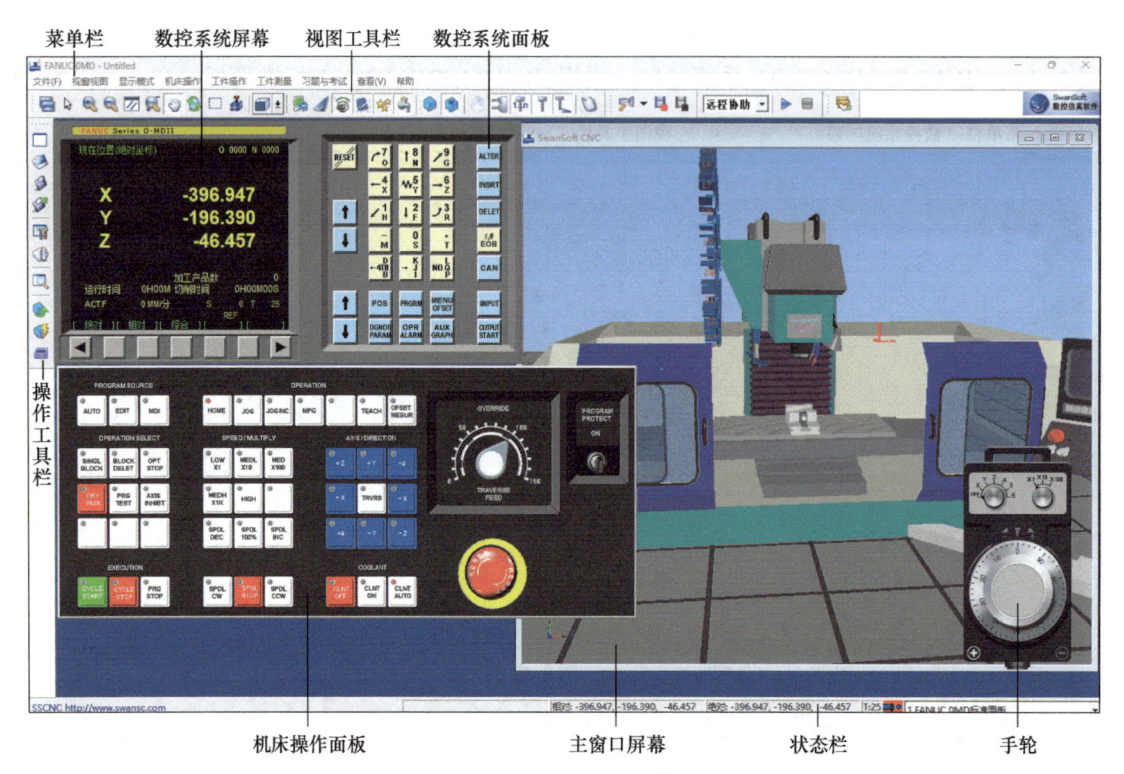

图 1-4　FANUC 0-MD 系统窗口

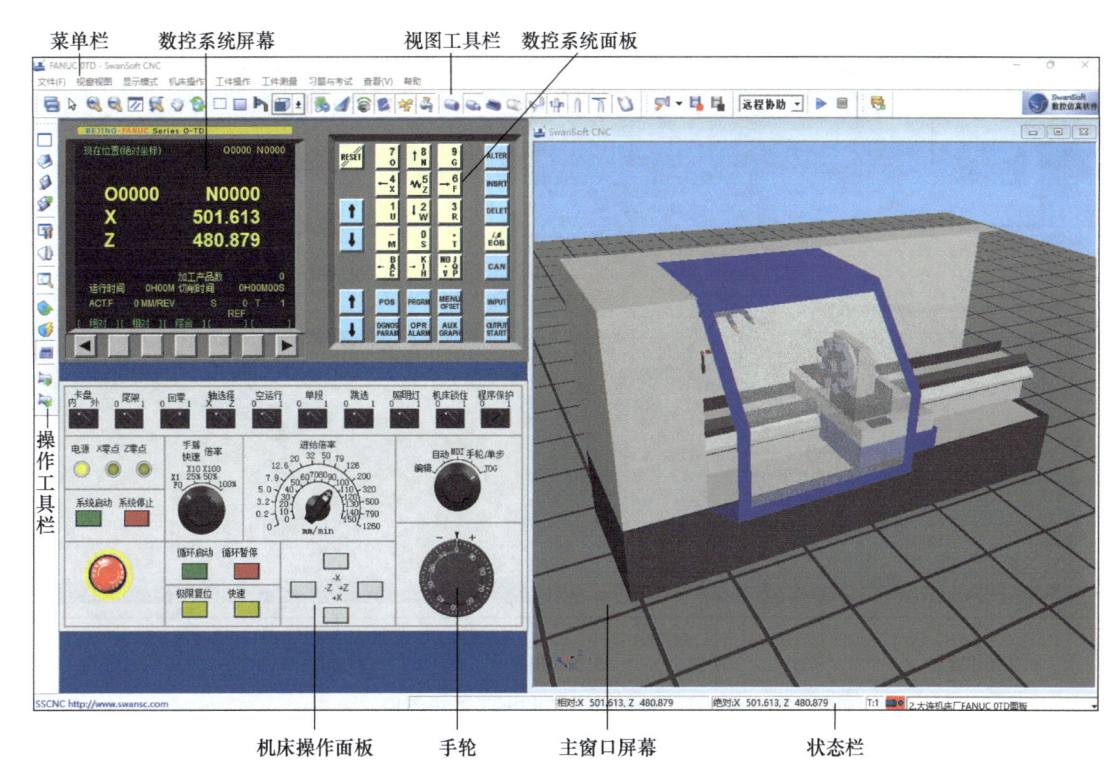

图 1-5　FANUC 0-TD 系统窗口

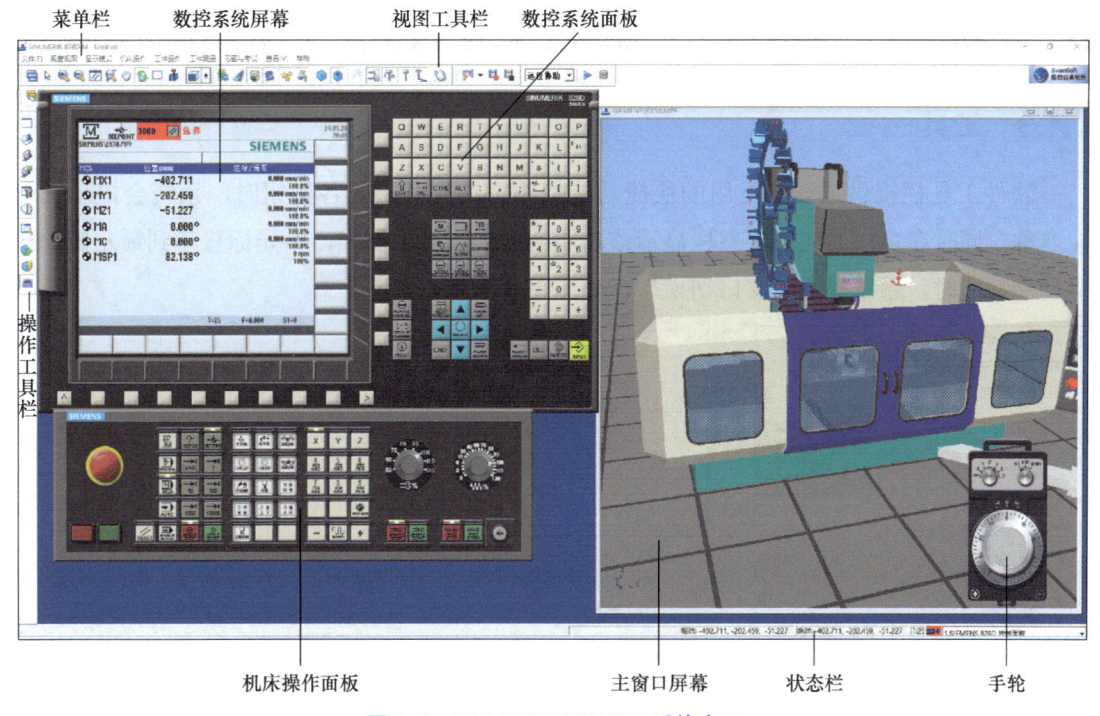

图 1-6　SINUMERIK 828DM 系统窗口

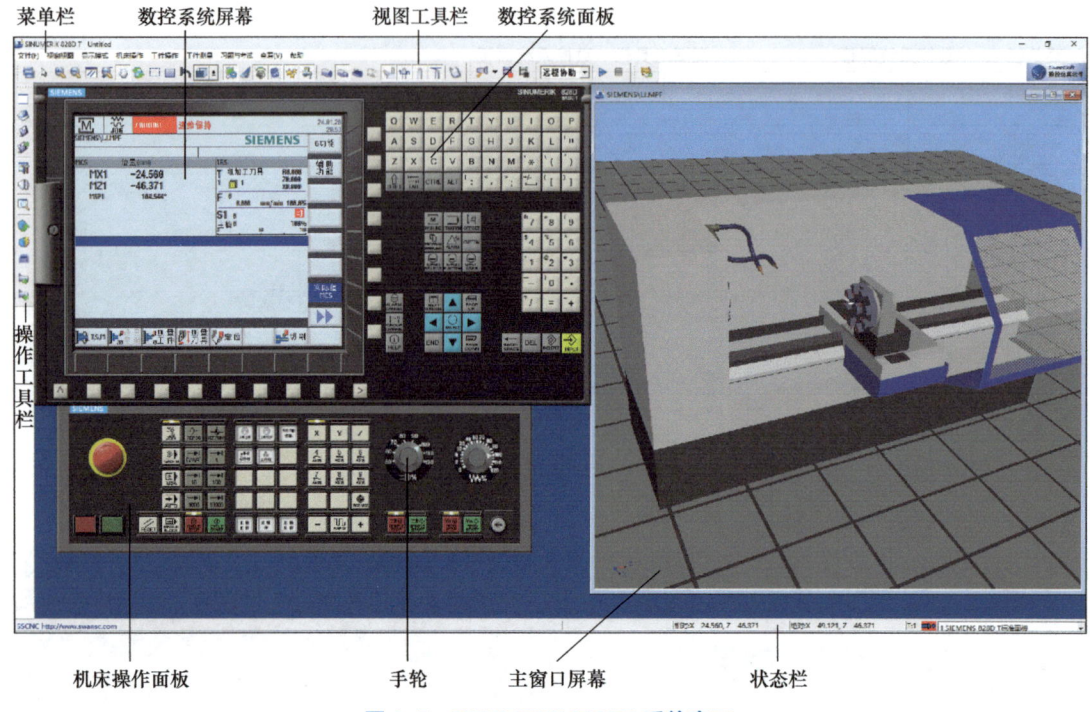

图 1-7 SINUMERIK 828DT 系统窗口

（菜单栏、数控系统屏幕、视图工具栏、数控系统面板、操作工具栏、机床操作面板、手轮、主窗口屏幕、状态栏）

1.4.2 菜单栏

斯沃 V7.36 数控仿真软件菜单栏包括文件、视窗视图、显示模式、机床操作、工件操作、工件测量、习题与考试、查看和帮助 9 个菜单。图 1-8 展示了"文件"菜单中的内容。

1.4.3 工具栏

软件工具栏提供了一些常用的快捷功能按钮，当光标指向各按钮时，系统会提示其功能名称，同时在窗口的底部状态栏显示该功能的详细说明。例如，当光标移动到最左侧的快捷功能按钮时，系统提示"窗口切换"，如图 1-9 所示。

图 1-8 仿真软件"文件"下拉菜单

图 1-9 视图工具栏

常用快捷功能按钮说明见表 1-1。

表 1-1 常用快捷功能按钮说明

按钮	说明	按钮	说明
	清空 NC 代码		另存文件
	打开保存的文件（如 NC 文件）		保存文件（如 NC 文件）
	工件显示模式		机床参数
	选择毛坯大小、工件装夹等参数		刀具库管理
	快速模拟		开关机床门
	窗口切换：以固定的顺序来改变屏幕布置的功能		拾取
	主窗口屏幕整体放大、缩小		屏幕复位
	屏幕动态放大、缩小		屏幕平移
	屏幕旋转		局部放大
	对刀视图		正视图
	全屏		床身显示模式
	工件测量		声音控制
	坐标显示		显示铁屑
	冷却液显示		毛坯显示
	零件显示		透明显示
	ACT 显示		显示刀位号
	刀具显示		刀具轨迹
	在线帮助		录制参数设置
	录制开始		录制结束
	示教功能开始和停止		输出信息

1.4.4 软件版本

本书采用的是斯沃 V7.36 仿真软件，可单击菜单"帮助"→"关于"，在弹出的对话框中查看版本，如图 1-10 所示。

图 1-10 斯沃 V7.36 仿真软件版本对话框

1.5 斯沃 V7.36 数控仿真软件系统和机床面板切换

斯沃 V7.36 数控仿真软件具有 24 个大类共 108 种主流的数控系统，并提供数控车床、铣床及加工中心高达 228 个机床面板。下面介绍如何切换这些系统和机床面板。

1.5.1 数控系统切换

双击软件图标或选择应用程序以启动软件，进入界面后，在"数控系统"下拉菜单中有多种操作系统可供选择，如图 1-11 所示。

1.5.2 机床面板切换

斯沃仿真软件不同的操作系统均提供多种机床面板供用户使用。进入主界面后，在状态栏中找到机床面板切换按钮，使用鼠标进行单击。在弹出的菜单或界面中，列出了不同的机床面板选项，单击选择想要切换的机床面板即可。图 1-12 所示为斯沃仿真软件 FANUC 0i-MF Plus 系统中三个不同的机床面板。

图 1-11　斯沃仿真软件数控系统切换界面

图 1-12　斯沃仿真软件机床面板切换界面

1.5.3 机床模型切换

斯沃仿真软件提供多种机床模型供用户选择。在系统主界面右击，在弹出的菜单中勾选"显示视图树"（图 1-13），单击"Machine Model"即可展开机床模型（图 1-14）。

图 1-13　显示视图树

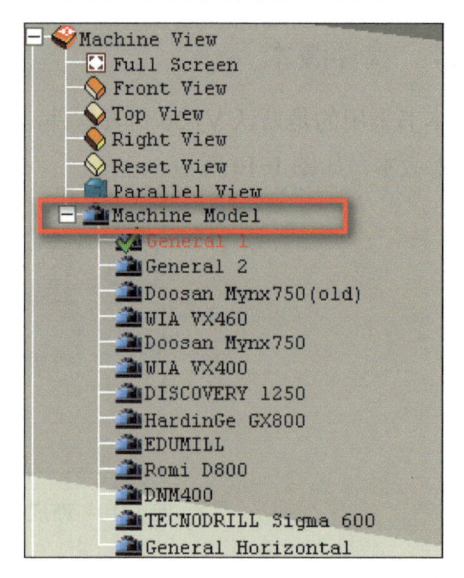

图 1-14　机床模型切换界面

第 2 章　斯沃 V7.36 数控仿真软件基本操作

上一章介绍了斯沃 V7.36 数控仿真软件的功能特点和用户环境，本章对其软件的常用基本操作进行介绍，包括文件管理、视图设置、互动教学管理和系统管理等。

2.1 文件管理

文件管理功能通过"文件"菜单（图 2-1）管理仿真软件操作中产生的相关程序、刀具、夹具，以及毛坯等文件信息，实现工程文件（*.pj）、程序文件（*.NC）、刀具文件（*.ct）、毛坯文件（*.wp）和夹具文件（*.fx）的调入和保存等功能，例如打开或保存对 NC 代码编辑过程的数据文件。

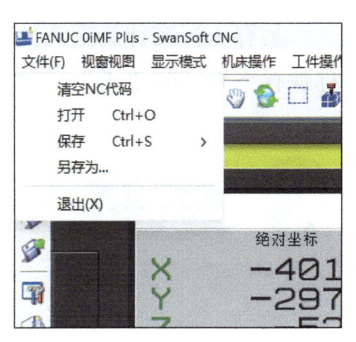

图 2-1　文件管理菜单

2.1.1 打开工程文件

在"文件"下拉菜单中选择"打开"，在弹出的对话框中选择并打开扩展名为"pj"的工程文件或 NC 代码等文件（图 2-2）。其中，工程文件中含有程序文件（*.NC）、刀具文件（*.ct）、毛坯文件（*.wp）和夹具文件（*.fx）等，工程文件用于在新的环境中加载保存的文件。

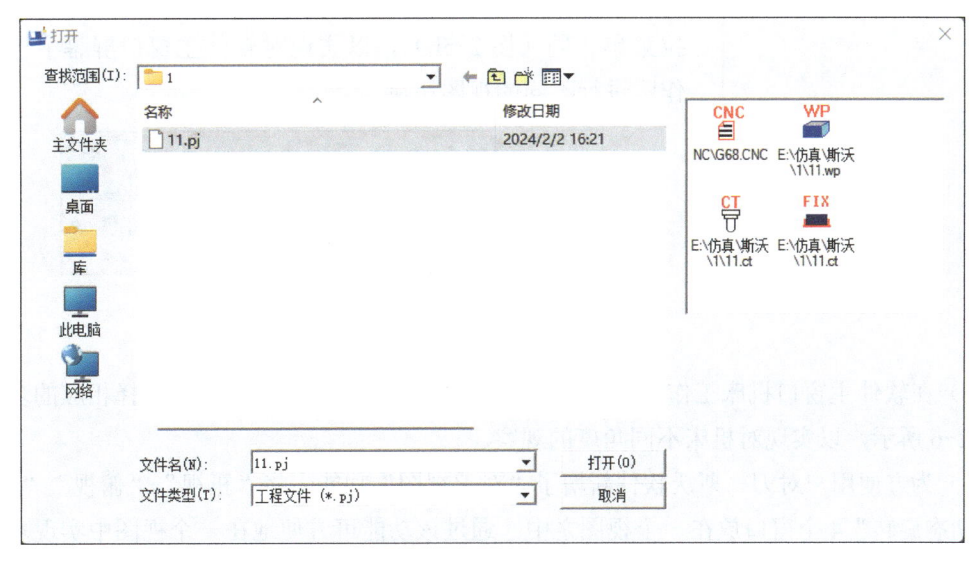

图 2-2　打开工程文件

需要注意的是，斯沃仿真软件在打开工程文件时，机床需处在"自动运行"或"程序编辑"这两种模式下才能操作。

2.1.2　保存工程文件

在"文件"下拉菜单中选择"保存"，将工程文件（*.pj）、程序文件（*.NC）、刀具文件（*.ct）、毛坯文件（*.wp）和夹具文件（*.fx）等保存到计算机（图2-3）。

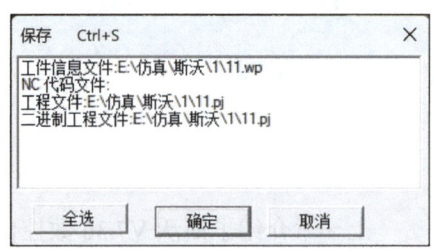

图2-3　保存工程文件

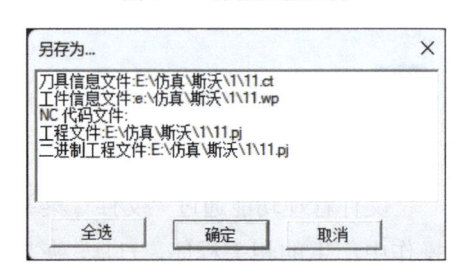

2.1.3　另存工程文件

另存工程文件是把文件以区别于现有文件的新名称保存下来（图2-4）。

图2-4　另存工程文件

2.2　视图设置

为了方便用户操作时对机床显示区域进行多角度观察，以便更全面地观察机床的动态情况，更好地了解和掌握机床的工作状态，斯沃仿真软件可进行视图变换。该操作通过以下几种途径实现：

1）打开"视窗视图"下拉菜单，如图2-5a所示，在相应菜单中选择所需的视图类型，实现对机床显示区域不同角度的观察。

2）单击视图工具栏中相应图标，功能与"视窗视图"下拉菜单相同（图2-5b），以实现对软件主窗口屏幕中机床工作区进行不同的视图切换。

a)　　　　　　　　　　　b)

图2-5　视图变换操作

3）在软件主窗口机床工作区中单击鼠标右键，在弹出的浮动菜单中选择相应的功能，如图2-6所示，以实现对机床不同角度的观察。

4）为方便用户对刀，斯沃软件新增了"对刀视图"功能，将"正视""俯视""侧视"及"动态旋转"4个窗口放在一个视图之中。通过该功能可方便地在一个视图中实现多角度动态观察机床的工作状态，如图2-7所示。

图 2-6　工作区浮动菜单

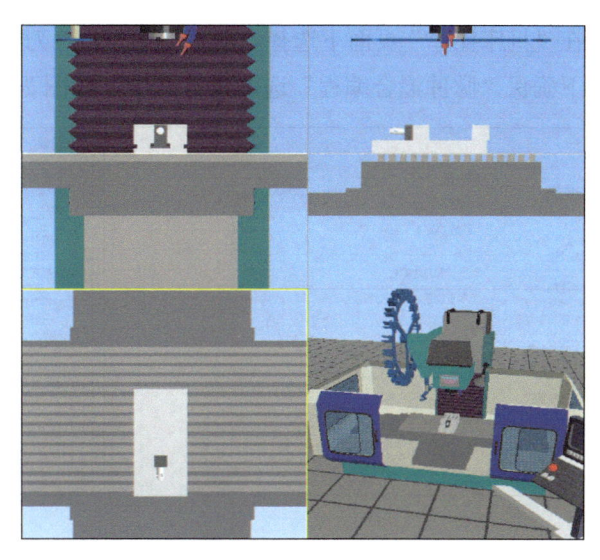

图 2-7　对刀视图

2.3　机床参数设置

单击菜单"机床操作"→"参数设置",如图 2-8a 所示,或在键盘上按快捷键"Shift+P",弹出"参数设置"对话框,用户可以对参数进行修改(图 2-8b),修改后的参数将会一直保存。

a)

b)

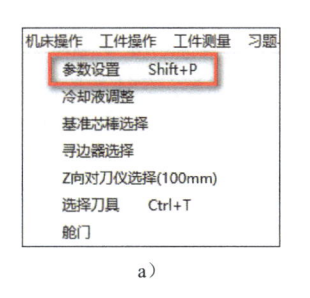

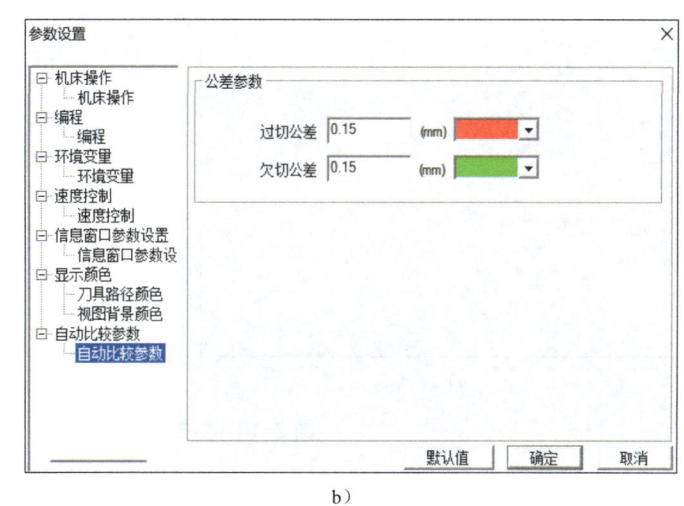

图 2-8　机床参数设置

2.3.1　数控车床参数

FANUC 0i-TF Plus 数控车床参数设置包括"机床操作""编程""环境变量""速度控制""信息窗口参数设置""显示颜色""自动比较参数"等信息。

在"机床操作"页面下选择"前置刀架","刀架位数"选择"四方刀架",在"编程"页面下确保"脉冲混合编程"选项未被选中,如图2-9所示。

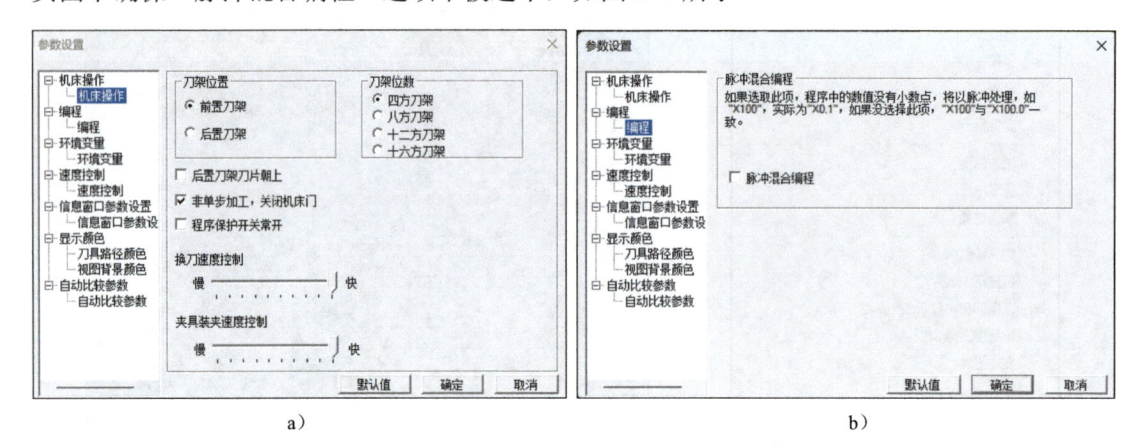

图 2-9　数控车床参数

2.3.2　数控铣床参数

FANUC 0i-MF Plus 数控铣床参数设置包括"机床操作""编程""环境变量""速度控制""信息窗口参数设置""显示颜色""自动比较参数"等信息。

在"机床操作"页面下选择"卧式刀架",在"编程"页面下确保"脉冲混合编程"选项未被选中,如图2-10所示。

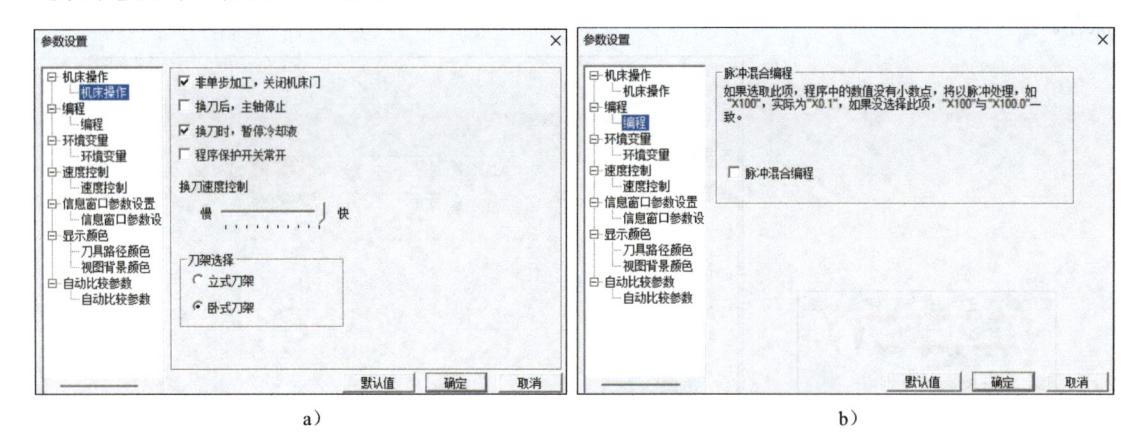

图 2-10　数控铣床参数

2.4　冷却液软管调整

单击菜单"机床操作"→"冷却液调整",弹出"冷却液软管调整"对话框,用户可以根据需要调整冷却液软管,如图2-11所示,另外在程序仿真加工的过程中也可以随时调整。

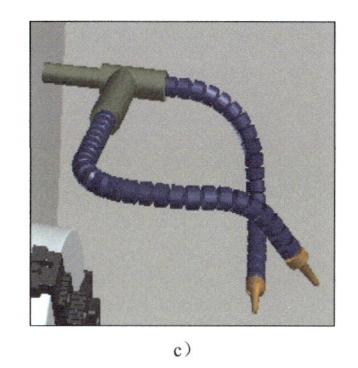

第 2 章　斯沃 V7.36 数控仿真软件基本操作

a)　　　　　　　　　　b)　　　　　　　　　　c)

图 2-11　冷却液软管调整

2.5　机床舱门设置

单击菜单"机床操作"→"舱门"（图 2-12a），勾选"舱门"选项，则机床舱门关闭，否则打开（图 2-12b）。若"舱门"处在打开状态，软件中的数控系统屏幕右下角"ALM"将一直闪烁报警（图 2-12c），提醒用户及时关闭"舱门"。

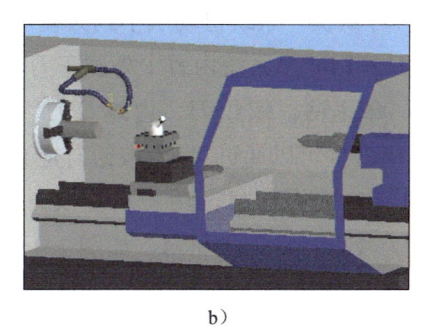

a)　　　　　　　　　　b)　　　　　　　　　　c)

图 2-12　机床舱门设置

2.6　刀具管理

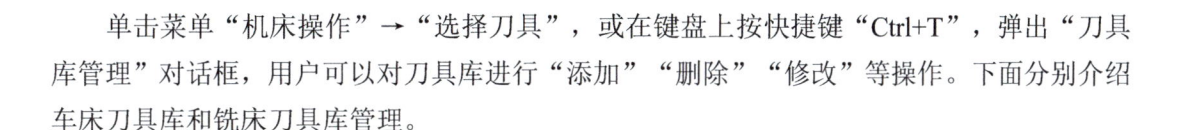

单击菜单"机床操作"→"选择刀具"，或在键盘上按快捷键"Ctrl+T"，弹出"刀具库管理"对话框，用户可以对刀具库进行"添加""删除""修改"等操作。下面分别介绍车床刀具库和铣床刀具库管理。

2.6.1　车床刀具库管理

选择 FANUC 0i-TF Plus 数控车床，单击菜单"机床操作"→"选择刀具"，如图 2-13a 所示，或在键盘上按快捷键"Ctrl+T"，弹出"刀具库管理"对话框，如图 2-13b 所示，可对车床刀具库进行管理。

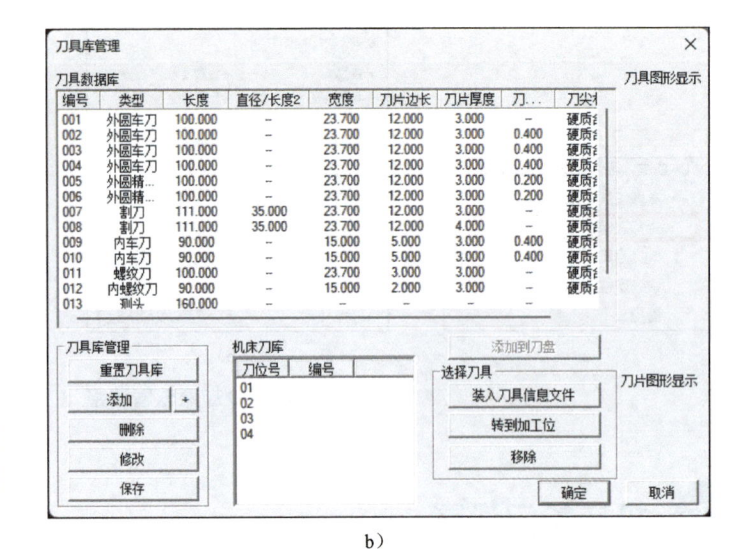

图 2-13 车床刀具库管理

1. 添加刀具

1)在"刀具库管理"对话框(图 2-13b)中单击"添加"按钮。

2)输入新的刀具编号(可默认,系统自动从小到大编号)。

3)选择所需的刀具(图 2-14),系统内置了外圆车刀、左偏外圆车刀、外圆精车刀、割刀、左偏割刀、内车刀、麻花钻、螺纹刀、内螺纹刀、内割刀、丝锥、圆头刀、端面槽刀、梯形螺纹刀等刀具。用户也可以通过"+"按钮自定义刀具,如图 2-13b 所示。

4)输入刀体参数和刀片参数等信息,用户可定义、刀杆长度、刀杆宽度、刀片类型、刀片边长、刀片厚度、刀片直径及刀尖材料,如图 2-14 所示。

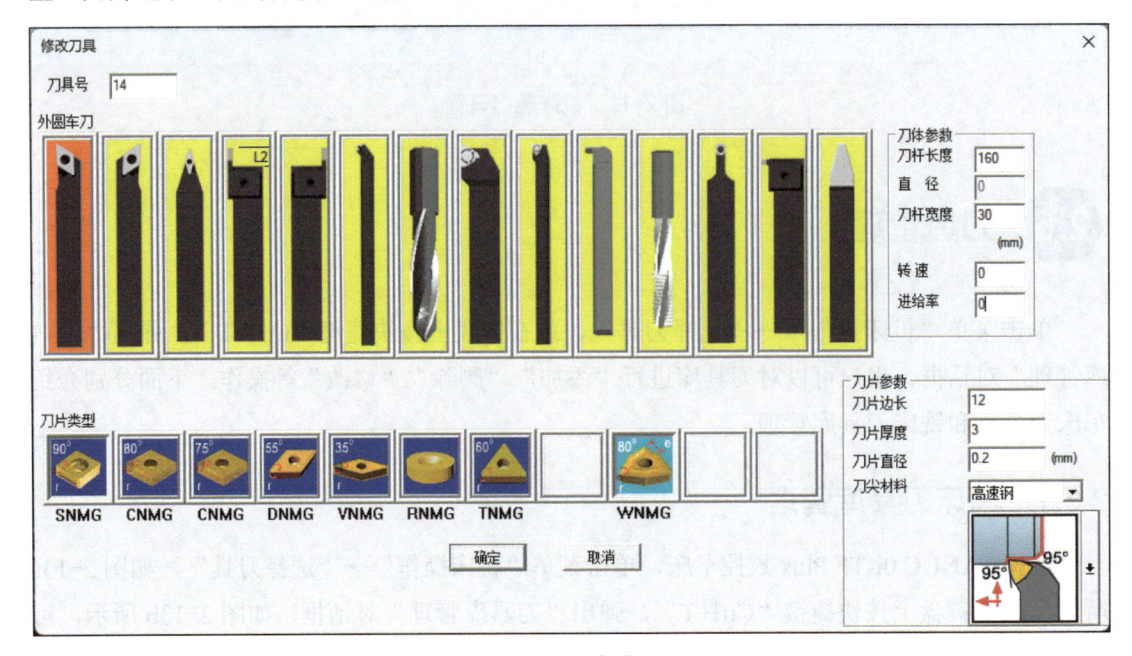

图 2-14 添加车刀

5)单击"确定"按钮,完成添加刀具。"刀具数据库"列表则新增此刀具信息。

2. 删除刀具

1)在"刀具库管理"对话框(图 2-13b)中选中要删除的刀具。

2)单击"删除"按钮,"刀具数据库"列表则删除此刀具信息。

3. 修改刀具

1)在"刀具库管理"对话框(图 2-13b)中选中要修改的刀具。

2)单击"修改"按钮,系统弹出"修改刀具"对话框(图 2-14),然后用户选择需要的刀具类型,并可随时修改刀体参数和刀片参数等信息。

3)单击"确定"按钮,完成刀具规格修改。

4. 将刀具添加到刀盘

1)在"刀具数据库"列表中选择所需刀具,如 004 号刀,如图 2-15a 所示。

2)单击"添加到刀盘"按钮。

3)在弹出的菜单中选择"1 号刀位"。

4)单击"确定"按钮,指定刀具添加到 1 号刀位,如图 2-15b 所示。

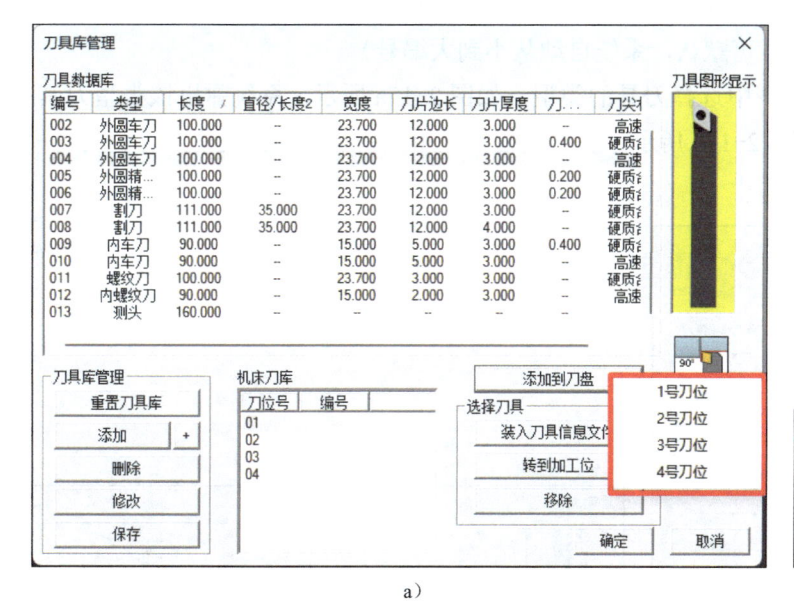

图 2-15 将刀具添加到刀盘

2.6.2 铣床刀具库管理

选择 FANUC 0i-MF Plus 数控铣床,单击菜单"机床操作"→"选择刀具",如图 2-16a 所示,或在键盘上按快捷键"Ctrl+T",弹出"刀具库管理"对话框,如图 2-16b 所示,可对铣床刀具库进行管理。

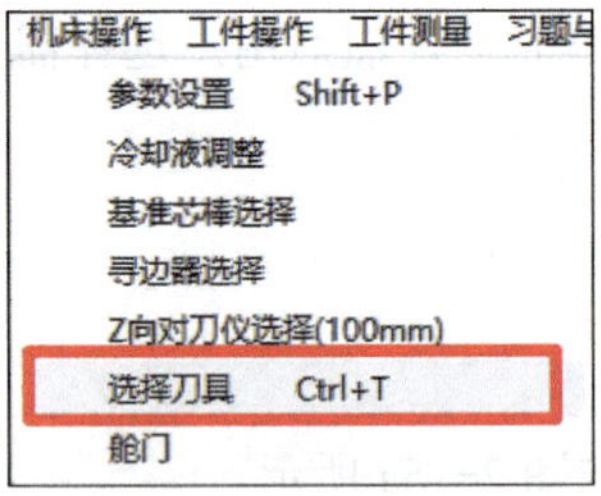

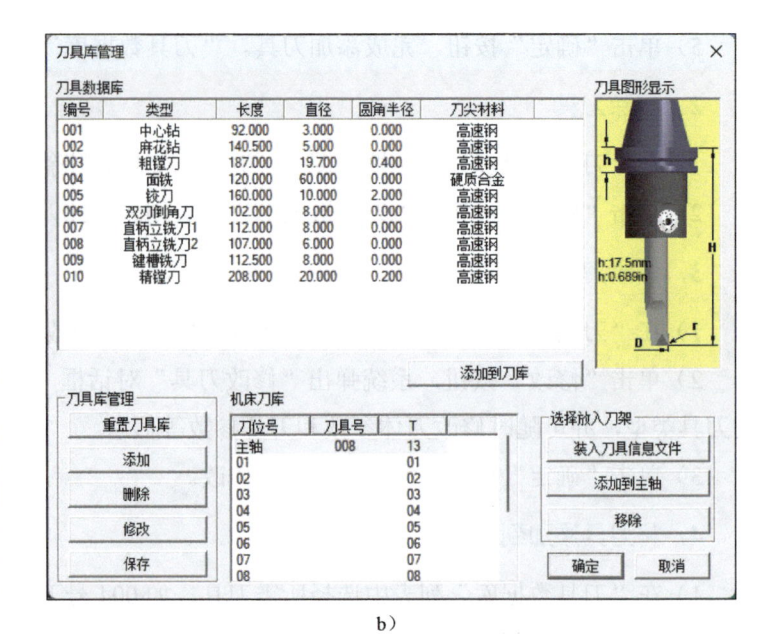

图 2-16 铣床刀具库管理

1. 添加刀具

1）在"刀具库管理"对话框（图 2-16b）中单击"添加"按钮。

2）输入新的刀具编号（可默认，系统自动从小到大编号）。

3）在"刀具类型"列表中选择刀具的类型，如图 2-17a 所示，系统弹出该类型刀具的规格型号供用户选择，如图 2-17b 所示，若对话框中无用户所需的刀具规格，可单击"+"按钮，添加相应规格的刀具。

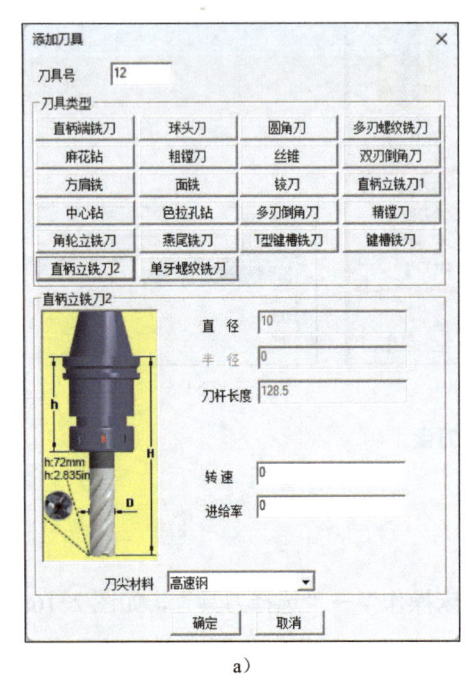

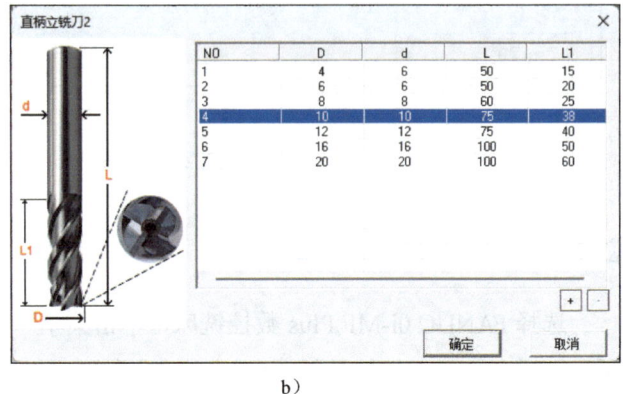

图 2-17 添加铣刀

4）单击"确定"按钮，完成添加刀具。"刀具数据库"列表则新增此刀具信息。

2．删除刀具

1）在"刀具库管理"对话框（图 2-16b）中选中要删除的刀具。

2）单击"删除"按钮，"刀具数据库"列表则删除此刀具信息。

3．修改刀具

1）在"刀具库管理"对话框（图 2-16b）中选中要修改的刀具。

2）单击"修改"按钮，系统弹出该刀具规格型号对话框，如图 2-17b 所示。用户可根据需要对刀具规格进行修改。

3）单击"确定"按钮，完成刀具规格修改。

4．将刀具添加到主轴

1）在"刀具数据库"列表中选择所需刀具，如 012 号刀，如图 2-18a 所示。

2）单击"添加到刀库"按钮。

3）在弹出的菜单中选择"主轴刀位"。

4）单击"确定"按钮，将指定刀具添加到主轴，如图 2-18b 所示。

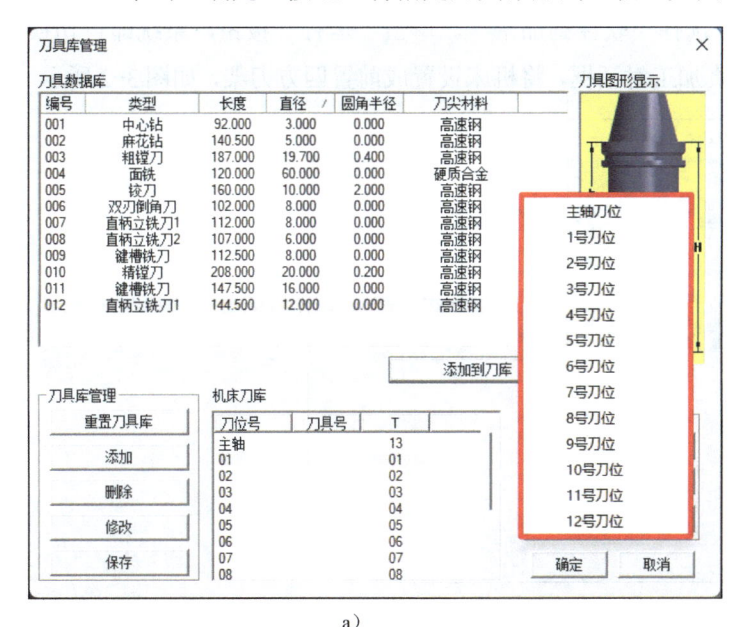

图 2-18 将刀具添加到主轴

5．将刀具添加到刀库

1）在"刀具数据库"列表中选择所需刀具，如 011 号刀。

2）单击"添加到刀库"按钮。

3）在弹出的菜单中选择"× 号刀位"（立式刀架共有 24 个刀位，卧式刀架共有 12 个刀位）。

4）单击"确定"按钮，将指定刀具添加到刀库中相应刀位。

第 3 章 斯沃 V7.36 数控仿真环境构建

本章对斯沃 V7.36 数控仿真环境的构建操作进行介绍，包括数控车床、数控铣床及加工中心环境构建。

3.1 FANUC 0i-TF Plus 数控车床仿真环境构建

3.1.1 FANUC 0i-TF Plus 数控车床选择

双击桌面上的"斯沃数控仿真软件"图标，进入软件启动界面后选择"FANUC 0i-TF Plus"数控系统，如图 3-1 所示，选择"软件狗加密"。单击"运行"按钮，系统即可切换到 FANUC 0i-TF Plus 数控车床仿真加工对话框，将机床设置成前置四方刀架，如图 3-2 所示。

图 3-1 FANUC 0i-TF Plus 数控车床启动界面

3.1.2 FANUC 0i-TF Plus 数控车床面板

FANUC 0i-TF Plus 数控车床的面板主要由显示器、MDI 键盘和机床操作面板等部分组成。其中，MDI 键盘主要用于坐标位置查看、程序编辑、参数设置、系统复位等；而机床操作面板主要用于对机床进行调整和控制。南京斯沃软件技术有限公司开发的 FANUC 0i-TF Plus 数控车床标准面板如图 3-3 所示，上半部分是 MDI 键盘，下半部分是机床操作面板。FANUC 系统 MDI 键盘中各按键的功能见表 3-1。

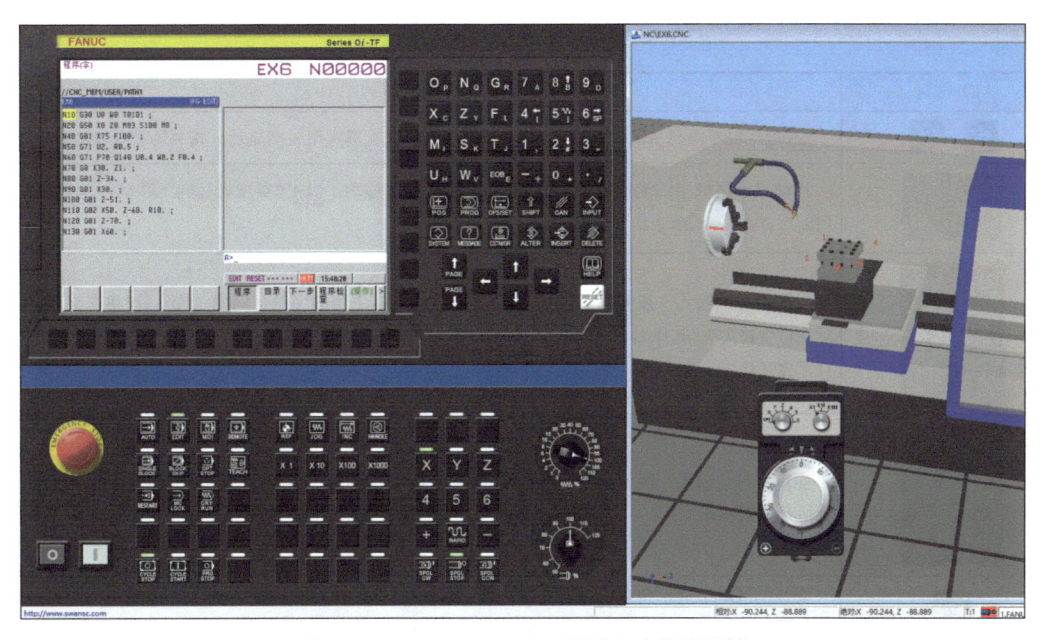

图 3-2　FANUC 0i-TF Plus 数控车床仿真环境

图 3-3　FANUC 0i-TF Plus 数控车床标准面板

表 3-1　FANUC 系统 MDI 键盘功能

MDI 键盘	功能
↑PAGE　↓PAGE	↑PAGE 键实现左侧显示区域中显示内容的向上翻页；↓PAGE 键实现左侧显示区域中显示内容的向下翻页
↑ ← → ↓	移动显示区域中的光标位置。↑ 键实现光标向上移动；↓ 键实现光标向下移动；← 键实现光标向左移动；→ 键实现光标向右移动
O N G X Z F M S T U W EOB	实现字符的输入，按 SHIFT 键后再按字符键，将输入右下角的字符。例如：按 O 键将在显示区域的光标位置输入"O"字符，按 SHIFT 键后再按 O 键将在光标位置输入 P 字符；按"EOB"键将输入"；"号，表示换行
7 8 9 4 5 6 1 2 3 - 0 .	实现字符的输入，例如：按 5 键将在光标所在位置输入字符"5"，按 SHIFT 键后再按 5 键将在光标所在位置输入"]"
POS	在显示区域中显示坐标值。反复按此键，可以在机床坐标系、工件坐标系、增量坐标及刀具运动中距指定位置的剩下的移动量四种方式之间循环显示
PROG	显示区域将进入程序编辑和显示界面。此键用于在编辑方式下显示内存中的程序，可进行程序的编辑、检索及通信；在 MDI 方式下，可显示 MDI 数据，执行 MDI 输入的程序；在自动运行方式下，可显示运行的程序和对指令值进行监控
OFS/SET	显示区域将进入参数补偿显示界面。按下此键，显示偏置/设置界面，如刀具偏置量设置和宏程序变量的设置界面、工件坐标系设定界面、刀具磨损补偿值设定界面等
SYSTEM	本软件不支持。按下此键设定和显示运行参数表，这些参数供维修使用，一般禁止改动。另外，此键还显示自诊断数据
MESSAGE	按下此键显示各种信息（报警号页面等）
CSTM/GR	在自动运行状态下将数控系统显示切换至轨迹模式。按下此键显示宏程序屏幕和图形显示屏幕（刀具路径图形的显示）
SHIFT	输入字符切换键。在键盘上有些键具有两个功能，按此键可以在这两个功能之间切换
CAN	删除缓存区单个字符。按此键，则删除最后一个进入输入缓存区的字符或符号。例如，输入缓存区字符显示：>N001 X100 Z，当按下该键时，Z 被取消且屏幕上显示：>N001 X100_
INPUT	将数据域中的数据输入指定的区域。当按下一个字母键或数字键时，数据被输入缓存区，并且显示在屏幕上。要将输入缓存区的数据复制到偏置寄存器中时，必须按下该键，这个键与软键上的"INPUT"键是等效的
ALTER	字符替换。将内存中的字符更改成缓冲区的字符
INSERT	将输入域中的内容输入指定区域
DELETE	删除系统内存中一段字符
HELP	本软件不支持。当不了解某个 MDI 键的功能时，按下这个键可以获得帮助信息（帮助功能）
RESET	机床复位。用于使 CNC 复位或取消报警等
（软键图）	软键，实现软键所对应字符的功能

FANUC 0i-TF Plus 数控车床操作面板的具体功能见表 3-2。

表 3-2　FANUC 0i-TF Plus 数控车床操作面板功能

按键	英文名称	含义	功能用途
	EDIT	编辑模式	用于检索、检查、编辑加工程序
	AUTO	自动模式	程序存到 CNC 存储器后，机床可以按程序指令运行，该运行操作称为自动（或存储器运行）模式 程序选择：通常一个程序用于一种工件，如果存储器中有几个程序，则通过程序号选择所用的加工程序
	MDI	手动数据输入模式	从 MDI 键盘上输入一组程序指令，机床根据输入的程序指令运行，这种操作称为 MDI 模式。一般在手动输入原点偏置、刀具偏置等机床数据时，也采用 MDI 模式
	HANDLE	手轮模式	转动手轮，刀具按手轮转过的角度移动相应的距离
	JOG/INC	手动模式	用机床操作面板上的按键使刀具沿任何一轴移动。刀具可按以下方法移动： ①手动连续进给（JOG）。当此键被按下时，刀具连续运动，抬起按键进给运动停止 ②手动增量进给（INC）。每按一次按键，刀具移动一个固定距离
	REF	手动返回参考点（回零模式）	CNC 机床上确定机床位置的基准点叫作参考点，在这一点进行换刀和设定机床坐标系。通常机床上电后要返回机床参考点，手动返回参考点就是用操作面板上的开关或按钮将刀具移动到参考点。也可以用程序指令将刀具移动到参考点，称为自动返回参考点
	TEACH	示教模式	结合手动操作，编制程序。手动进给示教（TEACH IN JOG）和手轮示教方式（TEACH IN HANDLE）是通过手动操作获得刀具沿 X、Y、Z 轴的位置，并将其存储到内存中，作为创建程序的位置坐标。除了 X、Y、Z 外，地址 O、N、G、R、F、C、M、S、T、P、Q 和 EOB 也可以用 EDIT 方式存储到内存中
	REMOTE	计算机直接运行方式	此运行方式是加工程序不存到 CNC 的存储器中，而是从数控装置的外部输入，数控系统从外部设备直接读取程序并运行。当程序太大不需存到 CNC 的存储器中时，这种方式很适用
	DRY RUN	空运行	将工件卸下，只检查刀具的运动轨迹。在自动运行期间，按下空运行开关，刀具按参数中指定的速度快速进给运动，也可以通过操作面板上的快速速率调整开关选择刀具快速运动的速度
	SINGLE BLOCK	单程序段运行	按下单程序段开关，进入单程序段工作方式，在该方式下按下循环启动按钮，刀具在执行完程序中的一段后停止，通过单段方式，一段一段地执行程序，仔细检查程序
	MC LOCK	机床锁住	在自动方式下，按下机床锁住开关，刀具不再移动，但是显示界面上可以显示刀具的运动位置，沿每一轴运动的位移在变化，就像刀具在运动一样
	OPT STOP	选择停止	按下选择停止开关，程序中的 M01 指令使程序暂停，否则 M01 不起作用
	BLOCK SKIP	程序段跳过	程序段开关，程序运行中跳过开头标有"/"、结尾标有"；"的程序段

（续）

按键	英文名称	含义	功能用途
	RPG STOP	程序停止	只用于输出。按下此键，在程序运行过程中，程序因 M00 指令停止运行时，该键的指示灯亮起
	RESTART	程序重启动	程序由于刀具破损等原因自动运行停止后，可以从指定的程序段重新开始运行
	CYCLE START	循环启动	按下循环启动键，程序开始自动运行。当一个加工过程完成后，自动运行停止
	CYCLE STOP	进给暂停	在程序运行中按下进给暂停键，自动运行暂停；按下循环启动键，程序可以从停止处继续运行
		进给当量选择	在手轮模式中选择手轮进给当量，即手轮每转一格，直线进给运动的距离可以选择 1μm、10μm、100μm 或 1000μm
		运动轴选择	在手轮模式中选择用手轮进给的轴
		手轮	转动手轮，即可控制刀具做进给运动。顺时针转动手轮，刀具正向运动；逆时针转动手轮，刀具反向运动
		手动进给轴选择	在手动进给方式或手动增量进给方式下，该键用于选择进给运动轴，即 X、Y、Z 轴，以及第四轴等
		进给运动方向	在手动进给方式或增量进给方式下，选定手动进给轴，该键用于选择进给运动方向
	RAPID	快速进给	在手动进给方式下，按下此键，执行手动快速进给
	SPDL CW	手动主轴正转	按键使主轴以顺时针方向旋转
	SPDL CCW	手动主轴反转	按键使主轴以逆时针方向旋转
	SPDL STOP	手动主轴停	按键使主轴停止旋转
		程序保护键	程序保护键用于保护零件程序和刀具补偿量，设置数据和用户宏程序等。"1"表示接通（ON），保护数据；"0"表示断开（OFF），可以写入数据
		进给速度倍率调整	此旋钮用于在操作面板上调整程序中指定的进给速度，例如，程序中指定的进给速度是 100mm/min，当倍率选定为 20% 时，刀具的实际进给速度为 20mm/min。此键用于改变程序中指定的进给速度，进行试切削，以便检查程序
		主轴转速倍率调整	此旋钮用于在操作面板上调整程序中指定的主轴转速。例如，程序中指定的主轴转速是 1000r/min，当倍率选定为 50% 时，主轴的实际转速为 500r/min。此键用于调整主轴转速，进行试切削，以便检查程序

（续）

按键	英文名称	含义	功能用途
	EMERGENCY STOP	紧急停止	紧急停、断电。用于发生意外、紧急情况时的处理
		启动	启动 CNC
		关闭	关闭 CNC

3.1.3 FANUC 0i-TF Plus 数控车床基本操作

1. 机床开机操作

1）按下启动按钮 ▯，此时显示器点亮，系统自检开机。
2）打开急停按钮 ●，使红色按钮处于凸起状态。
3）关闭舱门。

2. 机床回参考点

1）将机床操作面板切换至 REF 模式 ▯。
2）在操作面板上依次按 Z + 键，使 Z 轴回到机床参考点。
3）在操作面板上依次按 X + 键，使 X 轴回到机床参考点。
4）机床回至参考点后，Z 和 X 的机械坐标值全为 0，如图 3-4 所示。

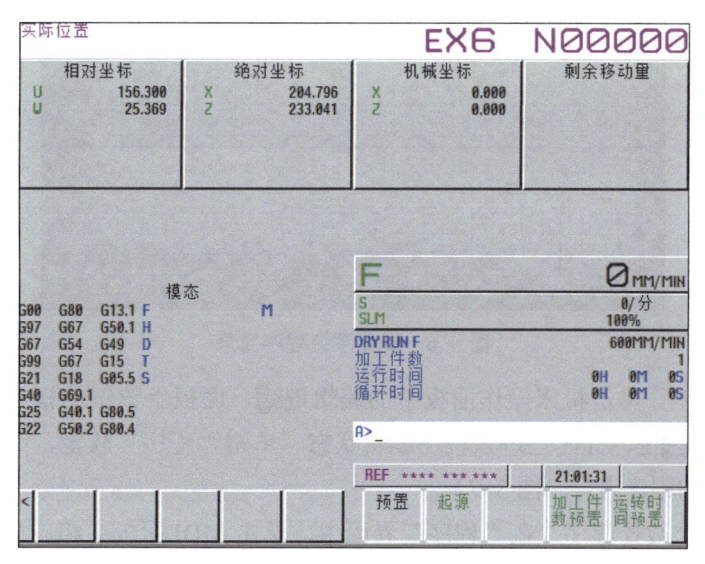

图 3-4 机床回参考点后机械坐标值

3. 机床坐标显示

反复按 MDI 面板上的 ▯ 键，显示区域就会在绝对坐标（图 3-5a）、相对坐标（图 3-5b）和全部坐标（图 3-5c）之间进行切换，也可以按相应的软键实现三者之间的切换。

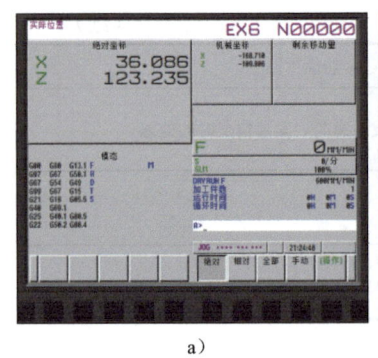

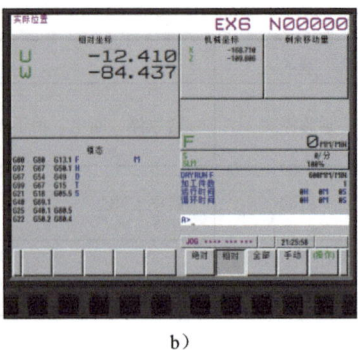

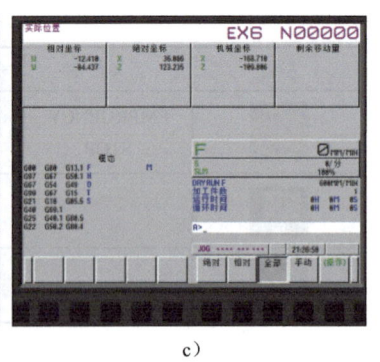

图 3-5 机床坐标显示

4. 程序管理

（1）查看系统程序目录 单击机床操作面板中的编辑键▣，面板上该键的指示灯随即变亮，单击 MDI 面板上的▣键，此时已进入程序编辑状态。单击"目录"软键，或反复单击▣键，则可看到系统中的程序目录（图 3-6）。若程序数量太多，可通过 MDI 面板中的▣键翻页查看。

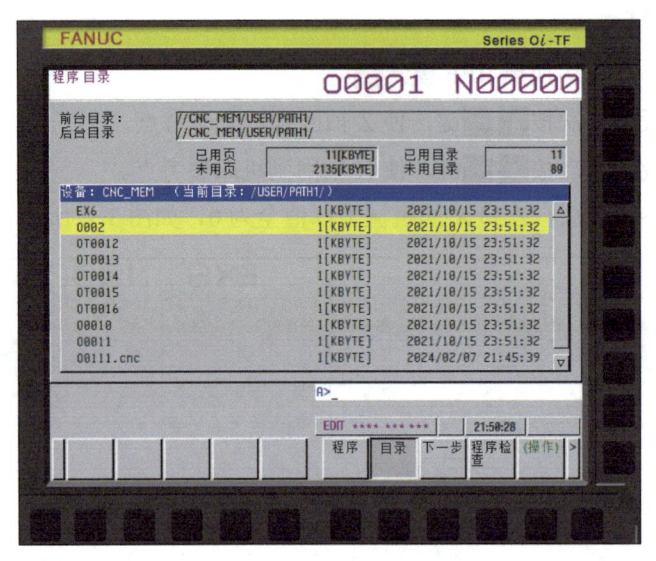

图 3-6 查看系统程序目录

（2）查看程序 单击机床操作面板中的编辑键▣，面板上该键的指示灯随即变亮，单击 MDI 面板上的▣键，此时已进入程序编辑状态。单击"程序"软键，或反复单击▣键，则可看到系统中的程序内容（图 3-7）。

（3）选择一个数控程序 在"程序"界面中，单击 MDI 面板中相应按键，输入已有的程序名，例如 O2（图 3-8），再单击方向键▣，则自动跳转到 O2 程序界面。

（4）删除一个数控程序 单击机床操作面板中的编辑键▣，面板上该键的指示灯随即变亮。单击 MDI 面板上的▣键进入程序界面，利用 MDI 键盘输入"O×"（×为要删除的数控程序在目录中显示的程序号），按▣键后，进入提示界面，单击"执行"软键后，程序即被删除（图 3-9）。

图 3-7 查看程序内容

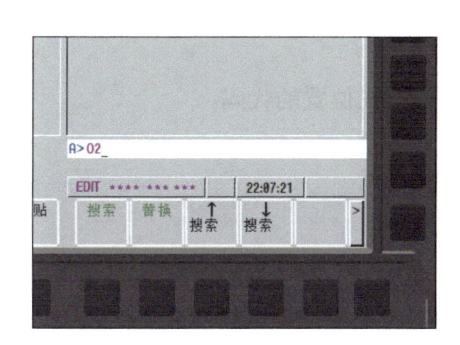

图 3-8 输入已有程序名　　　　　　　　图 3-9 删除程序

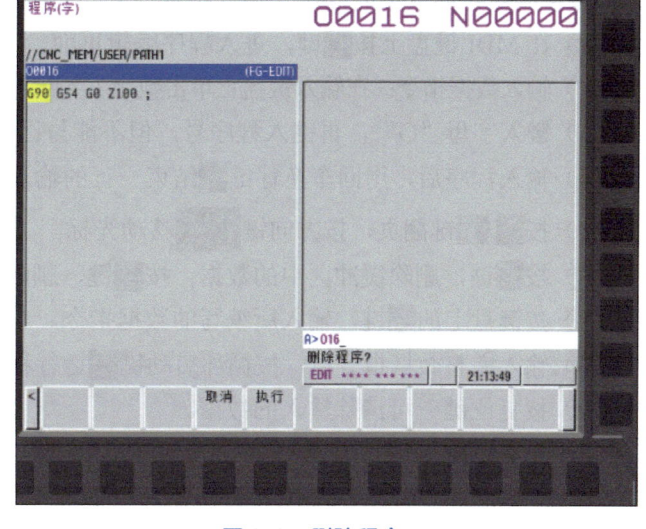

（5）删除全部数控程序　单击机床操作面板中的编辑键■，面板上该键的指示灯随即变亮。单击 MDI 面板上的■键进入程序界面，利用 MDI 键盘输入"O-9999"，按■键后，进入提示界面，单击"执行"软键后，程序即被删除。

（6）新建一个数控程序　单击机床操作面板中的编辑键■，面板上该键的指示灯随即变亮。单击 MDI 面板上的■键进入程序界面，利用 MDI 键盘输入"O×"（所键入的程序名不可与已有程序名重复），按■键，开始程序输入。每次可以输入一个代码，输入一行程序后，可以用换行键■换行，然后再继续输入。

（7）程序编辑　单击机床操作面板中的编辑键■，面板上该键的指示灯随即变亮。单击 MDI 面板上的■键进入程序界面，利用 MDI 键盘输入"O×"，按■键即进入该程序的编辑状态。具体操作如下：

1）移动光标：▲和▼键用于屏幕翻页；←→键用于移动光标，将光标放在合适位置以便编辑。

2）插入字符：将光标移动到所需位置，单击 MDI 面板上的数字/字母键，将代码输入缓冲区，按 ⬛ 键，缓冲区中的内容即插入光标所在位置代码后面。

3）删除缓冲区中的数据：按 ⬛ 键，用于从后往前逐个删除缓冲区中的数据。

4）删除字符：先将光标移动到需要删除的字符后，按 ⬛ 键可将其删除。

5）查找：输入需要搜索的字母或代码（代码可以是一个字母或一个完整的代码，例如 N0010、M 等），按 ⬛ 键开始在当前数控程序中光标所在位置后搜索。如果此数控程序中有所搜索的代码，则光标停留在找到的代码处；如果此数控程序中光标所在位置后没有所搜索的代码，则光标停留在原处。

6）替换字符：先将光标移到所需替换字符的位置，将替换成的字符通过 MDI 键盘输入缓冲区中，按 ⬛ 键，将缓冲区中的内容替代光标所在处的字符。

5. MDI 模式

按机床操作面板上的 ⬛ 键，使其指示灯变亮，进入 MDI 模式。

1）在 MDI 键盘上按 ⬛ 键，进入程序编辑页面。

2）输入数据指令：在输入键盘上单击数字/字母键，可以进行取消、插入、删除等操作。

3）键入字母"O"，再键入程序号，但不能与已有的程序号重复。

4）输入程序后，用回车换行键 ⬛ 结束一行的输入后换行。

5）按 ▲ ▼ 键翻页，按方向键 ←→ 移动光标。

6）按 ⬛ 键，删除缓冲区中的数据；按 ⬛ 键，删除光标所在位置的代码。

7）按键盘上的 ⬛ 键，输入所编写的数据指令。

8）输入完整数据指令后，按循环启动键 ⬛ 运行程序。

9）按复位键 ⬛ 可清除输入的数据。

6. 手动模式

（1）手动连续模式　按操作面板上的"手动"键 ⬛，使其上方指示灯变亮 ⬛，机床进入手动模式。

1）分别按 Z X 键，选择移动的坐标轴。

2）分别按 ＋ － 键，控制机床的移动方向。

3）按 ⬛ 键控制主轴的正转、按 ⬛ 键反转、按 ⬛ 键停止。

注：刀具切削零件时，主轴需转动。加工过程中刀具与零件发生非正常碰撞（非正常碰撞包括车刀的刀柄与零件发生碰撞、铣刀与夹具发生碰撞等）后，系统弹出警告对话框，同时主轴自动停止转动，按复位键 ⬛ 后，将机床重新调整到适当位置，继续加工时需再次按 ⬛ 键使主轴重新转动。

（2）手动脉冲模式（手轮模式）　在手动连续模式或对刀过程需精确调节机床时，可用手动脉冲模式进行调节。

1）按操作面板上的"手动脉冲"键 ⬛，使其上方指示灯变亮 ⬛。

2）在屏幕右上角找到手轮 ![]。

3）将光标对准"轴选择"旋钮 ![]，单击鼠标左键或右键，选择合适的坐标轴。

4）将光标对准"手轮进给速度"旋钮 ![]，单击鼠标左键或右键，选择合适的脉冲当量。其中 ×1 每转一格手轮，移动量为 0.001mm；×10 每转一格手轮，移动量为 0.01mm；×100 每转一格手轮，移动量为 0.1mm。

5）将光标对准手轮 ![]，单击鼠标左键或右键，精确控制机床的移动。

6）单击 ![] ![] ![] 键控制主轴的转动和停止。

7．自动模式

（1）自动/连续模式　自动加工流程：检查机床是否回零，若未回零，先使机床回零，再导入数控程序或自行编写一段程序。单击操作面板上的"自动运行"按钮 ![]，使其指示灯变亮 ![]；单击操作面板上的"循环启动"按钮 ![]，程序开始执行。

数控程序在运行过程中可根据需要暂停、急停和重新运行。

数控程序在运行时，单击"进给保持"按钮 ![]，程序停止执行；再单击"循环启动"按钮 ![]，程序从暂停位置开始执行。

数控程序在运行时，按下"急停"按钮 ![]，数控程序中断运行，继续运行时，先将急停按钮松开；再按"循环启动"按钮 ![]，余下的数控程序从中断行开始作为一个独立的程序执行。

（2）自动/单段模式　检查机床是否回零，若未回零，先将机床回零，再导入数控程序或自行编写一段程序。单击操作面板上的"自动运行"按钮 ![]，使其上方指示灯变亮；单击操作面板上的"单节"按钮 ![]，然后单击操作面板上的"循环启动"按钮 ![]，程序开始执行。

注：

1）自动/单段方式执行每一行程序均需单击一次"循环启动"按钮 ![]。

2）单击"单节跳过"按钮 ![]，则程序运行时跳过符号"/"有效，该行成为注释行，不执行。

3）单击"选择性停止"按钮 ![]，则程序中 M01 有效。

4）程序自动运行时，可以通过"主轴倍率"旋钮 ![] 和"进给倍率"旋钮 ![] 来调节主轴旋转的速度和各进给轴移动的速度。

5）单击复位按钮 ![] 可将程序重置，程序自动运行状态停止。

8．加工轨迹模拟

NC 程序导入后，可模拟加工轨迹。

单击操作面板上的"自动运行"按钮 ![]，使其指示灯变亮 ![]，转入自动加工模式，单击 MDI 键盘上的 ![] 按钮，单击数字/字母键，输入"O×"（× 为所需要检查运行轨迹的数控程序号），单击 ![] 按钮开始搜索，找到后，程序出现在屏幕显示区域。单击 ![] 按钮，进入刀具路径图形显示，用于检查运行轨迹，单击操作面板上的"循环启动"按钮 ![]，即可观察数控程序的运行轨迹，此时也可通过"视图"菜单中的动态旋转、动态放缩、动态平移等方式对三维运行轨迹进行全方位的动态观察。

3.1.4 FANUC 0i-TF Plus 数控车床刀具的选择与安装

单击菜单"机床操作"→"选择刀具",或在键盘上按快捷键"Ctrl+T",或在左侧工具栏中单击 按钮,弹出"刀具库管理"对话框。

单击菜单"机床操作"→"参数设置",或在键盘上按快捷键"Shift+P",斯沃软件系统允许数控车床前后置刀架的刀架位数设置为四方刀架、八方刀架、十二方刀架及十六方刀架,如图 3-10 所示。对应可安装 4 把刀具、8 把刀具、12 把刀具及 16 把刀具,如图 3-11 所示。

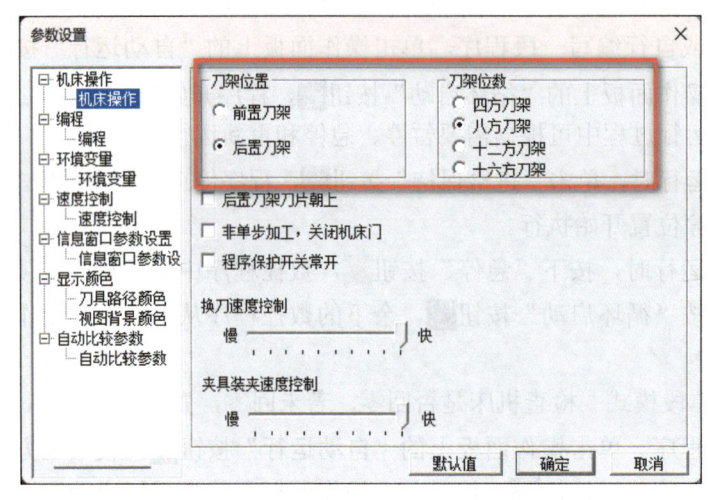

图 3-10 刀架位数设置对话框

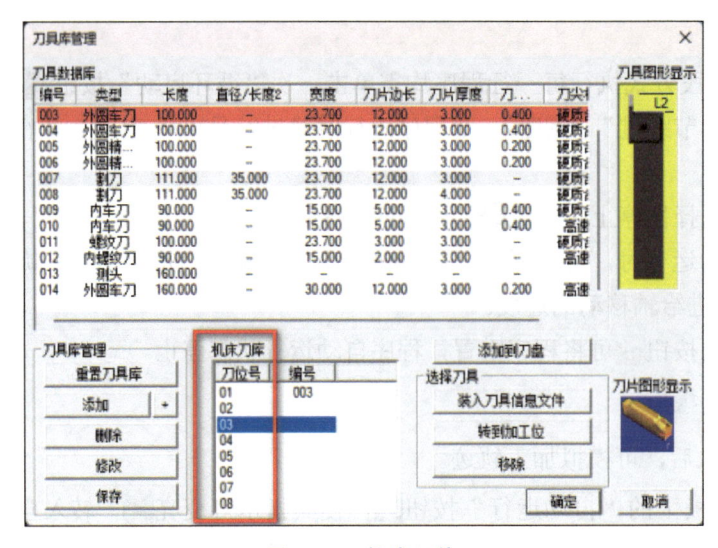

图 3-11 机床刀位

1. 选择、安装车刀

1) 在"刀具库管理"对话框的"刀具数据库"区域单击所需的刀。

2)单击"添加到刀盘"按钮。

3)选择所需要的"×号刀位"。

4)系统会自动将相应刀具添加到对应刀库的刀位上,如图 3-12 所示。

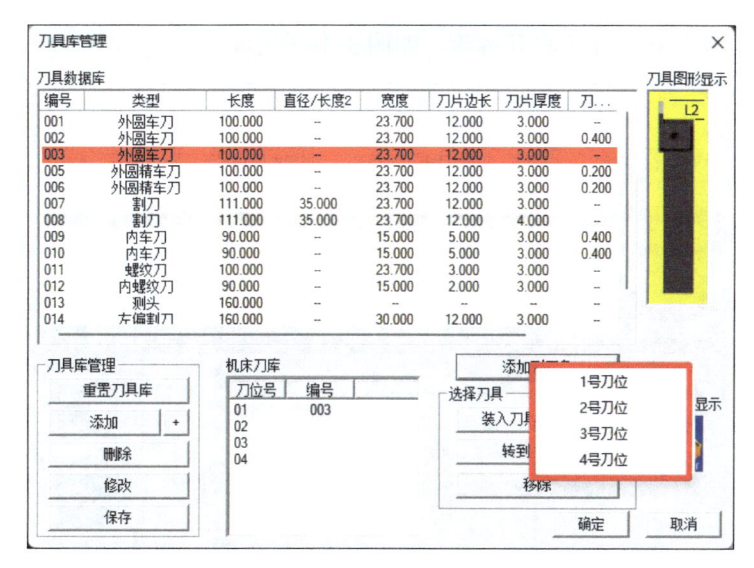

图 3-12 添加到刀盘刀位

2. "刀具数据库"添加刀具

1)单击"刀具库管理"对话框中的"添加"按钮。

2)选择相应刀具类型,如图 3-13 所示。

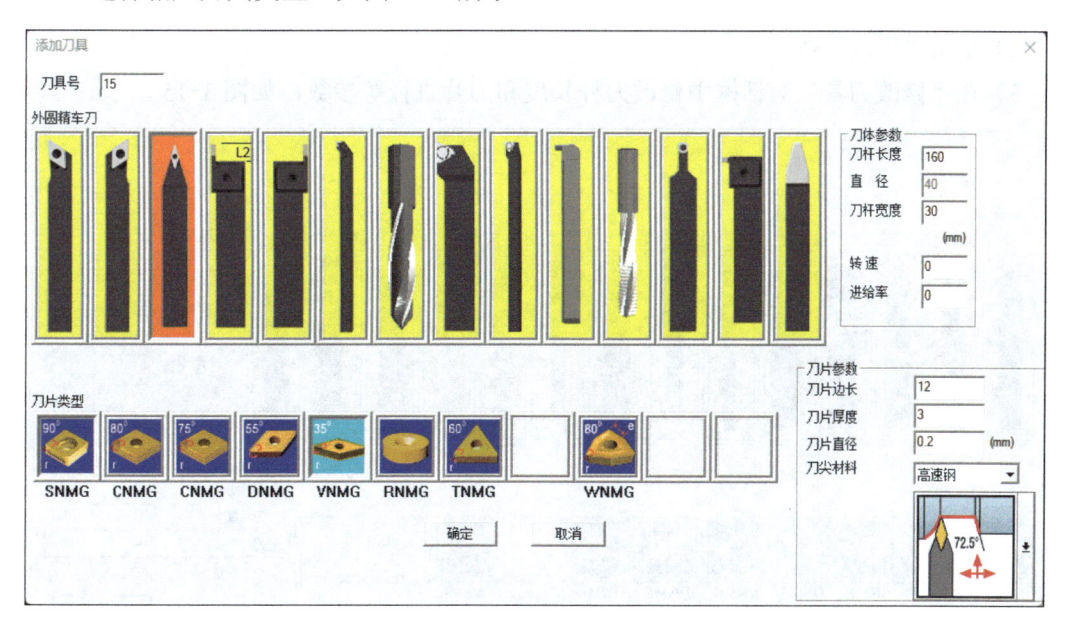

图 3-13 添加刀具

3)选择"刀片类型"。

4)设置合适的刀体参数和刀片参数。

5）单击"确定"按钮。

3. 拆除刀盘中的刀具

1）在"刀具库管理"对话框中单击需要拆除的"机床刀库"的刀位号。

2）单击"移除"按钮即可将其拆除，如图3-14所示。

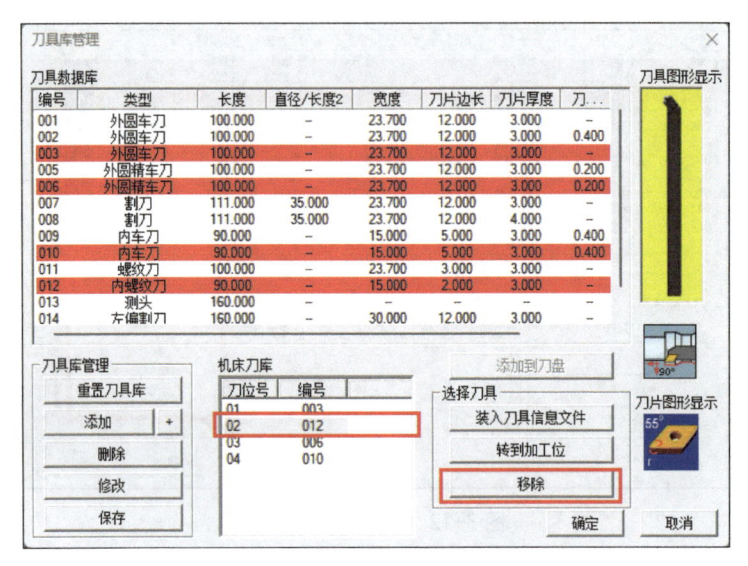

图3-14 拆除刀盘中的刀具

4. 变更车刀刀杆长度和刀尖半径

1）在"刀具库管理"对话框中选择需修改的刀具。

2）单击"修改"按钮。

3）在"修改刀具"对话框中修改刀杆长度和刀片直径等参数，如图3-15所示。

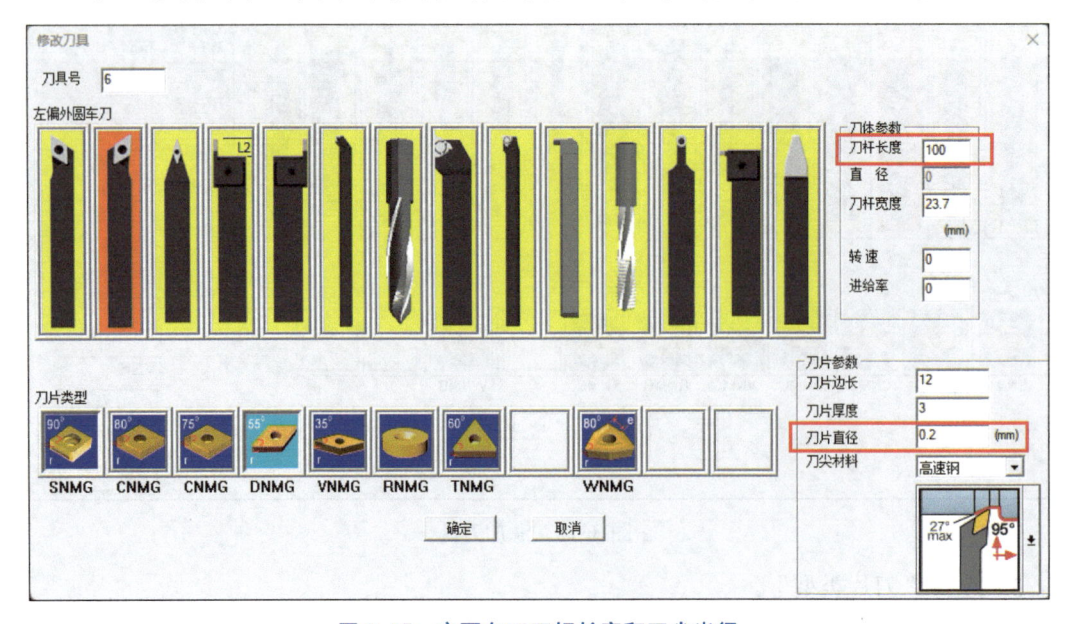

图3-15 变更车刀刀杆长度和刀尖半径

3.1.5 FANUC 0i-TF Plus 数控车床工件的安装

1. 定义毛坯

单击菜单"工件操作"→"选择毛坯夹具",或在键盘上按快捷键"Ctrl+W",或在左侧工具栏中单击 按钮,弹出如图 3-16 所示的"设置毛坯夹具"对话框。

在"备选毛坯"区域中对"工件长度(L)""工件直径(D)""内孔长度(L1)""内径(D1)"进行设置,即可将毛坯类型设为圆棒或圆管。

2. 定义夹具

在"夹具类型"区域选择所需的"中心架""尾架"夹具,如图 3-16 所示。

3. 工件调头

单击菜单"工件操作"→"工件调头",即可对工件进行调头加工。

4. 工件在卡盘中的内移或外移

单击菜单"工件操作"→"工件内移"或"工件外移",或在左侧工具栏中单击 按钮,即可对卡盘上的零件进行左右移动。每次的移动单位在菜单"工件操作"→"移动最小单位"中进行设置,如图 3-17 所示。

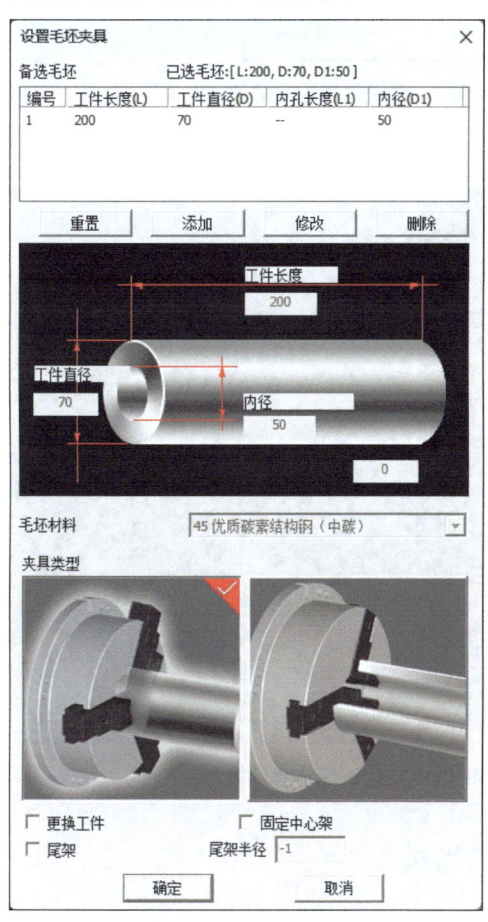

图 3-16 设备毛坯夹具

图 3-17 移动单位选择

3.2 FANUC 0i-MF Plus 数控铣床仿真环境构建

3.2.1 FANUC 0i-MF Plus 数控铣床选择

双击桌面上的"斯沃数控仿真软件"图标，进入软件启动界面后选择"FANUC 0i-MF Plus"数控系统，如图 3-18 所示，选择"软件狗加密"。单击"运行"按钮，系统即可切换到 FANUC 0i-MF Plus 数控铣床仿真环境，如图 3-19 所示。

图 3-18　FANUC 0i-MF Plus 数控铣床启动界面

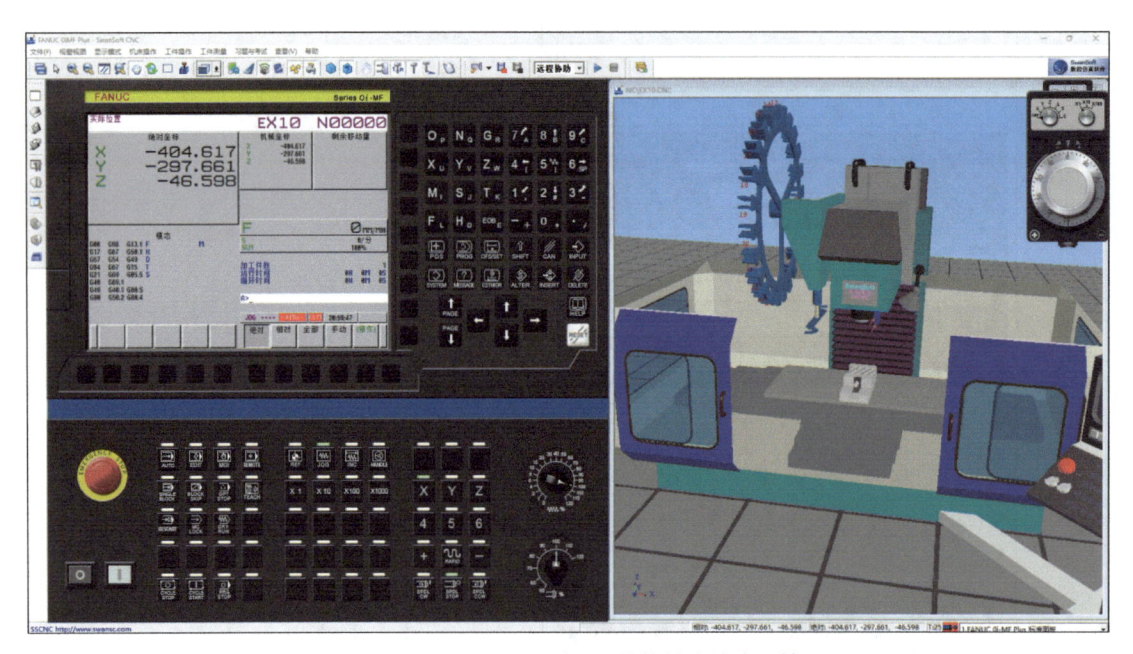

图 3-19　FANUC 0i-MF Plus 数控铣床仿真环境

3.2.2 FANUC 0i-MF Plus 数控铣床面板

FANUC 0i-MF Plus 数控铣床的面板主要由显示器、MDI 键盘和机床操作面板等部分组成。

其中，MDI 键盘主要用于坐标位置查看、程序编辑、参数设置、系统复位等；而机床操作面板主要用于对机床进行调整和控制。南京斯沃软件技术有限公司开发的 FANUC 0i-MF Plus 数控铣床标准面板如图 3-20 所示。上半部分是 MDI 键盘，下半部分是机床操作面板。MDI 键盘上各键的功能与数控车床一致，参见表 3-1。FANUC 0i-MF Plus 数控铣床操作面板功能与 FANUC 0i-TF Plus 数控车床基本相同，参见表 3-2。

图 3-20 FANUC 0i-MF Plus 数控铣床标准面板

3.2.3 FANUC 0i-MF Plus 数控铣床基本操作

1. 机床开机操作

1）按下启动按钮 ■，此时显示器点亮，系统自检开机。
2）打开急停按钮 ●，使红色按钮处于凸起状态。
3）关闭舱门。

2. 机床回参考点

1）将机床操作面板切换至 REF 模式 ■。
2）在操作面板上依次按 Z +键，使 Z 轴回到机床参考点。

3)在操作面板上依次按 X + 键,使 X 轴回到机床参考点。

4)在操作面板上依次按 Y + 键,使 Y 轴回到机床参考点。

5)机床回至参考点后,Z、X 和 Y 的机械坐标值全为 0,如图 3-21 所示。

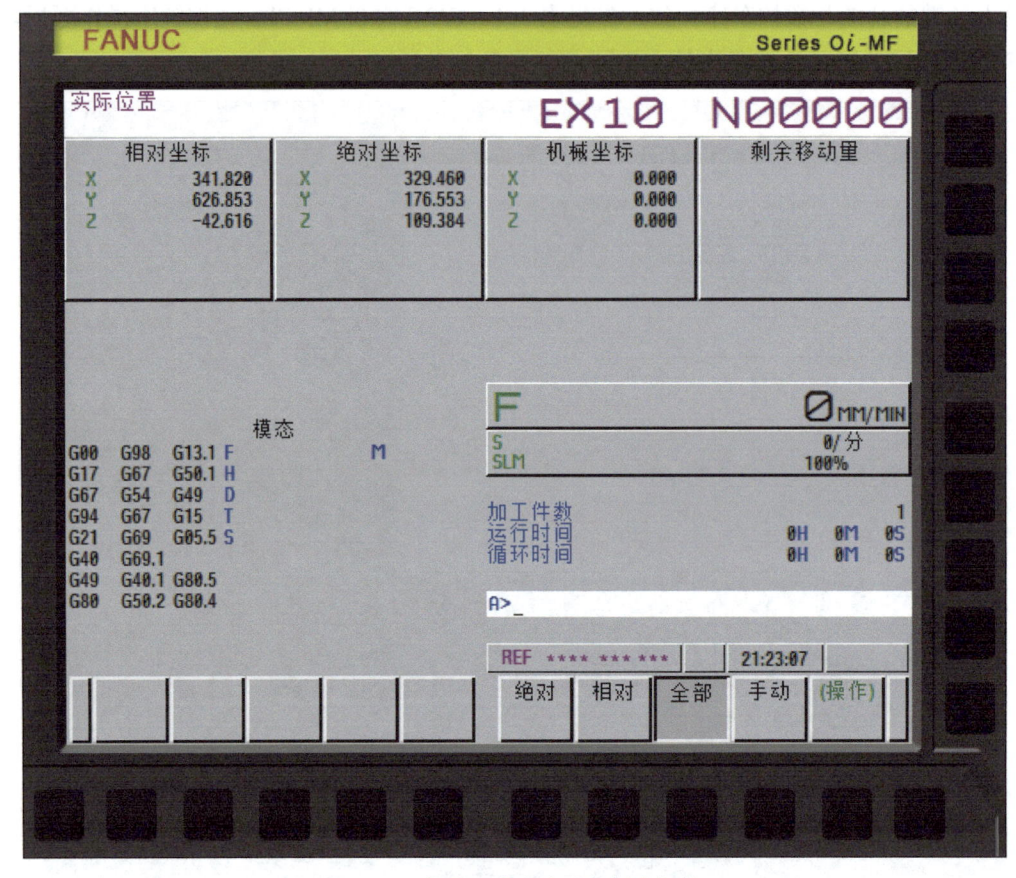

图 3-21 机床回参考点后机械坐标值

3. 机床坐标显示

在 MDI 面板反复按 POS 键,显示区域就会在绝对坐标(图 3-22a)、相对坐标(图 3-22b)和全部坐标(图 3-22c)之间进行切换,也可以按相应的软键实现三者之间的切换。

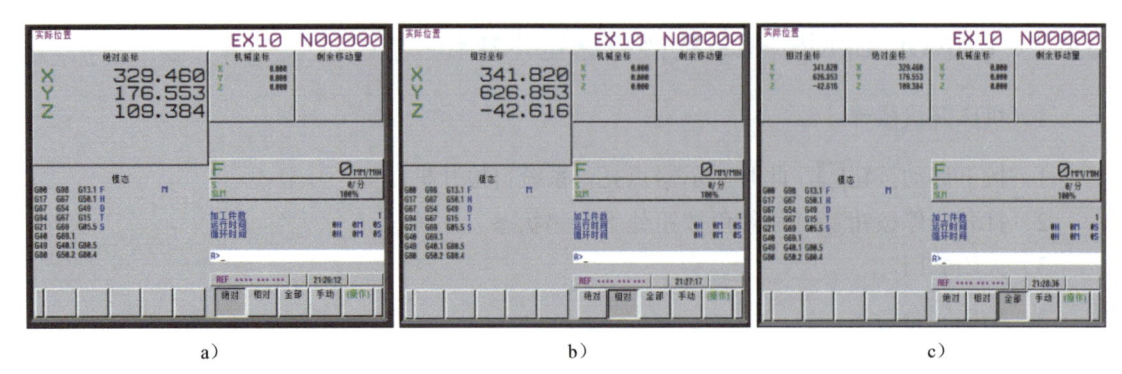

a)   b)   c)

图 3-22 机床坐标显示

4. 程序管理

FANUC 0i-MF Plus 数控铣床程序管理与 FANUC 0i-TF Plus 数控车床相同，可以参见 3.1.3 节内容。

5. MDI 模式

FANUC 0i-MF Plus 数控铣床 MDI 模式与 FANUC 0i-TF Plus 数控车床相同，可以参见 3.1.3 节内容。

6. 手动模式

FANUC 0i-MF Plus 数控铣床手动模式与 FANUC 0i-TF Plus 数控车床相同，可以参见 3.1.3 节内容。

7. 自动模式

FANUC 0i-MF Plus 数控铣床自动模式与 FANUC 0i-TF Plus 数控车床相同，可以参见 3.1.3 节内容。

8. 加工轨迹模拟

FANUC 0i-MF Plus 数控铣床加工轨迹模拟与 FANUC 0i-TF Plus 数控车床相同，可以参见 3.1.3 节内容。

3.2.4　FANUC 0i-MF Plus 数控铣床刀具的选择与安装

单击菜单"机床操作"→"选择刀具"，或在键盘上按快捷键"Ctrl+T"，或在左侧工具栏中单击 按钮，弹出"刀具库管理"对话框。

单击菜单"机床操作"→"参数设置"，或在键盘上按快捷键"Shift+P"，斯沃软件系统中数控铣床的刀架可选择立式刀架和卧式刀架两种方式（图 3-23），对应可安装 24 把刀具、12 把刀具，如图 3-24 所示。

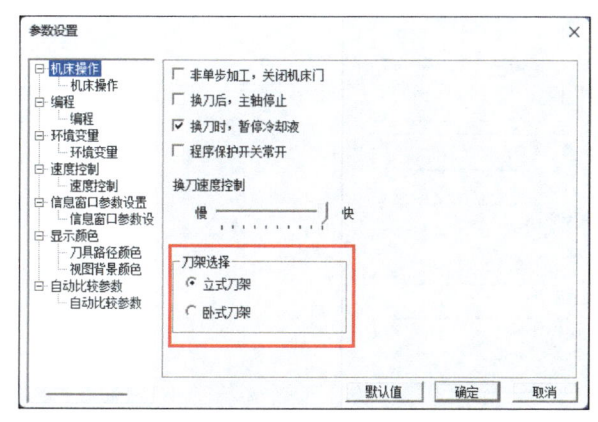

图 3-23　刀架选择　　　　图 3-24　机床刀位

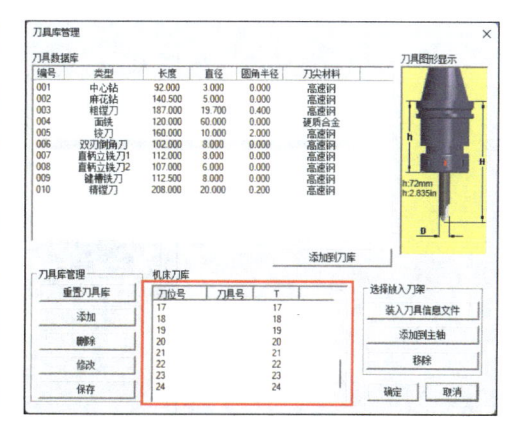

1. 选择、安装铣刀

1）在"刀具库管理"对话框的"刀具数据库"区域单击所需的刀。

2）单击"添加到刀库"按钮。

3）选择所需要的"×号刀位",如图3-25所示。

图3-25 添加刀具到刀库

4）系统会自动将相应刀具添加到对应刀库的刀位上。同时已添加到刀库的刀具底色变为红色,告知操作者此刀已被选择,不可再添加到刀库。

2．"刀具数据库"添加刀具

1）单击"刀具库管理"对话框中的"添加"按钮。

2）选择相应刀具类型,如图3-26所示。斯沃系统提供端铣刀、键槽铣刀、球头刀、螺纹铣刀、麻花钻、中心钻、铰刀、镗刀、立铣刀等共22种数控铣削刀具。

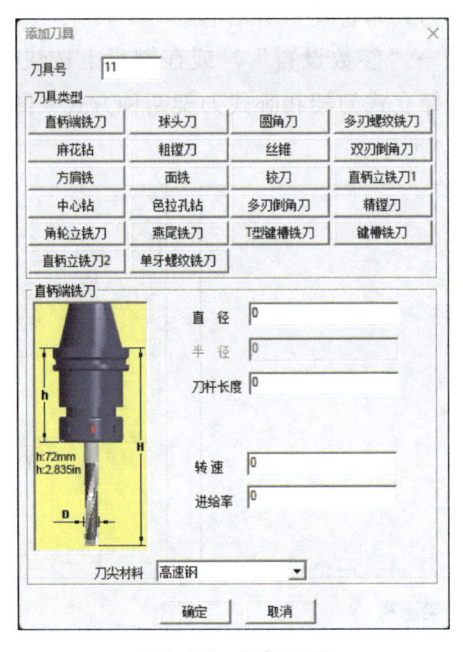

图3-26 添加刀具

3）输入直径、刀杆长度等刀具参数,如图3-26所示。

4）单击"确定"按钮，相应刀具被添加到刀具数据库。

3．拆除刀库中的刀具

1）在"刀具库管理"对话框中单击需要拆除的"机床刀库"的刀位号。

2）单击"移除"按钮，即可拆除刀库中的刀具，如图 3-27 所示。

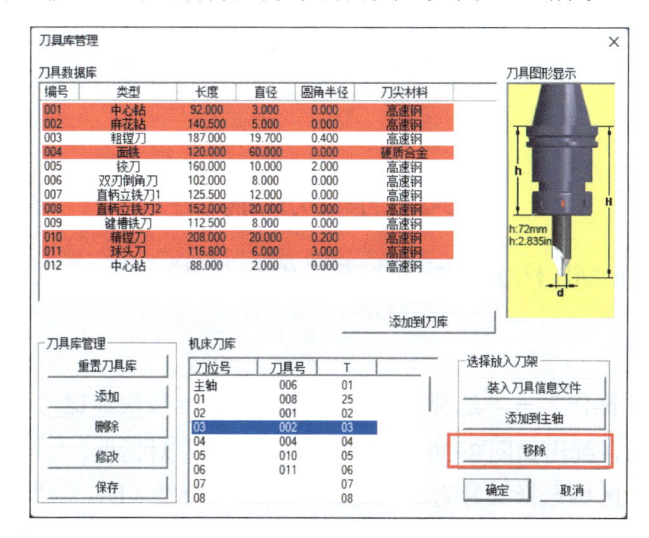

图 3-27　拆除刀库中的刀具

4．变更刀具直径和刀杆长度等信息

1）在"刀具库管理"对话框中选择需修改的刀具。

2）单击"修改"按钮。

3）在"修改刀具"对话框中修改刀杆长度和刀具直径等参数，如图 3-28 所示。

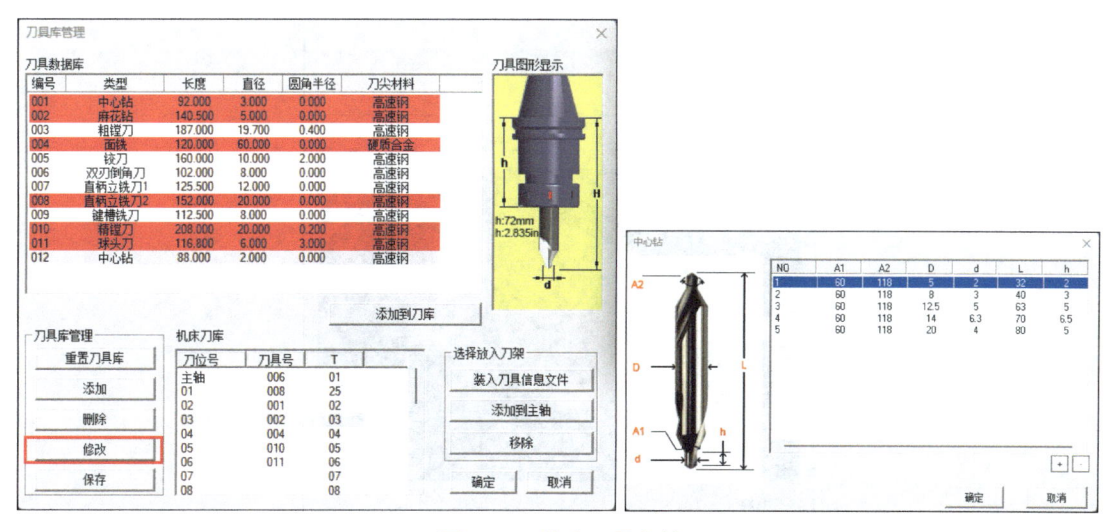

图 3-28　修改刀具参数

5．删除刀具库中的刀具

1）选择"刀具数据库"中需删除的刀具。

2）单击"删除"按钮，即可删除"刀具数据库"中的刀具。对于底色为红色的已装入机床刀库中的刀具是无法删除的，会出现图3-29所示报警，只有将它们从刀库中拆除方可删除。

图 3-29　刀架上刀具删除报警

3.2.5　FANUC 0i-MF Plus 数控铣床工件的安装

1. 定义毛坯

单击菜单"工件操作"→"选择毛坯"，或在键盘上按快捷键"Ctrl+W"，或在左侧工具栏中单击 按钮，弹出如图3-30所示的"设置毛坯"对话框。

在"备选毛坯"区域选择编号为1的毛坯，输入"长度（L）""宽度（W）""高度（H）"，将其设置为长方体毛坯；选择编号为2的毛坯，输入"高度（H）""直径（D）"，将其设置为圆柱体毛坯。同时可设置毛坯颜色和毛坯材料。毛坯材料可选择铸铁、碳钢、合金钢、各种有色金属及塑料等。

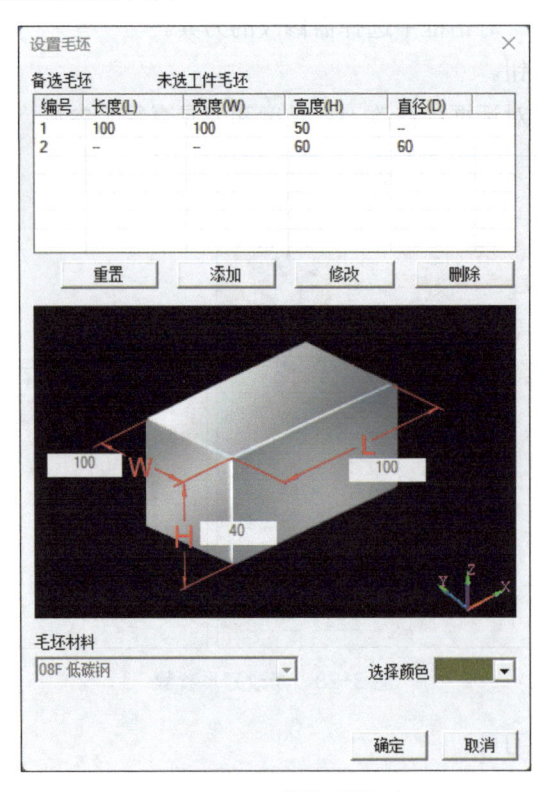

图 3-30　设置毛坯

2. 工件装夹

单击菜单"工件操作"→"工件装夹",或在左侧工具栏中单击 按钮,弹出如图 3-31 所示"工件装夹"对话框。

斯沃仿真软件提供了 4 种装夹方式。

1)直接装夹:工件直接用压板装在机床工作台上,有 5 种安装方式供选择,如图 3-31 所示。

2)工艺板装夹:工件直接装在工艺板上,工艺板通过压板装在机床工作台上,有 5 种安装方式供选择,如图 3-32 所示。

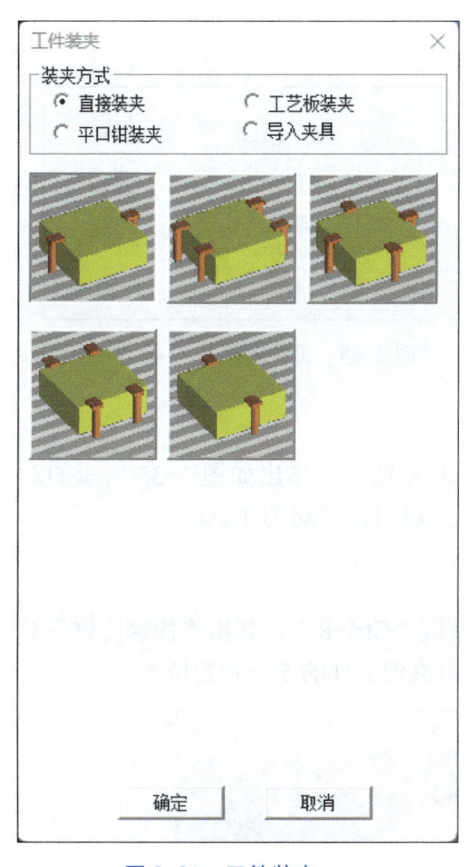

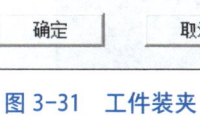

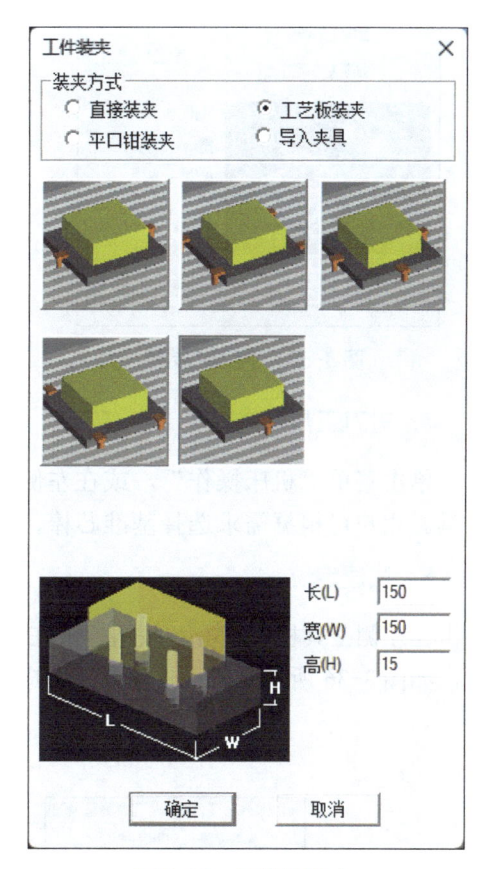

图 3-31 工件装夹

图 3-32 工艺板装夹

3)平口钳装夹:工件通过平口钳装在机床工作台上,如图 3-33 所示,工件在平口钳中的位置可上下左右调整。

4)导入夹具:除了以上 3 种常用装夹方式外,对于自定义夹具,用户可以将 stl 夹具文件导入系统之中,从而对工件进行装夹。

3. 工件放置

单击菜单"工件操作"→"工件放置",或在左侧工具栏中单击 按钮,弹出如图 3-34 所示"工件放置"对话框。用户可通过此对话框将工件旋转任意角度放置在工作台任意位置上。

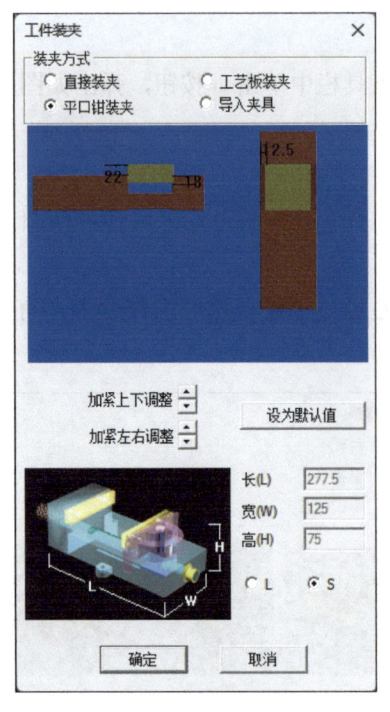

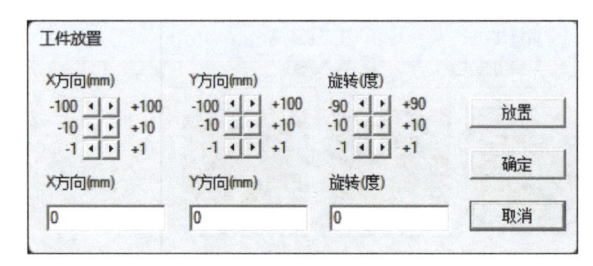

图 3-33　平口钳装夹

图 3-34　工件放置

4．对刀工具的选择

单击菜单"机床操作"，或在左侧工具栏中单击 按钮，弹出如图 3-35 所示的对刀工具。用户可根据需求选择基准芯棒、寻边器或 Z 向对刀仪等对刀工具。

5．快速定位

在左侧工具栏中单击 按钮，或在键盘上按快捷键"Ctrl+R"，弹出"快速定位"对话框，如图 3-36 所示，斯沃软件方便用户将刀具快速定位到工件的 5 个预定位置。

图 3-35　对刀工具选择

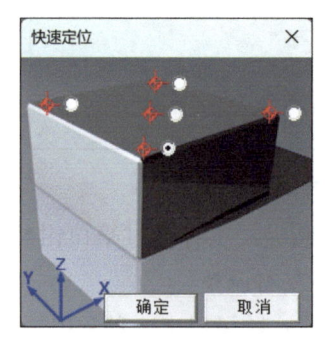

图 3-36　快速定位

第4章 斯沃 V7.36 刀具轨迹仿真

FANUC 0i-TF Plus 刀具轨迹仿真是一项非常重要的功能，本章围绕数控车床、数控铣床及加工中心进行介绍。

4.1 FANUC 0i-TF Plus 数控车床对刀操作

4.1.1 G54～G59 参数设置方法

在 MDI 键盘上单击 ▣ 键，单击菜单软键"坐标系"进入坐标系参数设定界面。输入"0×"（01 表示 G54，02 表示 G55，以此类推），按菜单软键"NO 检索"，光标停留在选定的坐标系参数设定区域，如图 4-1 所示。

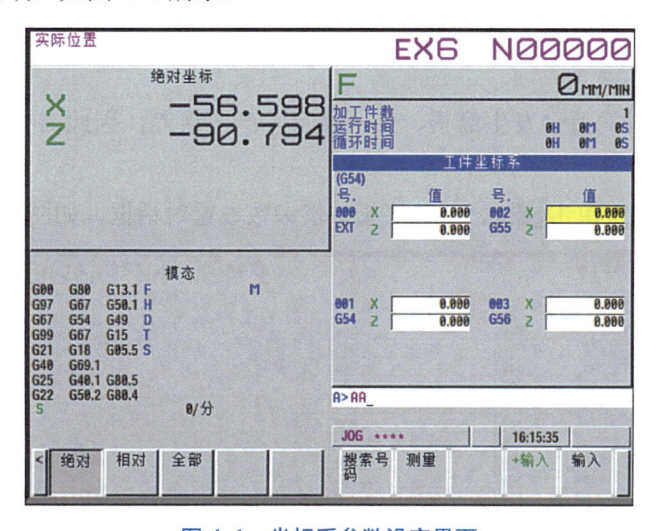

图 4-1 坐标系参数设定界面

也可以用方向键 ← ↑ → ↓ 选择所需的坐标系和坐标轴，利用 MDI 键盘输入通过对刀得到的工件坐标原点在机床坐标系中的坐标值。如通过对刀得到的工件坐标原点在机床坐标系中的坐标值为（-500，-404），则首先将光标移到 G54 坐标系 X 位置，用 MDI 键盘输入"-500.00"，按菜单软键"输入"或按 ▣ 键，参数输入指定区域，按 ▣ 键可逐个删除输入区域中的字符。将光标移到 Z 位置，输入"-404.000"，按菜单软键"输入"或按 ▣ 键，参数输入指定区域。此时界面如图 4-2 所示。

注：X 坐标值为 -100，需输入"X-100.00"；若输入"X-100"，则系统默认为 -0.100。

可以在"系统管理/系统设置"中设置默认的单位。

按软键"+输入",则键入的数值将与原有的数值相加以后输入。

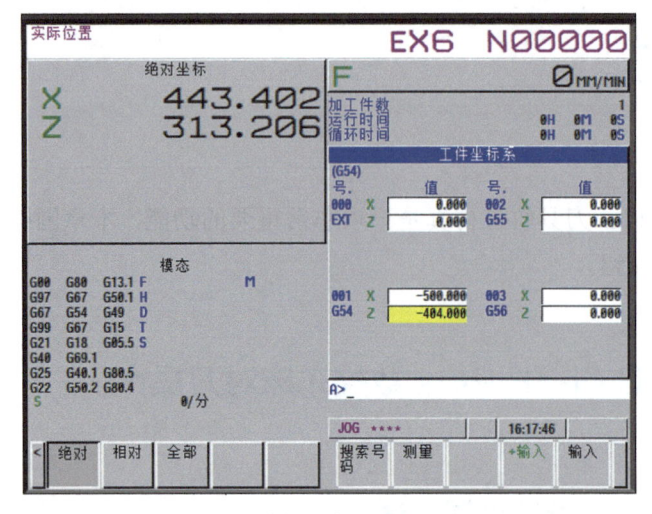

图 4-2 坐标系参数设置后界面

4.1.2 刀具补偿参数

车床的刀具补偿参数包括刀具的磨损补偿参数和形状补偿参数,两者之和构成车刀偏置量补偿参数。

1. 输入磨损补偿参数

刀具使用一段时间后会发生磨损,使产品尺寸产生误差,因此需要对刀具设定磨损补偿。步骤如下:

1)在 MDI 键盘上单击▦键,进入磨损补偿参数设置对话框,如图 4-3 所示。

图 4-3 刀具磨损补偿参数设置对话框

2)用方向键 ↑ ↓ 选择所需的编号,并用 ← → 键确定所需补偿的值。

3)单击数字键,输入补偿值到输入区域。

4）按菜单软键"输入"或 键,将参数输入指定区域;按 键可逐个删除输入区域中的字符。

2. 输入形状补偿参数

刀具形状补偿参数设置步骤如下:

1）在 MDI 键盘上单击 键,进入形状补偿参数设置对话框,如图 4-4 所示。

2）用方向键 选择所需的编号,并用 键确定所需补偿的值。

3）单击数字键,输入补偿值到输入区域。

4）按菜单软键"输入"或 键,将参数输入指定区域;按 键可逐个删除输入区域中的字符。

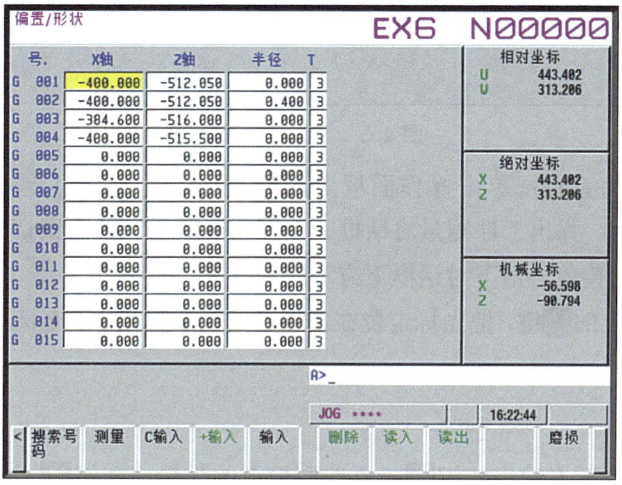

图 4-4 刀具形状补偿参数设置对话框

3. 输入刀尖圆弧半径和方位号

在需要用刀尖圆弧半径补偿时,需要设置刀尖圆弧半径 R 和刀尖方位号 T,分别把光标移到 R 和 T,按数字键输入半径或方位号,按菜单软键"输入"完成操作。

4.1.3 试切法设置 G54～G59

编制数控程序采用工件坐标系,对刀的过程就是建立工件坐标系与机床坐标系之间关系的过程。

下面具体说明车床对刀的方法。直接输入工件坐标系 G54～G59,将工件右端面中心点设为工件坐标系原点。

1. 切削外圆

在操作面板上按下编辑键 ,再按面板上的程序键 ,进入程序编辑对话框,输入"T0101; M3S500",依次按面板上的插入键 、循环启动键 、手轮模式键 ,机床进入手轮模式,试切工件外圆,保持 X 方向不移动退刀;使主轴停止转动,测量出工件的外径值为 47.334mm,如图 4-5 所示,按面板上的参数设定显示键 。

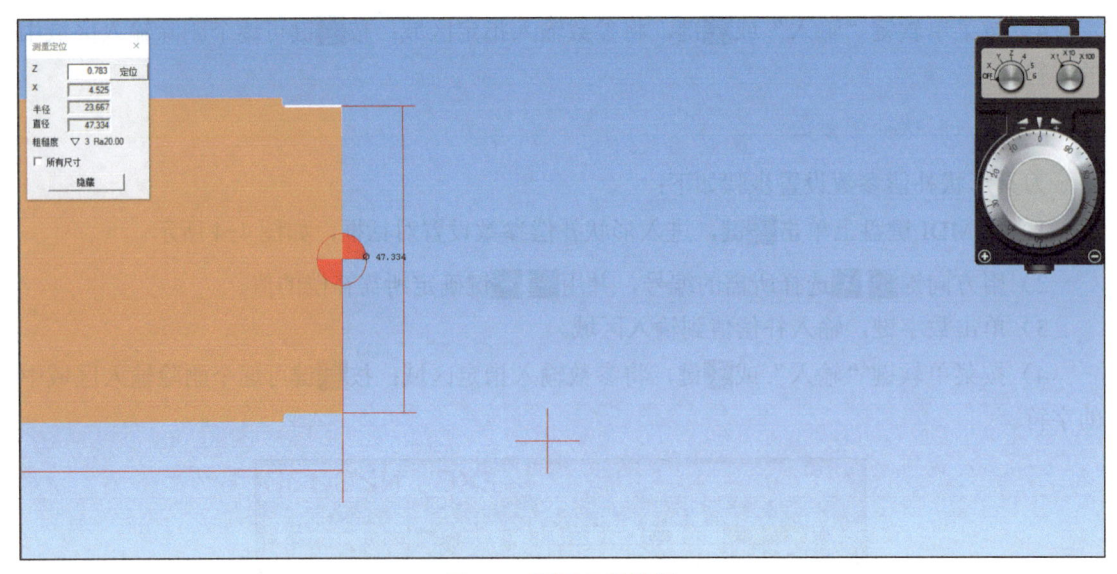

图 4-5 测量工件外径

测量切削位置的直径：单击操作面板上的 ![] 按钮，使主轴停止转动，单击菜单"测量"→"坐标测量"，弹出工件测量对话框，如图 4-6 所示。单击试切外圆时所切线段，选中的线段由红色变为黄色。记下对话框下方对应的 X 值，即直径。

按下 MDI 键盘上的 ![] 键，把光标定位在需要设定的坐标系上，光标移到 X，输入直径值，按菜单软键"测量"。

2. 切削端面

在操作面板上按下主轴正转键 ![]，再按面板上的手轮模式键 ![]，机床进入手轮模式，试切工件端面，保持 Z 方向不移动退刀；使主轴停止转动，按面板上的参数设定显示键 ![]，软键选择"坐标系"，光标移到"001 G54"处、Z 轴上，输入"Z0"按软键"测量"，如图 4-6 所示。

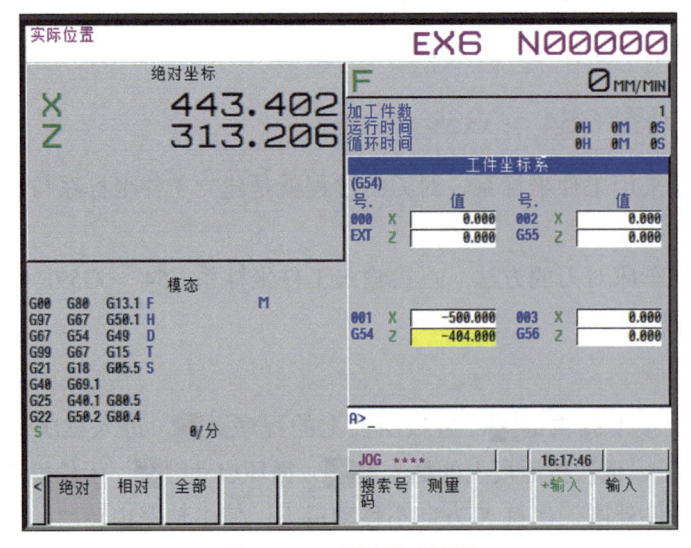

图 4-6 工件测量对话框

4.1.4 试切法设置刀具补偿参数

在数控车床操作中经常通过设置刀具偏移的方法对刀。但是在使用这个方法时不能使用 G54～G59 设置工件坐标系，G54～G59 的各个参数值均设为 0。

1. 切削外圆

1）用所选刀具试切工件外圆，单击"主轴停止"键，使主轴停止转动；单击菜单"测量"→"坐标测量"，得到试切后的工件直径，记为 α。

2）保持 X 轴方向不动，刀具退出。单击 MDI 键盘上的■键，进入形状补偿参数设置对话框，将光标移到与刀位号相对应的位置，输入 Xα，按菜单软键"测量"，对应的刀具偏移量自动输入。

2. 切削端面

1）试切工件端面，把端面在工件坐标系中 Z 的坐标值记为 β（此处以工件端面中心点为工件坐标系原点，则 β 为 0）。

2）保持 Z 轴方向不动，刀具退出。进入形状补偿参数设置对话框，将光标移到相应的位置，输入 Zβ，按菜单软键"测量"，对应的刀具偏移量自动输入。

分别对其他刀具对刀，步骤与上面两步相同。

4.1.5 FANUC 0i-TF Plus 数控车床零件加工轨迹仿真检查

NC 程序导入后，可检查运行轨迹。

在控制面板上单击■键，再单击 MDI 面板中的■键，程序执行转入检查运行轨迹模式；再单击操作面板上的■键，即可观察数控程序的运行轨迹。此时也可通过"视图"菜单中的"动态旋转""动态放缩""动态平移"等方式对三维运行轨迹进行全方位的动态观察。

4.2 FANUC 0i-MF Plus 数控铣床及加工中心对刀操作

4.2.1 刀具半径补偿参数

FANUC 0i-MF Plus 的刀具半径补偿参数包括形状半径补偿参数和磨损半径补偿参数。设置步骤如下：

1）在 MDI 键盘上单击■键，进入补偿参数设置对话框，如图 4-7 所示。

2）用方向键■■选择所需的编号，并用■■键选择需要设定的半径补偿是形状补偿还是磨损补偿，将光标移到相应的区域。

3）单击 MDI 键盘上的数字/字母键，输入刀具半径补偿参数。

4）按菜单软键"输入"或按■键，将参数输入指定区域。按■键可逐个删除输入区域中的字符。

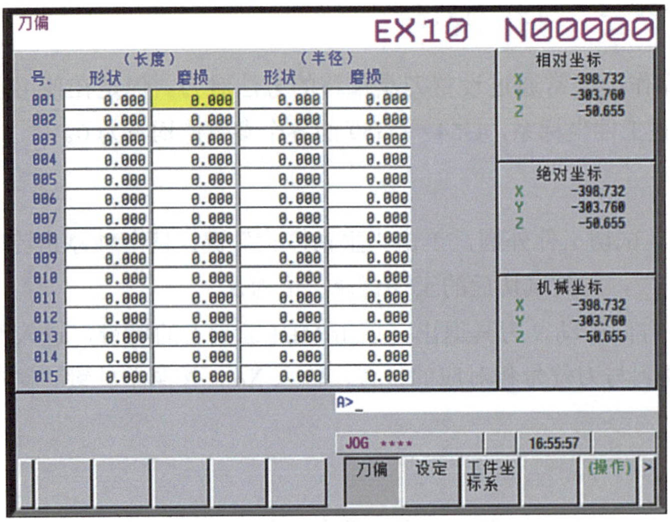

图 4-7　半径补偿参数设置对话框

注：半径补偿参数若为 4mm，在输入时需输入“4.000”，如果只输入“4”，则系统默认为“0.004”。可以单击“系统管理”→“系统设置”，设置选项为“没有小数点的数以千分之一毫米为单位”。

4.2.2　刀具长度补偿参数

长度补偿参数在刀具表中按需要输入。FANUC 0i-MF Plus 的刀具长度补偿参数包括形状长度补偿参数和磨损长度补偿参数。设置步骤如下：

1）在 MDI 键盘上单击 OFS/SET 键，进入补偿参数设置对话框，如图 4-8 所示。

2）用方向键 ← ↑ → ↓ 选择所需的编号，并确定需要设定的长度补偿是形状补偿还是磨损补偿，将光标移到相应的区域。

3）单击 MDI 键盘上的数字 / 字母键，输入刀具长度补偿参数。

4）按软键“输入”或按 INSERT 键，将参数输入指定区域；按 CAN 键可逐个删除输入区域中的字符。

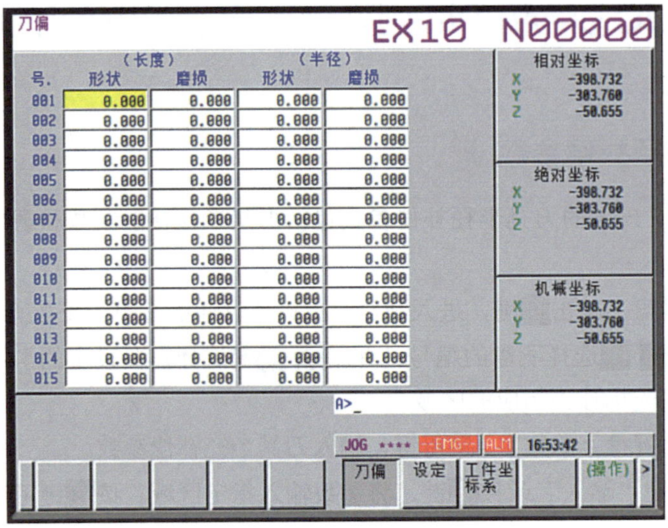

图 4-8　长度补偿参数设置对话框

4.2.3 对刀的方法

单击操作面板上的"MDI"键及数控系统面板上的"PROG"键,输入指令如"M03 S400;",再依次单击数控系统面板上的插入键"INSERT"及操作面板上的循环启动键"CYCLE START"启动主轴。

单击"HANDLE"键进入手轮进给方式,让刀具慢慢接触工件左侧,直到发现有少许切屑为止,然后单击数控系统面板上的"POS"键,单击显示屏下方"相对"所对应的软键,输入"X"后选择"起源",单击"执行"。此时相对坐标中 X 值会变成"X0",如图 4-9 所示。

图 4-9 相对坐标设置为 0

抬起刀具至工件上表面之上,快速移动,让刀具靠近工件右侧。

单击"HANDLE"键进入手轮进给方式,让刀具接触工件右侧,直到发现有少许切屑为止,记下此时机械坐标中的 X 坐标值,如 111.6,然后进行以下操作:选择"OFS/SET",单击显示屏下方"工件坐标系"所对应的软键,移动光标将黄色的框移动至 G54 选项中,输入"X55.8"后选择"测量",此时工件坐标系 G54 一栏中 X 值为 -400.00,绝对坐标中 X 值会变成"X55.8"。

注:Y 轴对刀先碰工件后面,再碰工件前面,其余操作与 X 轴对刀一致,如图 4-10 所示。

图 4-10 X/Y 轴对刀设置

4.2.4　FANUC 0i-MF Plus 数控铣床及加工中心零件加工轨迹仿真检查

NC 程序导入后，可检查运行轨迹。

按操作面板上的自动运行键▣，转入自动加工模式，按 MDI 键盘上的▣键，单击数字/字母键，输入"O×"（×为所需要检查运行轨迹的数控程序号），按▣键开始搜索，找到后，程序出现在显示区域。进入检查运行轨迹模式，按操作面板上的循环启动键▣，即可观察数控程序的运行轨迹，此时也可通过"视图"菜单中的动态旋转、动态放缩、动态平移等方式对三维运行轨迹进行全方位的动态观察。

第 5 章 FANUC 0i-TF Plus 数控车床仿真实例

FANUC 0i-TF Plus 数控系统常用的系统功能有准备功能、辅助功能及其他功能三种，这些功能是编制数控程序的基础。

5.1 FANUC 0i-TF Plus 数控车床的有关功能

准备功能也称 G 功能或 G 指令，是利用数控机床做好某些准备动作的指令。它由地址 G 和后面的两位数字组成，有 G00～G99 共 100 种，如 G01、G41 等。目前，随着数控系统功能的不断增强，有的系统已采用三位数的功能指令，如 SIEMENS 系统中的 G450、G451 等。

虽然 G00～G99 共有 100 种 G 指令，但并不是每种指令都有实际意义。实际上有些指令在国际标准（ISO）或我国相关标准中并没有指定其功能，这些指令的功能留待标准修订时指定。还有一些指令可由机床设计者根据需要定义其功能，但必须在机床的出厂说明书中予以说明。

5.1.1 快速点定位（G00）

该指令是在工件坐标系中以最大的进给速度将刀具移动到由绝对或增量指令指定的位置；G00 指令中的移动速度由机床参数"快移进给速度"对各轴分别设定，所以不能在地址 F 中规定，该速度可由面板上的快速修调按钮修正；在执行 G00 指令时，由于各轴以各自的速度移动，不能保证各轴同时到达终点，因此联动直线轴的合成轨迹不一定是直线。

程序格式：

G00 X(U)___ Z(W)___ ;

- X、Z：终点坐标的绝对值；
- U、W：终点坐标的相对值。

例 5-1 快速进刀（G00）

绝对坐标程序：

G00 X50.0 Z5.0;

相对坐标程序：

G00 U-50.0 W-95.0;

如图 5-1 所示。

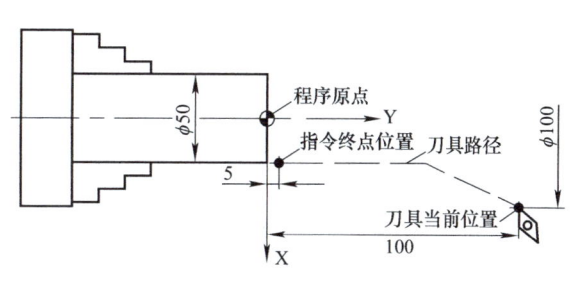

图 5-1 G00 移动路径

5.1.2 直线插补（G01）

该指令用于直线或斜线运动。可使用数控车床沿 X 轴、Z 轴方向执行单轴运动，也可以沿 X、Z 平面内任意斜率的直线运动。

程序格式：

G01 X(U)___ Z(W)___F___;

➢ F 表示进给速度。

例 5-2 外圆柱切削

绝对坐标程序：

G01 X25 Z-30 F100;

相对坐标程序：

G01 U0 W-30 F100;

如图 5-2 所示。

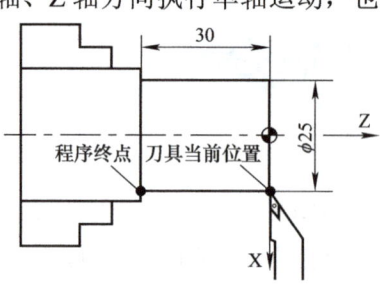

图 5-2 G01 指令切削外圆

例 5-3 外圆锥切削

绝对坐标程序：

G01 X25 Z-30 F100;

相对坐标程序：

G01 U10 W-30 F100;

如图 5-3 所示。

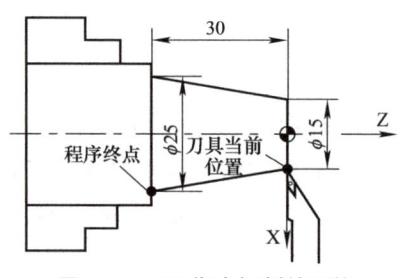

图 5-3 G01 指令切削外圆锥

直线插补指令 G01 在数控车床编程中还有两种特殊的用法：倒斜角（45°）及倒圆角。

例 5-4 G01 指令倒斜角（图 5-4）

绝对坐标程序：

G01 Z-25 C-2 F100;
X50 C2;
Z-50;

相对坐标程序：

G01 W-25 C-2 F100;
U20 C2;
U-25;

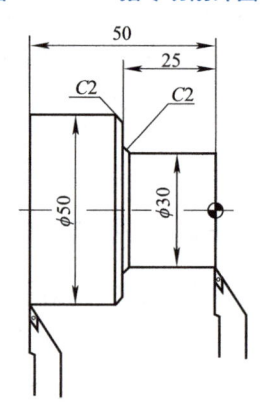

图 5-4 G01 指令倒斜角

例 5-5 G01 指令倒圆角（图 5-5）

绝对坐标程序：

G01 Z-25 R-2 F100;
X50 R2;
Z-50;

相对坐标程序：

G01 W-25 R-2 F100;
U20 R2;
U-25;

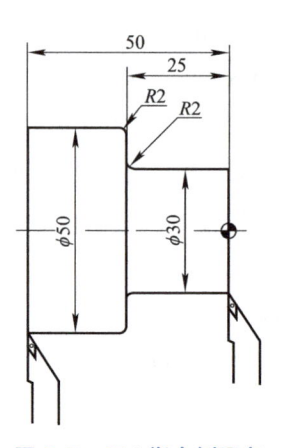

图 5-5 G01 指令倒圆角

5.1.3 圆弧插补（G02、G03）

该指令能使刀具沿着圆弧运动，切削出圆弧轮廓。G02 为顺时针圆弧插补指令，G03 为逆时针圆弧插补指令。

G02 程序格式：

G02 X(U)___ Z(W)___ R___F___；
G02 X(U)___ Z(W)___ I___K___F___；

G03 程序格式：

G03 X(U)___ Z(W)___ R___F___；
G03 X(U)___ Z(W)___ I___K___F___；

- X、Z：终点坐标的绝对值；
- U、W：终点坐标的相对值；
- R：圆弧的半径值；
- I、K：圆弧起点到圆心的距离；
- F：进给速度。

R 为圆弧半径，当圆弧的起点到终点所夹圆心角小于等于 180°时，R 为正值；当圆心角大于 180°时，R 为负值。由于数控车床加工圆弧面时，起点到终点所对的圆心角始终小于 180°，所以 R 都为正值。

例 5-6 顺时针插补（G02）

绝对坐标程序：

G02 X50 Z-10 R10 F100；
G01 Z-20；
G02 Z-30 R10；

相对坐标程序：

G02 U10 W-10 R10 F100；
G01 W-10；
G02 W-10 R10；

如图 5-6 所示。

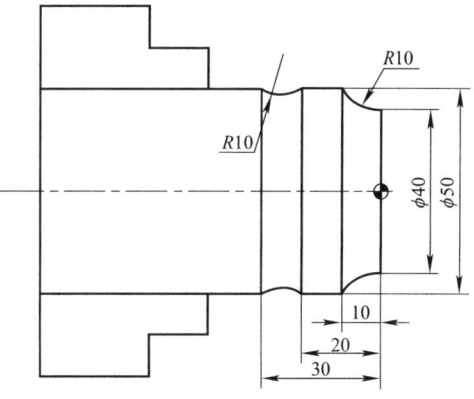

图 5-6　G02 顺时针圆弧插补切削

例 5-7 逆时针插补（G03）

绝对坐标程序：

G03 X50 Z-10 R10 F100；
G01 Z-20；
G03 Z-30 R10；

相对坐标程序：

G03 U10 W-10 R10 F100；
G01 W-10；
G03 W-10 R10；

如图 5-7 所示。

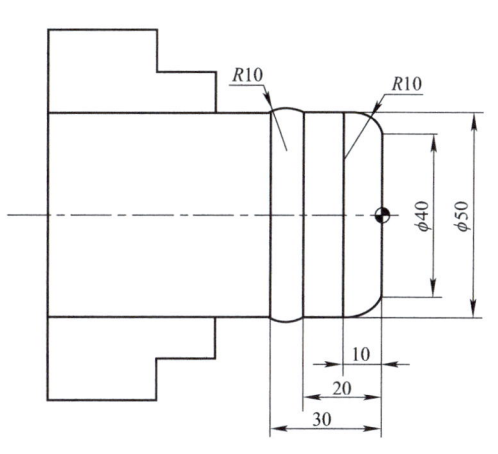

图 5-7　G03 逆时针圆弧插补切削

5.1.4 暂停功能（G04）

G04 暂停功能指令可使刀具做短时间无进给加工或者机床空运转，从而降低加工表面粗糙度。因此，G04 指令一般用于台阶孔表面与切槽底面的光整加工。

程序格式：

```
G04 P___;
G04 X___;
G04 U___;
```

- ➤ P：单位为 0.001s；
- ➤ U、X：单位为 s；
- ➤ 如 P、X、U 在同一程序段，P 有效；如 X、U 在同一程序段，X 有效。

5.1.5 进给功能（F 指令）

用来指定刀具相对于工件运动速度的功能称为进给功能，也称为 F 功能或 F 指令，由地址 F 及其后面的数字组成。根据加工的需要，进给功能分每分钟进给和每转进给两种。

（1）每分钟进给　其单位为 mm/min。每分钟进给通过准备功能字来指定，其值为大于零的常数，如：

```
G98 G01 X20 Z-20 F100;
```

（2）每转进给　在加工螺纹、镗孔过程中，常使用每转进给来指定进给速度，其单位为 mm/r，通过准备功能字来指定，如：

```
G99 G01 X20 Z-20 F0.2;
```

在编程时，进给速度不允许用负值来表示，一般也不允许用 F0 来控制进给停止。但在实际操作过程中，可通过机床操作面板上的进给倍率开关来对进给速度值进行修正，因此，通过倍率开关，可以控制进给速度的值为 0。

5.1.6 主轴功能（S 指令）

用来控制主轴转速的功能称为主轴功能，也称为 S 功能或 S 指令，由地址 S 及其后面的数字组成。根据加工的需要，主轴的转速分为线速度和转速两种。

（1）转速　转速的单位是 r/min，用准备功能 G97 来指定，其值为大于 0 的常数。

程序格式：

```
G97 S1000;（主轴转速为 1000r/min）
```

（2）线速度　有时在加工过程中为了保证工件表面的加工质量，转速常用线速度来指定。线速度的单位为 m/min，用准备功能 G96 来指定。采用线速度进行编程时，为防止转速过高引起的事故，系统需要设定最高转速限定指令 G50，防止转速过高引起事故。

程序格式：

```
G50 S2000;（主轴最高转速为 2000r/min）
G96 S100;（主轴线速度为 100m/min）
```

切削线速度 v 与主轴转速 n 之间可以相互换算，其换算关系如下：

$$v=\pi Dn/1000$$

$$n=1000v/(\pi D)$$

式中　v——切削线速度，单位为 m/min；

　　　D——刀具直径，单位为 mm；

　　　n——主轴转速，单位为 r/mm。

在编程时，主轴转速不允许用负值来表示，允许用 S0 使转动停止，但一般不用。在实际操作过程中，可通过机床操作面板上的主轴倍率开关来对主轴转速值进行修正，一般其调整范围为 50%～120%。

5.1.7 刀具半径补偿功能（G41、G42、G40）

大多数全功能的数控机床都具备刀具半径自动补偿功能（以下简称刀具半径补偿功能），因此，只要按工件轮廓尺寸编程，再通过系统补偿一个刀具半径即可。下面讨论数控车床刀具半径补偿的概念和方法。

1. 刀尖半径和假想刀尖的概念

（1）刀尖半径　即车刀刀尖部分的圆弧构成假想圆的半径值。一般车刀均有刀尖半径，用于车削外径或端面时，刀尖圆弧大小并不起作用；但用于车削锥度或圆弧时，则会影响加工精度。因此，在编制数控车削程序时，必须给予考虑。

（2）假想刀尖　所谓假想刀尖如图 5-8b 所示，P 点为该刀具的假想刀尖，相当于图 5-8a 车刀的刀尖点。假想刀尖实际上不存在。

图 5-9 所示为由刀尖半径 R 造成的过切及欠切现象。

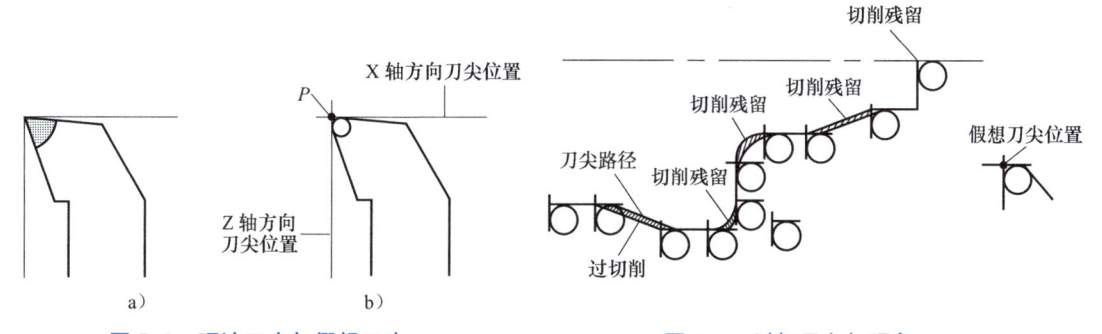

图 5-8　理论刀尖与假想刀尖　　　图 5-9　过切及欠切现象

用手动方法计算刀尖半径补偿时，必须在编程时将补偿量加入程序中，一旦刀尖半径值变化，就需要改动程序，这加大了编程难度。刀尖半径补偿功能可以利用 NC 装置自动计算补偿值，生成刀具路径。下面就讨论刀尖半径自动补偿的方法。

2. 刀尖半径补偿模式的设定（G40、G41、G42 指令）

（1）G40（取消刀具半径补偿）　取消刀具半径补偿应写在程序开始的第一个程序段及取消刀具半径补偿的程序段，取消 G41、G42 指令。

（2）G41（左偏刀具半径补偿）　面朝与编程路径一致的方向，若刀具在工件的左侧，则用该指令补偿。

（3）G42（右偏刀具半径补偿）　面朝与编程路径一致的方向，若刀具在工件的右侧，则用该指令补偿。图 5-10 所示为根据刀具与零件的相对位置及刀具的运动方向选用的 G41 或 G42 指令。

（4）圆弧车刀切削位置的确定　数控车床采用刀尖圆弧补偿进行加工时，如果刀具的刀尖形状和切削时所在的位置（即刀具切削沿位置）不同，那么刀具的补偿量与补偿方向也不同。根据各种刀尖形状及刀尖位置的不同，圆弧车刀的切削位置共有 9 种，如图 5-11 所示。

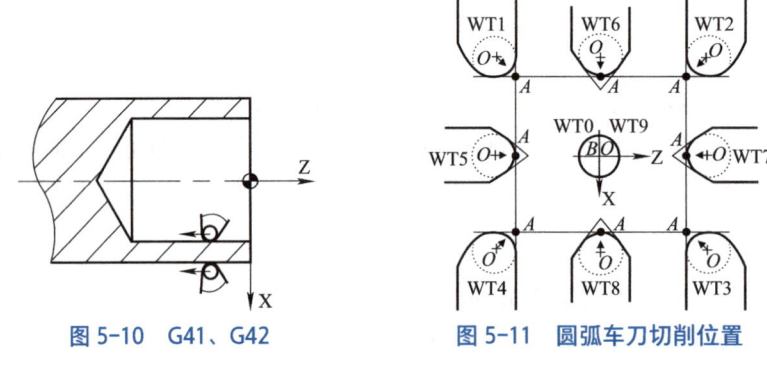

图 5-10　G41、G42

图 5-11　圆弧车刀切削位置

3. 刀尖半径补偿注意事项

1）G41、G42 指令不能与圆弧切削指令写在同一程序段，可以与 G00 和 G01 指令写在同一程序段内，目标点在这个程序段的下一程序段始点位置，与程序中刀具路径垂直的方向线过刀尖圆心。

2）必须用 G40 指令取消刀尖半径补偿，补偿取消点在指定 G40 程序段的前一个程序段的终点位置，与程序中刀具路径垂直的方向线过刀尖圆心。

3）在 G41 或 G42 指令模式中，不允许有两个连续的非移动指令，否则刀具在前面程序段终点的垂直位置停止，且产生过切或欠切现象。

4）在加工比刀尖半径小的圆弧内侧时，产生报警。

5.1.8　螺纹加工循环

1. 相关工艺知识

螺纹车削是数控车床上主要的加工任务。螺纹是刀具的直线移动与主轴的旋转运动按严格的比例同时运动形成的，刀具即在工件轮廓上按设定的螺旋轨迹切削形成螺旋槽。螺纹刀具属于成形刀，螺距和尺寸精度受机床精度影响，牙型精度则由刀具精度保证。

（1）螺纹的牙型规格及相关几何参数

1）螺纹的常见牙型。按螺纹形状的不同，可将螺纹分成各种牙型。常见螺纹的牙型如图 5-12 所示。

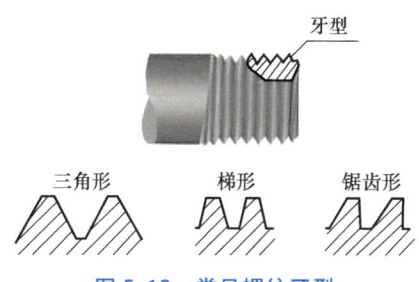

图 5-12 常见螺纹牙型

按螺纹在零件中的部位,可将螺纹分为柱面螺纹、锥螺纹和端面螺纹。牙型角 α 指螺纹相邻两牙间的夹角。普通三角螺纹牙型角为 60°,寸制螺纹牙型角为 55°,梯形螺纹牙型角为 30°。

2)普通螺纹的牙型参数。图 5-13 所示为三角螺纹的牙型参数,说明如下:

➢ D(d)——公称直径,指螺纹大径的基本尺寸,也称外螺纹顶径(D)或内螺纹底径(d)。

➢ D_1(d_1)——螺纹小径,也称外螺纹底径(D)或内螺纹顶径(d)。

➢ D_2(d_2)——螺纹中径,是一个假想圆柱的直径。该圆柱剖切面牙型的沟槽和凸起宽度相等。

➢ P——螺距,是螺纹上相邻两牙在中径上两对应点间的轴向距离。

➢ L——导程,是同一螺旋线上相邻两牙在中径上两对应点间的轴向距离。

➢ H——理论牙型高度,是在螺纹牙型上牙顶到牙底之间垂直于螺纹轴线的距离。

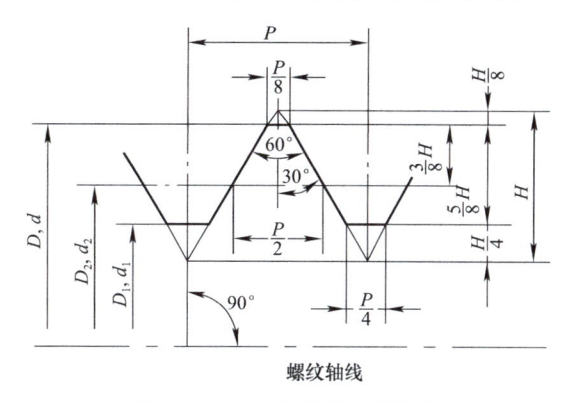

图 5-13 三角螺纹的牙型参数

(2)螺纹加工尺寸分析与螺纹切削用量选用

1)外螺纹加工相关尺寸计算。车螺纹时,零件材料因受车刀挤压而使外径胀大,因此螺纹部分的零件外径应比公称直径小 0.2~0.4mm。可按经验公式取 $d_{计}=d-0.1P$。

2)普通螺纹牙型。在实际加工中,为便于计算,可不考虑螺纹刀的刀尖半径 r 的影响,通常取螺纹实际牙高 $h_{实}=0.65P$,螺纹实际小径 $d_{1计}=d-2h_{实}=d-1.3P$。

例 5-8 车削如图 5-14 所示的零件中的 M30×2 外螺纹,材料为 45 钢。试计算实际车削时的直径 $d_{计}$ 及螺纹实际小径 $d_{1计}$。

根据上述分析,其相关计算如下:

实际车削时的直径

$$d_{计}=d-0.1P=30\text{mm}-0.1\times2\text{mm}=29.8\text{mm}$$

螺纹实际牙高

$$h_{实}=0.65P=0.65\times2\text{mm}=1.3\text{mm}$$

螺纹实际小径

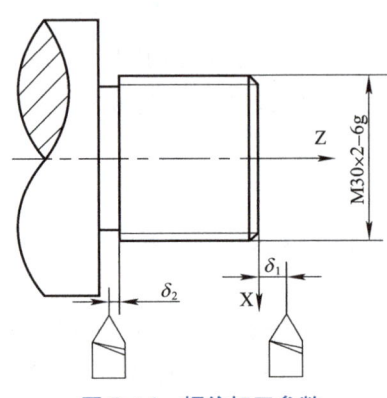

$$d_{1计}=d-1.3P=30\text{mm}-1.3\times2\text{mm}=27.4\text{mm}$$

图 5-14 螺纹加工参数

3）螺纹起点与螺纹终点轴向尺寸的确定。如图 5-15 所示，在数控车床上车螺纹时，由于机床伺服系统本身具有滞后性，螺纹起始段和停止加工段会产生螺距不规则现象，所以实际加工螺纹长度应包括切入和切出的空行程量。

一般切入空行程量为 2～5mm，大螺距和高精度的螺纹取大值，切出空行程量一般为退刀槽宽度的一半，取 1～3 个螺距长度。

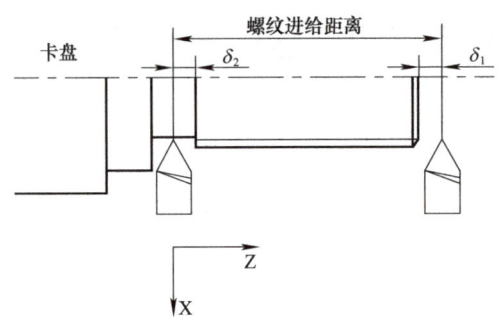

图 5-15 螺纹进退刀空行程

4）切削用量的选择。

① 主轴转速 n（r/min）：在数控车床上加工螺纹，主轴的转速受数控系统、螺纹导程、刀具、材料等多种因素的影响，需根据实际加工条件、机床性能而定。大多数经济型数控车床车削螺纹时，推荐主轴转速 $n\leqslant 1200/P-K$，其中 P 为螺纹的螺距，K 为保险系数。

② 进刀方法：直进法适用于一般的螺纹切削，加工螺距 $P<3$mm 的螺纹，如图 5-16a 所示；斜进法适用于加工工件刚性低、易振动的场合，加工螺纹螺距 $P\geqslant 3$mm，如图 5-16b 所示。

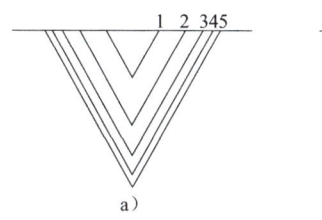

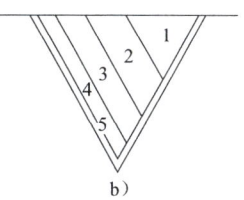

图 5-16 直进法和斜进法

③ 切削深度（背吃刀量）：加工螺纹时，背吃刀量应遵循后一刀相对前一刀递减的分配方式。用硬质合金螺纹车刀时，最后一刀的背吃刀量不能小于 0.05mm。常用螺纹切削的进给次数与背吃刀量的关系见表 5-1。

表 5-1 常用螺纹切削的进给次数与背吃刀量的关系　　　　　（单位：mm）

螺距		1.0	1.5	2.0	2.5	3.0	3.5	4.0
牙深		0.649	0.974	1.299	1.624	1.949	2.273	2.598
进给次数与背吃刀量	第1次	0.7	0.8	0.9	1.0	1.2	1.5	1.5
	第2次	0.4	0.6	0.6	0.7	0.7	0.7	0.8
	第3次	0.2	0.4	0.6	0.6	0.6	0.6	0.6
	第4次		0.16	0.4	0.4	0.4	0.6	0.6
	第5次			0.1	0.4	0.4	0.4	0.4
	第6次				0.15	0.4	0.4	0.4
	第7次					0.2	0.2	0.4
	第8次						0.15	0.3
	第9次							0.2

注：可以根据切削条件适当增减进给次数，但应保持背吃刀量逐次减小的趋势；在实际加工中，最后一次或数次的背吃刀量甚至可以为零，以切除工件的弹性变量。

2. 螺纹切削循环指令

数控车床一般均在数控系统中设置了螺纹切削循环指令，该指令采用直进法切削。
程序格式：
　　G92　X(U)___　Z(W)___　I(R)___　F___；

> X、Z：螺纹终点的绝对坐标；
> U、W：螺纹终点相对于循环起点的相对坐标；
> F：螺纹导程（当螺纹为单头螺纹时为螺距）；
> I（R）：圆锥螺纹起点半径与终点的差值。圆锥螺纹终点半径大于起点半径时 I（R）为负值；反之为正值。圆柱螺纹 I=0 时，可省略。

圆柱螺纹指令格式：
　　G92（G82）　X(U)___　Z(W)___　F___；

圆锥螺纹指令格式：
　　G92（G82）　X(U)___　Z(W)___　I（R）___　F___；

例 5-9　如图 5-17 所示，螺纹外径已加工至 $\phi29.8$mm，4mm×2mm 的退刀槽已加工，零件材料为 45 钢。用 G92 指令编制该螺纹程序。

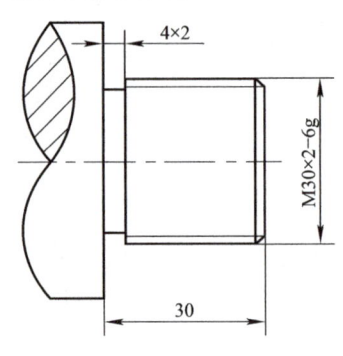

图 5-17 M30×2 螺纹加工

（1）螺纹加工尺寸计算

螺纹实际牙型高度：

$$h_1=0.65P=0.65\times 2mm=1.3mm$$

螺纹实际小径：

$$d_{1计}=d-1.3P=30mm-1.3\times 2mm=27.4mm$$

升速进刀段和减速进刀段分别取 δ_1=5mm、δ_2=2mm。

（2）确定切削用量　查表 5-1 得双边切削深度为 2.6mm，分五刀切削，分别为 0.9mm、0.6mm、0.6mm、0.4mm 和 0.1mm；主轴转速 n（r/min）≤（1200/P）−K=1200/2−80=520；进给量 F=P=2mm。

程序参考表 5-2。

表 5-2　G92 加工例 5-9 螺纹

程序号 O001		
程序段号	程序内容	说明
N10	G40 G99 G97 S520 M03;	主轴正转，转速为 520r/min
N20	T0303;	螺纹刀 T03
N30	M08;	切削液开
N40	G00 X30.5 Z5;	螺纹加工起点
N50	X29.1;	按螺纹大径 30mm 进第一刀，切深 0.9mm
N60	G92 Z-28 F2;	螺纹车削第一刀，螺距 2mm
N70	X28.5;	螺纹车削第二刀，切深 0.6mm
N80	X27.9;	螺纹车削第三刀，切深 0.6mm
N90	X27.5;	螺纹车削第四刀，切深 0.4mm
N100	X27.4;	螺纹车削第五刀，切深 0.1mm
N110	G00 X100;	X 向退刀
N120	Z100;	Z 向退刀
N130	M30;	程序结束

5.1.9　外径、内径粗加工循环指令（G71、G73）

G71 指令将工件切削至精加工之前的尺寸，精加工前的形状及粗加工的刀具路径由系统根据精加工尺寸自动设定。

在 G71 指令程序段内要指定精加工工件的程序段号、精加工余量、粗加工切削深度、F 功能、S 功能、T 功能等，刀具循环路径如图 5-18 所示。

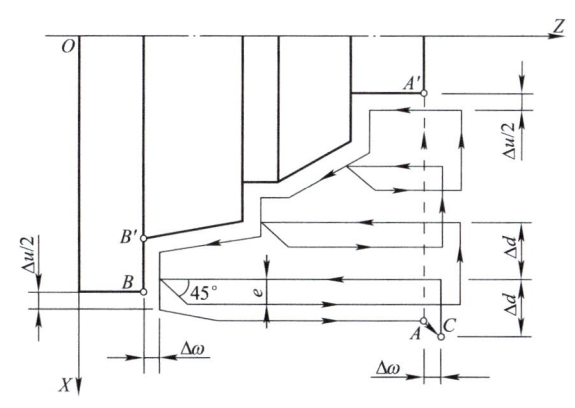

图 5-18　G71 指令刀具循环路径

程序格式：

G71 UΔd　Re；
G71 Pns　Qnf　UΔu　WΔw（F___ S___ T___）；

- Δd：粗加工切削深度；
- e：退刀量；
- ns：精加工程序中第一个程序段的序号；
- nf：精加工程序中最后一个程序段的序号；
- Δu：X 方向精加工余量（直径值）；
- Δw：Z 方向精加工余量；
- F：进给速度；
- S：主轴转速；
- T：刀具号。

G73 为多重复合循环。

程序格式：

G73 UΔi　WΔk　Ra；
G73 Pns　Qnf　UΔu　WΔw（F___ S___ T___）；

- Δi：X 方向总退刀量（半径值）；
- Δk：Z 方向总退刀量；
- a：重复加工次数；
- ns：精加工程序中第一个程序段的序号；
- nf：精加工程序中最后一个程序段的序号；
- Δu：X 方向精加工余量（直径值）；
- Δw：Z 方向精加工余量；
- F：进给速度；

- S：主轴转速；
- T：刀具号。

5.1.10 精加工循环指令（G70）

G70 指令用于执行 G71、G72、G73 粗加工循环指令以后的精加工循环。在 G70 指令程序段内，要指定精加工程序中第一个程序段和最后一个程序段的序号。

程序格式：

G70 P_ns_ Q_nf_；

- ns：精加工程序中第一个程序段的序号；
- nf：精加工程序中最后一个程序段的序号。

5.1.11 常用辅助功能（M 指令）

辅助功能也叫 M 功能或 M 指令。它由地址 M 及后面的两位数字组成，有 M00～M99 共 100 种。

辅助功能主要控制机床或系统的开、关等辅助动作，如开、关切削液，主轴正反转，程序的结束等。

数控系统及机床生产厂家不同，其 M 指令的功能也不尽相同，甚至有些 M 指令与 ISO 标准指令的含义也不相同。因此，一方面需要对数控指令进行标准化；另一方面，操作人员在进行数控编程时，一定要按照机床说明书的规定进行。

在同一程序段既有 M 指令又有其他指令时，M 指令与其他指令执行的先后顺序由机床系统参数设定。因此，为保证程序以正确的顺序执行，有很多 M 指令，如 M30、M02、M98 等，最好以单独的程序段进行编程。

1．M00：程序停止

执行含有 M00 指令的语句后，机床自动停止。如编程者想要在加工中使机床暂停（检验工件、调整、排屑等），可使用 M00 指令，重新启动后，才能继续执行后续程序。

2．M01：选择停止

执行含有 M01 的语句时，如同 M00 一样会使机床暂时停止，但是，只有在机床操作面板上的"选择停止"键处在"ON"状态时此功能才有效，否则，该指令无效。此功能常用于关键尺寸的检验或临时停止。

3．M02：程序结束

该指令表明主程序结束，机床的数控单元复位，如主轴、进给、切削液停止，表示加工结束，但该指令并不返回程序起始位置。

4．M03：主轴正转

主轴正转是指从主轴头部看向工作台，主轴以顺时针方向旋转。

5．M04：主轴反转

主轴逆时针旋转是反转。当主轴转向指令由 M03 转换为 M04 时，不需要用 M05 先使主轴停转。可用 S 指定主轴转速，执行 M03 代码或 M04 后，主轴并不能立即达到指令 S 设定的转速。

6．M05：主轴停转

主轴在该程序段其他指令执行完成后停止转动。

7．M06：换刀指令

常用于加工中心刀库的自动换刀。

8．M07：切削液开

执行 M07 后，打开雾状切削液。

9．M08：切削液开

执行 M08 后，打开液状切削液。

10．M09：切削液关

执行 M07/M08 后，执行 M09 则切削液关闭。

11．M30：程序结束

与 M02 一样，表示程序结束，区别是执行 M30 后程序返回开始状态。

12．M98：调用子程序

如：M98 P___L___；其中，P 为程序号，L 为调用次数。

13．M99：子程序结束

子程序结束并返回主程序。

5.1.12　工具功能（T 指令）

该指令可指定刀具及刀具补偿。地址符号为"T"。

程序格式：

T□□□□

1）前两位为刀具号：0～32；
2）后两位为刀具补偿号：0～99；
3）刀具号可以与刀架上的刀位号相对应；
4）刀具补偿包括形状补偿和磨损补偿；
5）刀具号与刀具补偿号不必相同，但为了方便通常使它们一致。

5.2　零件圆柱表面及端面的数控车削仿真加工

5.2.1　零件图样及信息分析

图 5-19 所示轴类零件，毛坯是 $\phi50$mm 棒材，材料为 45 钢，切削性能较好。零件是简单的

回转体，表面主要由圆柱面组成，而且零件的形状较简单，尺寸和表面精度要求都不高。

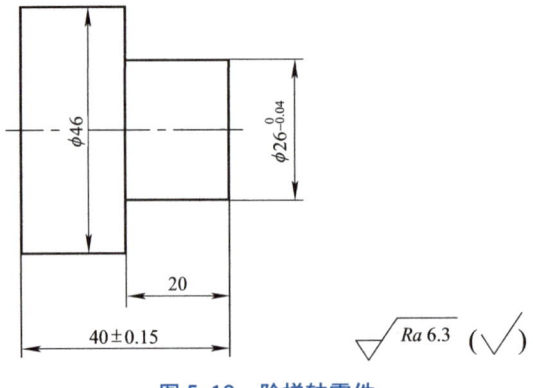

图 5-19　阶梯轴零件

5.2.2　加工方法

1．确定零件装夹方式

装夹方式采用自定心卡盘夹持一端，一次装夹完成粗、精加工。

2．确定加工顺序及进给路线

1）从右至左粗加工各表面，留精加工余量 0.5mm。

2）从右至左连续精加工各表面，达到加工要求并切断。

3．刀具选择

根据加工要求，选用 3 把刀具：T01 为 93°外圆粗车车刀；T02 为 90°外圆精车车刀；T03 为切断车刀，刀宽 4mm（刀尖补偿设置在左刀尖处）。

加工前，需要将每把刀安装好，完成对刀并将刀偏值输入对应的刀具参数中。

4．确定切削用量

根据被加工零件表面质量要求、刀具材料和工件材料，参考切削用量手册或有关资料选取切削速度和每转进给量，然后利用公式计算主轴转速（r/min），粗车外圆选用 S550、F0.3；精车外圆选用 S850、F0.1；切断选用 S300、F0.1。

5．编制数控加工程序

选用 FANUC 0i-TF Plus 的数控系统指令格式，先设定工件原点在工件右端面和轴心线交点，计算基点坐标，然后编写数控加工程序并检验。

5.2.3　走刀路线

在数控加工中，刀具相对于工件的运动轨迹称为走刀路线，即刀具从起刀点开始运动起，直至结束加工程序所经过的路径，包括切削加工的路径及刀具引入、返回等非切削空行程。确定走刀路线首先必须保证被加工零件的尺寸精度和表面质量，其次考虑数值计算简单、走刀路线尽量短、效率较高等。圆柱表面的加工通常采用矩形走刀路线的加工方式，该零件外圆加工走刀路线如图 5-20 所示。

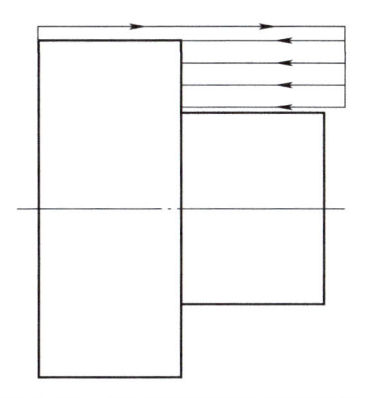

图 5-20　阶梯轴零件加工走刀路线

5.2.4　加工程序

加工程序见表 5-3。

表 5-3　加工程序

程序内容	说明
O0001;	程序名
G40 G99 G97 S550 M03;	主轴正转，转速为 550r/min
T0101;	93°外圆粗车车刀
M08;	切削液开
G00 X52 Z3;	加工起点
X47;	
G01 Z-44 F0.3;	
G00 X52;	
Z3;	
X43;	
G01 Z-20 F0.3;	
G00 X52;	
Z3;	
X39;	
G01 Z-20 F0.3;	
G00 X52;	
Z3;	
X35;	
G01 Z-20 F0.3;	
G00 X52;	
Z3;	
X31;	
G01 Z-20 F0.3;	
G00 X52;	
Z3;	

(续)

程序内容	说明
X27;	
G01 Z-20 F0.3;	
G00 X52;	
Z3;	
G00 X100;	X 向退刀
Z100;	Z 向退刀
T0202;	90°外圆精车车刀
M03 S850;	主轴正转，转速为 850r/min
G00 X52 Z3;	
G00 X26;	
G01 Z-20 F0.1;	
X46;	
Z-44;	
X52;	
G00 X100;	X 向退刀
Z100;	Z 向退刀
T0303;	切断车刀，刀宽 4mm
M03 S300;	主轴正转，转速为 300r/min
G0 X52 Z-44;	
G01 X5 F0.1;	
G00 X100;	X 向退刀
Z100;	Z 向退刀
M05;	主轴停止
M30;	程序结束

5.2.5 仿真加工

1. 选择数控系统

打开斯沃 V7.36，"数控系统"选择"FANUC 0i-TF Plus"，单击"运行"按钮进入 FANUC 0i-TF Plus 控制系统，如图 5-21 所示。

扫一扫，看视频

图 5-21 选择数控系统

2. 开机

单击启动按钮■，此时数控系统面板打开。检查急停按钮是否松开至●状态，若未松开，单击急停按钮●将其松开。

3. 回参考点

检查操作面板上回原点按钮■指示灯是否亮起，若指示灯亮起，则已进入回原点模式；若指示灯不亮，则单击回原点按钮■，转入回原点模式。

在回原点模式下，先使 X 轴回原点，单击操作面板上的 X 轴选择按钮■，使 X 轴方向移动指示灯变亮，单击正方向移动按钮■，此时 X 轴将回原点。同样，再单击 Z 轴选择按钮■，使指示灯变亮，单击■按钮，Z 轴将回原点。

4. 数控机床设置

在菜单栏中选择"机床操作"→"参数设置"，弹出"参数设置"对话框，"刀架位置"选"前置刀架"，"刀架位数"选"四方刀架"，如图 5-22 所示。

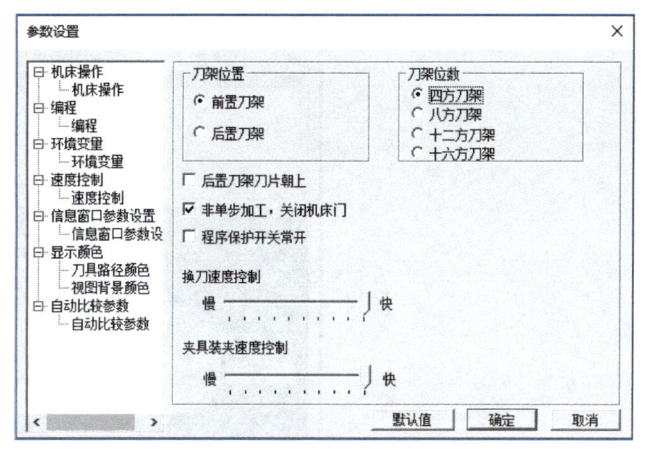

图 5-22 参数设置

5. 程序输入

1) 在机床操作面板上按下■编辑键，然后再按数控系统面板上的■键，进入程序编辑对话框，直接用 FANUC 0i-TF Plus 系统的 MDI 键盘输入。

2) 通过记事本或写字板等编辑软件输入并保存为文本格式文件。调入程序：在菜单栏中选择"机床操作"→"舱门"，关闭机床门后，再在菜单栏中选择"文件"→"打开"，"文件类型"选"NC 代码文件"，选择文件并单击"打开"按钮，如图 5-23 所示。

6. 定义毛坯及装夹方式

1) 在菜单栏中选择"工件操作"→"选择毛坯夹具"，在备选毛坯上单击添加毛坯直径：50mm，工件长度：150mm，内径：0mm，"毛坯材料"选"45 优质碳素结构钢（中碳）"，单击"确定"按钮完成操作，如图 5-24 所示。夹具类型：外卡盘，单击"确定"按钮完成操作，如图 5-25 所示。

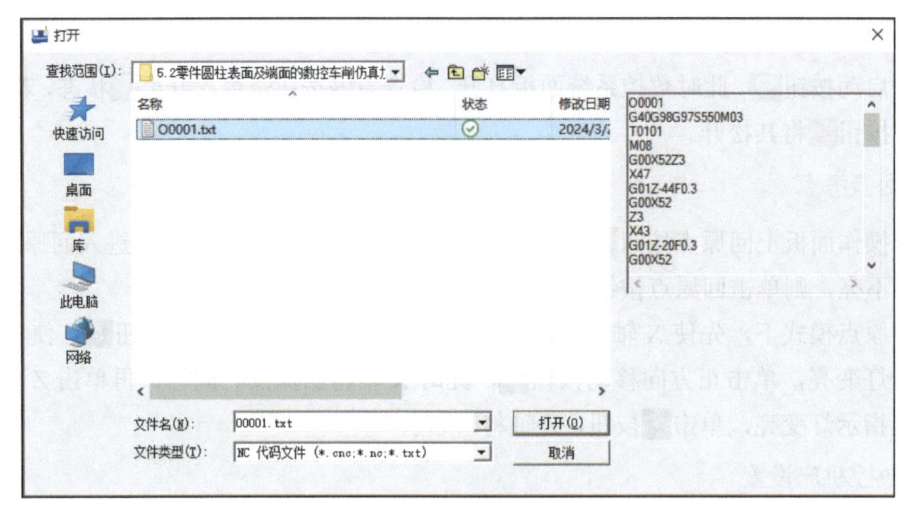

图 5-23　程序输入

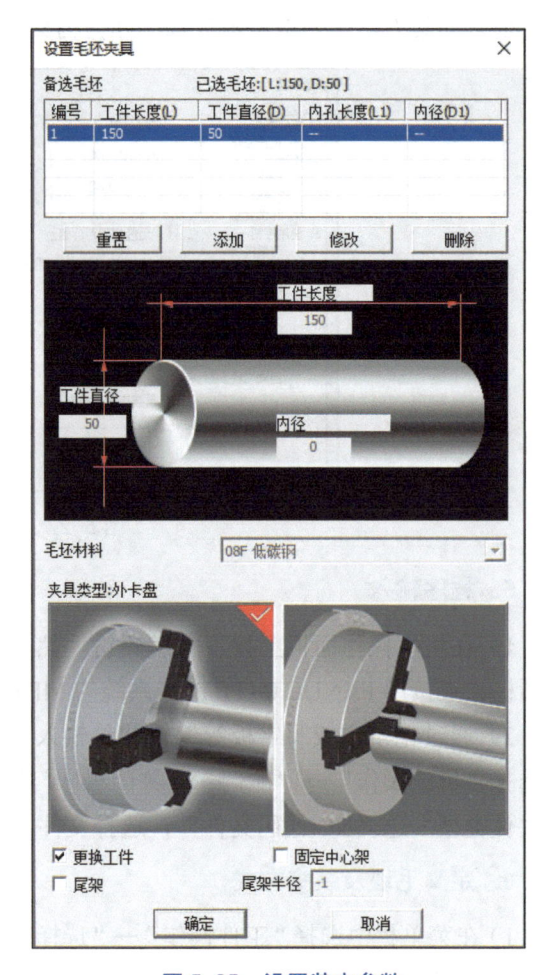

图 5-24　定义毛坯

图 5-25　设置装夹参数

2) 在工具栏中选择 "二维模式", 如图 5-26 所示。在菜单栏中选择 "工件操作" → "工件内移", 将毛坯调整到伸出工件长度为 50mm, 如图 5-27 所示。

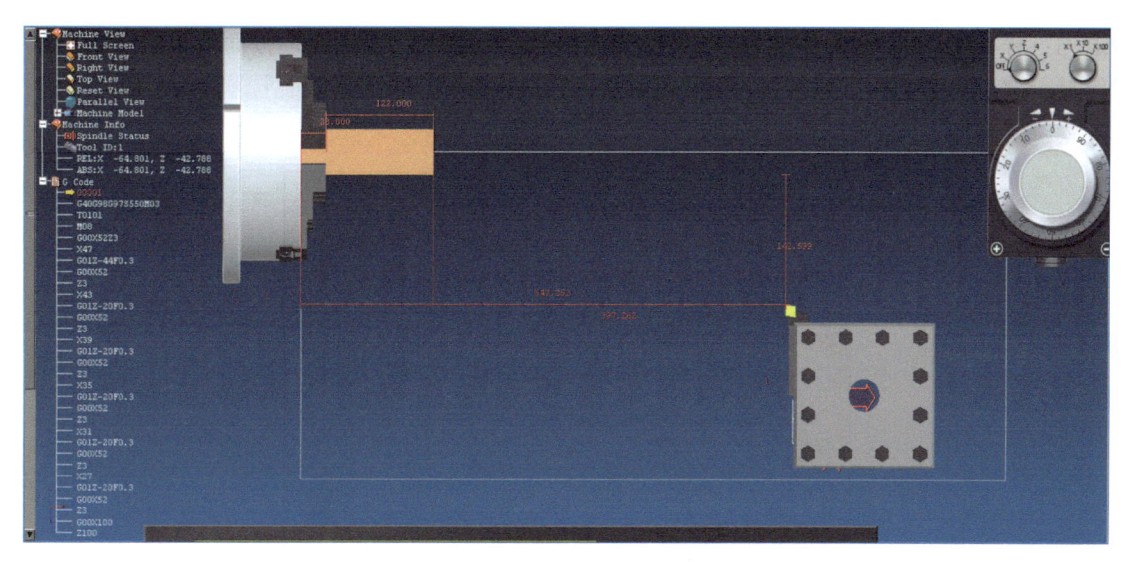

图 5-26 在工具栏中选择"二维模式"

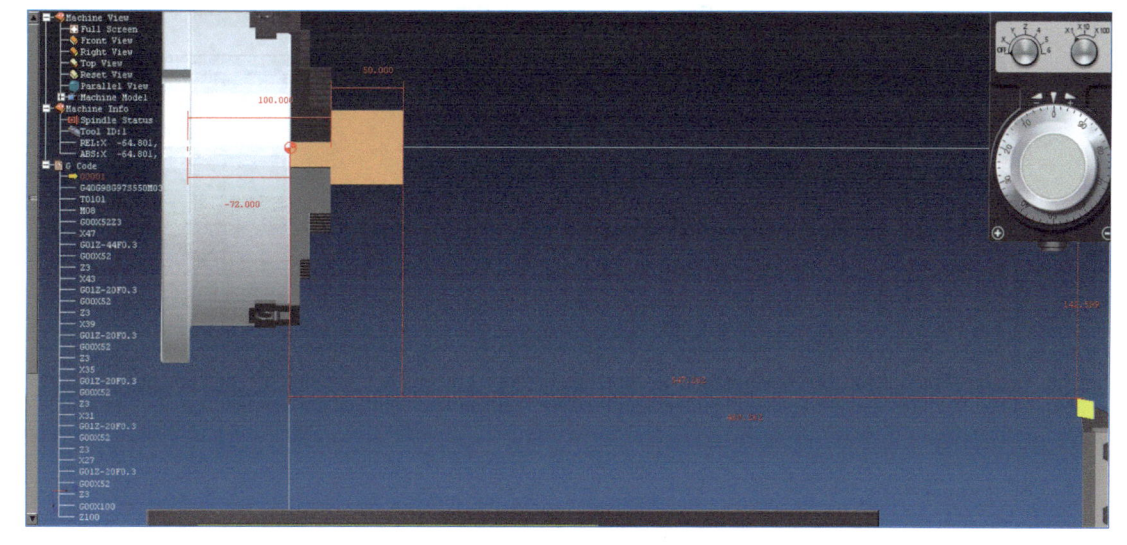

图 5-27 毛坯调整

7. 刀具的选择及安装

在菜单栏中选择"机床操作"→"选择刀具",在"刀具库管理"对话框中单击 93°外圆粗车车刀;单击"添加刀盘"→"1 号刀位",单击 90°外圆精车车刀;单击"添加刀盘"→"2 号刀位",单击割刀、刀片厚度 4mm;单击"添加刀盘"→"3 号刀位",确认操作完成,单击"确定"按钮,如图 5-28 所示。分别设置每把刀具。

8. 对刀

采用试切法对刀,具体步骤如下:

1) 93°外圆粗车车刀对刀方法。在机床操作面板上按 编辑键,在数控系统面板上按 程序键,进入程序编辑对话框,输入"T0101;M3S500",依次按面板上的 插入键、 循环启动键及 手轮模式键,机床进入手轮模式,试切工件外圆,保持 X 方向不移动退刀；停止主轴，测量出工件的外径值 47.334mm，如图 5-29 所示，按面板上的 OFFSET 参数设定显示键，软键选择"形状"，把外径值 47.334mm 输入 G001 的 X 轴上，输入"X44.334"按软键"测量"，如图 5-30 所示。

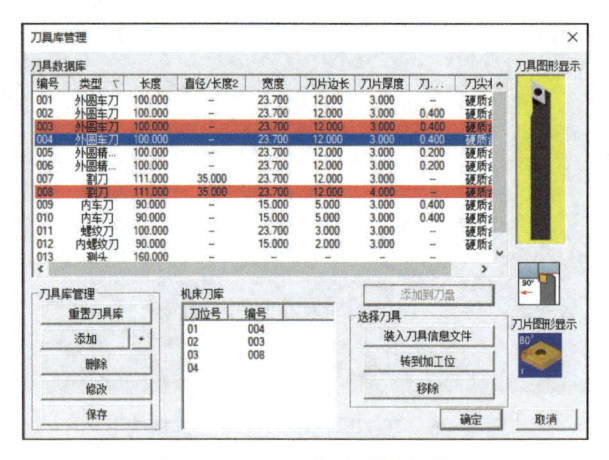

图 5-28 刀具的选择及安装

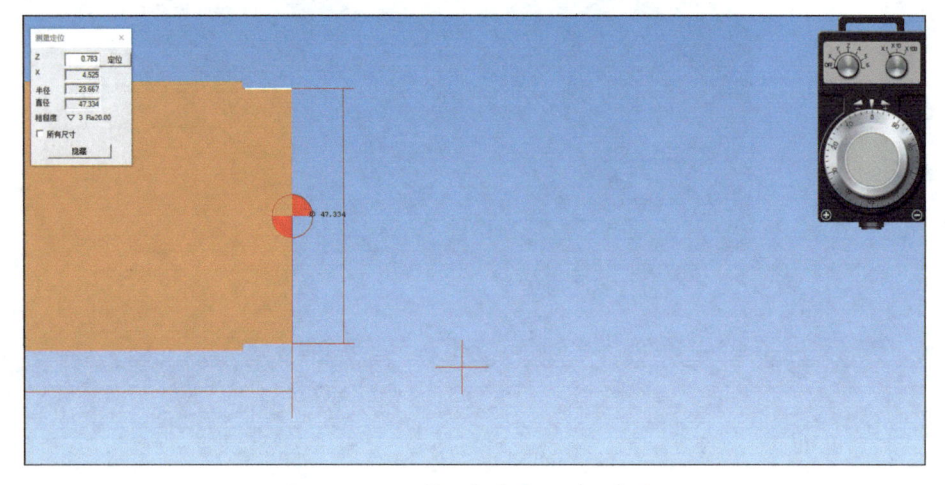

图 5-29 93°外圆粗车车刀对刀方法 1

图 5-30 93°外圆粗车车刀对刀方法 2

在机床操作面板上按 主轴正转键及 手轮模式键，机床进入手轮模式，试切工件端面，保持 Z 方向不移动退刀；停止主轴，按面板上的 参数设定显示键，软键选择"形状"，输入 G001 的 Z 轴上，输入"Z0"按软键"测量"，如图 5-31 所示。

图 5-31 93°外圆粗车车刀对刀方法 3

2) 90°外圆精车车刀对刀方法。在机床操作面板上按 编辑键，在数控系统面板上按 程序键，进入程序编辑对话框，输入"T0202;M3S500"，依次按面板上的 插入键、循环启动键及 手轮模式键，机床进入手轮模式，试切工件外圆，保持 X 方向不移动退刀；停止主轴，测量出工件的外径值 46.316mm，如图 5-32 所示，按面板上的 参数设定显示键，软键选择"形状"，把外径值 46.316mm 输入 G002 的 X 轴上，输入"X46.316"按软键"测量"，如图 5-33 所示。

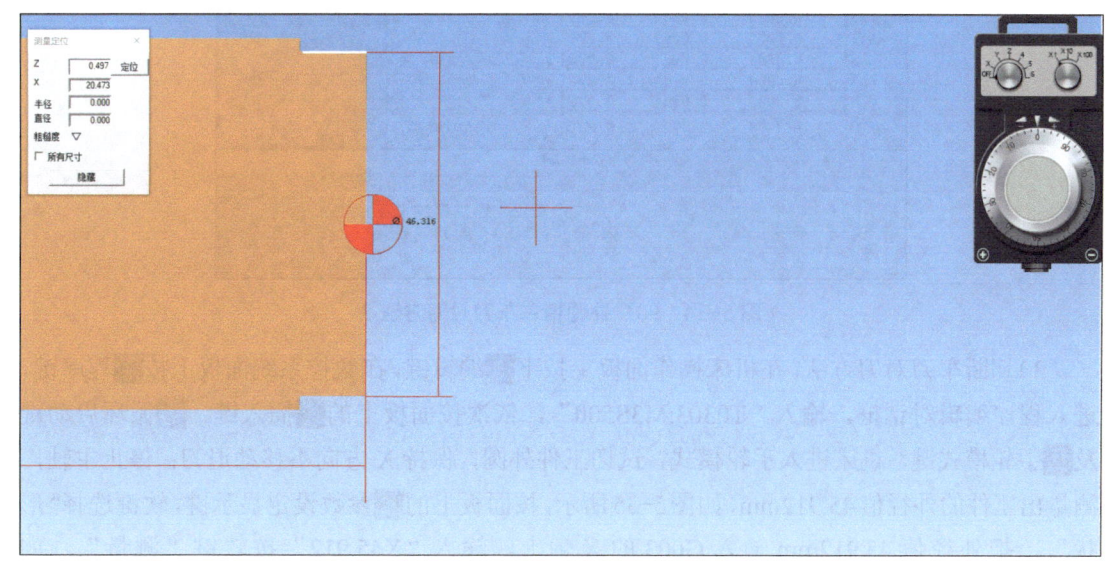

图 5-32 90°外圆精车车刀对刀方法 1

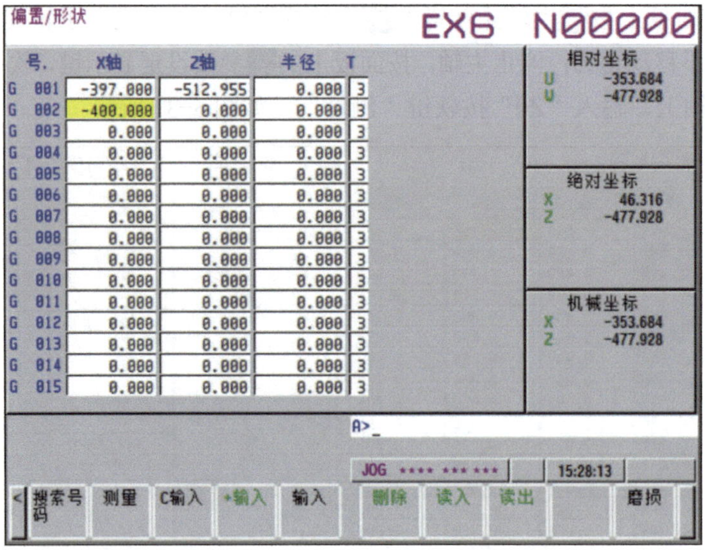

图 5-33 90°外圆精车车刀对刀方法 2

在机床操作面板上按 主轴正转键及 手轮模式键，机床进入手轮模式，轻碰工件端面，保持 Z 方向不移动退刀；停止主轴，按面板上的 参数设定显示键，软键选择"形状"，输入 G002 的 Z 轴上，输入"Z0"按软键"测量"，如图 5-34 所示。

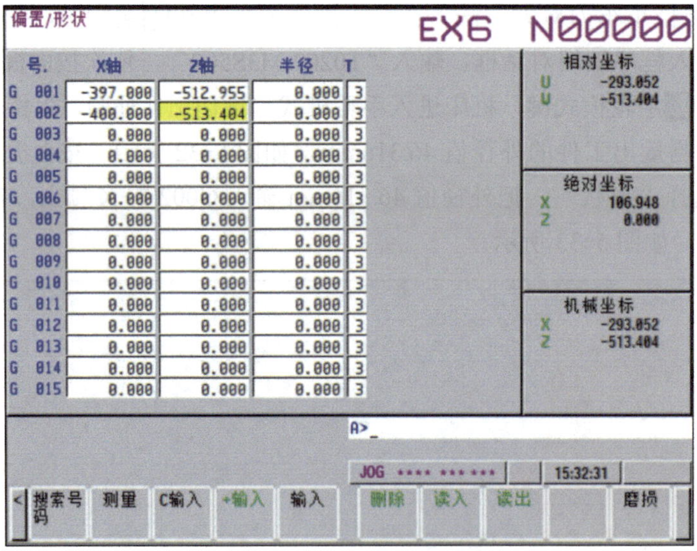

图 5-34 90°外圆精车车刀对刀方法 3

3）切断车刀对刀方法。在机床操作面板上按下 编辑键，在数控系统面板上按 程序键，进入程序编辑对话框，输入"T0303;M3S500"，依次按面板上的 插入键、 循环启动键及 手轮模式键，机床进入手轮模式，试切工件外圆，保持 X 方向不移动退刀；停止主轴，测量出工件的外径值 45.912mm，如图 5-35 所示，按面板上的 参数设定显示键，软键选择"形状"，把外径值 45.912mm 输入 G003 的 X 轴上，输入"X45.912"按软键"测量"，如图 5-36 所示。

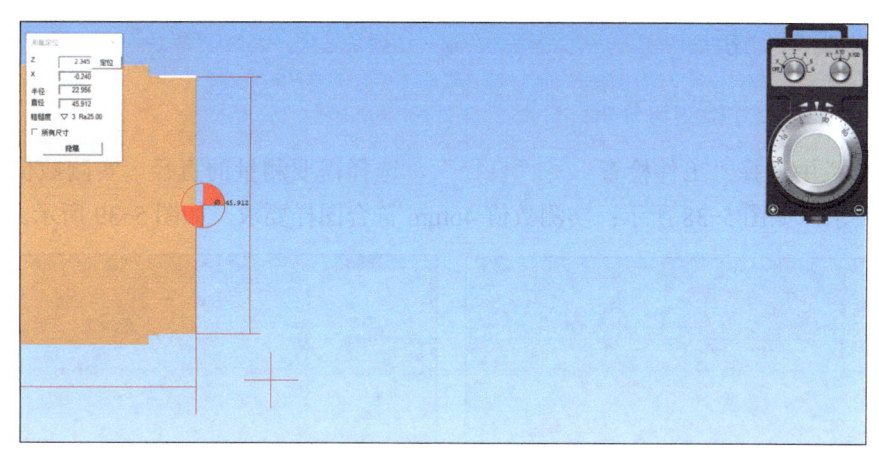

图 5-35　切断车刀 1

图 5-36　切断车刀 2

在机床操作面板上按 主轴正转键及 手轮模式键，机床进入手轮模式，轻碰工件端面，保持 Z 方向不移动退刀；停止主轴，按面板上的 参数设定显示键，软键选择"形状"，输入 G003 的 Z 轴上，输入"Z0"按软键"测量"，如图 5-37 所示。

图 5-37　切断车刀 3

5.2.6 检测与分析

1. 外圆直径尺寸检测与分析

在菜单栏中选择"工件检查"→"直径",选择需要测量的直径。实测数值25.98mm符合图样要求,如图5-38所示;实测数值46mm符合图样要求,如图5-39所示。

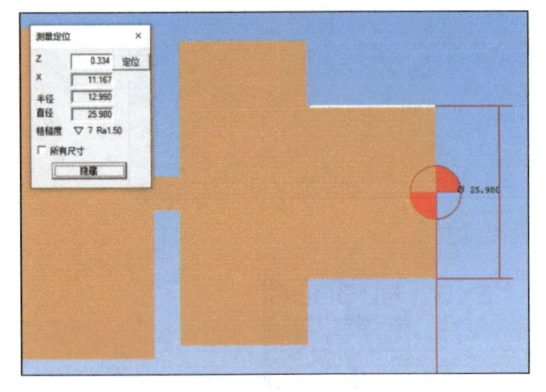

图 5-38　外圆直径尺寸检测与分析 1 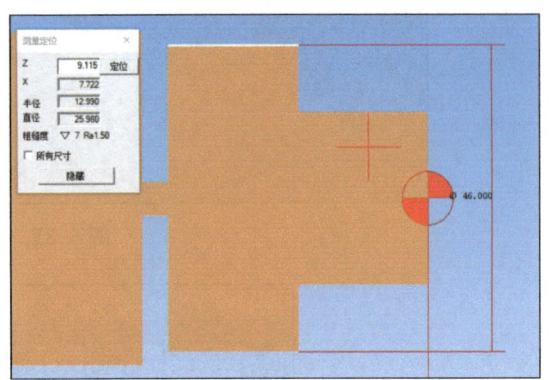　　　图 5-39　外圆直径尺寸检测与分析 2

2. 长度尺寸检测与分析

在菜单栏中选择"工件检查"→"长度",选择需要测量的长度。实测数值20.00mm符合图样要求,如图5-40所示;实测数值40mm符合图样要求,如图5-41所示。在菜单栏中选择"工件检查"→"测量退出",完成测量。

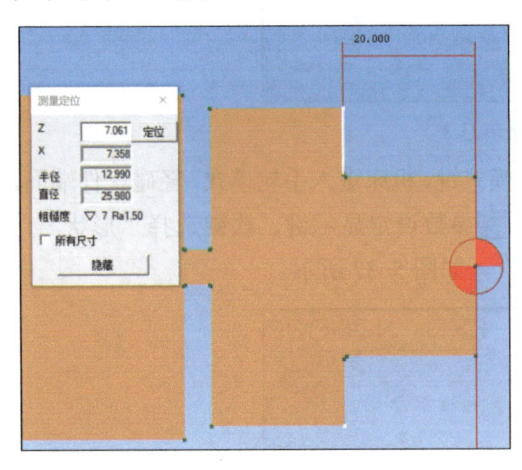

图 5-40　长度尺寸检测与分析 1 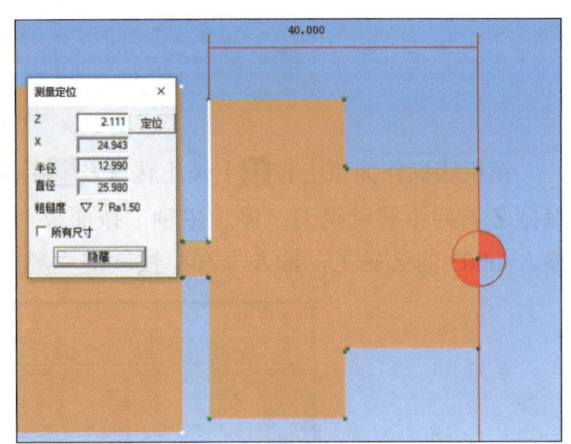　　　图 5-41　长度尺寸检测与分析 2

5.3 零件圆锥表面的数控车削仿真加工

5.3.1 零件图样及信息分析

图 5-42 所示轴类零件,毛坯是 $\phi 48$mm 棒材,材料为 45 钢,切削性能较好。零件表面

主要由圆柱面及圆锥面组成,是简单回转体零件,尺寸和表面精度要求都不高。

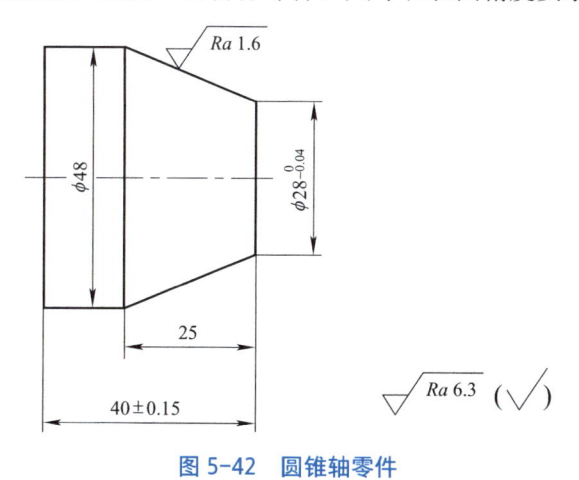

图 5-42 圆锥轴零件

5.3.2 加工方法

1. 确定零件装夹方式

装夹方式采用自定心卡盘夹持一端,一次装夹完成粗、精加工。

2. 确定加工顺序及进给路线

1)从右至左粗加工各表面,留精加工余量 0.5mm。

2)从右至左连续精加工各表面,达到加工要求并切断。

3. 刀具选择

根据加工要求,选用 3 把刀具:T01 为 93°外圆粗车车刀;T02 为 90°外圆精车车刀;T03 为切断车刀,刀宽 4mm(刀尖补偿设置在左刀尖处)。

加工前,需要将每把刀安装好,完成对刀并将刀偏值输入对应的刀具参数中。

4. 确定切削用量

根据被加工零件表面质量要求、刀具材料和工件材料,参考切削用量手册或有关资料选取切削速度和每转进给量,然后利用公式计算主轴转速(r/min),粗车外圆选用 S550、F0.3;精车外圆选用 S1600、F0.1;切断选用 S300、F0.1。

5. 编制数控加工程序

选用 FANUC 0i-TF Plus 的数控系统指令格式,先设定工件原点在工件右端面和轴心线交点,计算基点坐标,然后编写数控加工程序并检验。

5.3.3 走刀路线

该零件外圆加工走刀路线如图 5-43 所示。

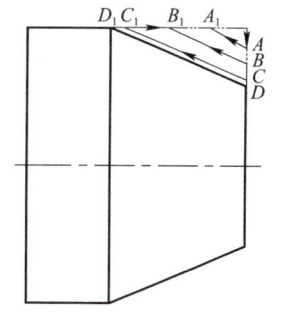

图 5-43 圆锥轴零件加工走刀路线

5.3.4 加工程序

加工程序见表 5-4。

表 5-4　加工程序

程序内容	说明
O0001;	程序名
G40 G99 G97 S550 M03;	主轴正转，转速为 550r/min
T0101;	93°外圆粗车车刀
M08;	切削液开
G00 X52 Z3;	加工起点
G01 X43 Z0 F0.3;	
X48 Z-6;	
G00 X52;	
Z3;	
G01 X37 Z0 F0.3;	
X48 Z-14;	
G00 X52;	
Z3;	
G01 X30 Z0 F0.3;	
X48 Z-22;	
G00 X100;	X 向退刀
Z100;	Z 向退刀
T0202;	90°外圆精车车刀
M03 S1600;	主轴正转，转速为 1600r/min
G42 G00 X52 Z3;	右补偿（刀尖半径 R0.4mm）
G01 X28 Z0 F0.3;	
X48 Z-25;	
G00 X100;	X 向退刀
G40 Z100;	取消刀具半径补偿，Z 向退刀
T0303;	切断车刀，刀宽 4mm
M03 S300;	主轴正转，转速为 300r/min
G0 X52 Z-44;	
G01 X5 F0.1;	
G00 X100;	X 向退刀
Z100;	Z 向退刀
M05;	主轴停止
M30;	程序结束

5.3.5 仿真加工

1. 选择数控系统

打开斯沃 V7.36，"数控系统"选择"FANUC 0i-TF Plus"，单击"运行"按钮进入 FANUC 0i-TF Plus 控制系统，如图 5-44 所示。

图5-44 选择数控系统

2. 开机

单击启动按钮█，此时数控系统面板打开。检查急停按钮是否松开至●状态，若未松开，单击急停按钮●将其松开。

3. 回参考点

检查操作面板上回原点按钮█指示灯是否亮起，若指示灯亮起，则已进入回原点模式；若指示灯不亮，则单击回原点按钮█，转入回原点模式。

在回原点模式下，先使X轴回原点，单击操作面板上的X轴选择按钮█，使X轴方向移动指示灯变亮，单击正方向移动按钮█，此时X轴将回原点。同样，再单击Z轴选择按钮█，使指示灯变亮，单击█按钮，Z轴将回原点。

4. 数控机床设置

在菜单栏中选择"机床操作"→"参数设置"，弹出"参数设置"对话框，"刀架位置"选"前置刀架"，"刀架位数"选"四方刀架"，如图5-45所示。

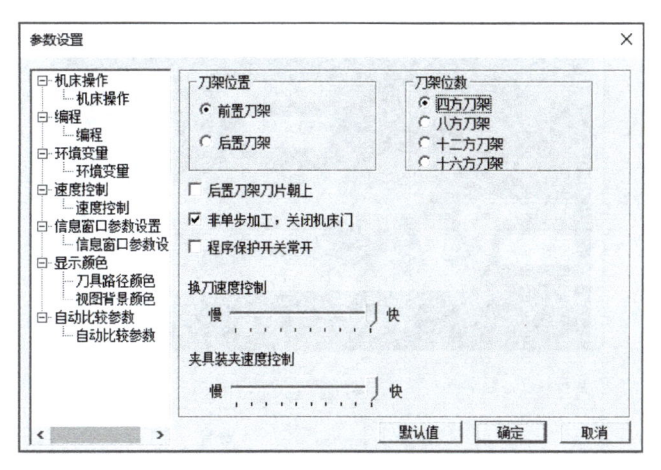

图5-45 参数设置

5. 程序输入

1）在机床操作面板上按 ▣ 编辑键，然后再按数控系统面板上的 ▣ 键，进入程序编辑对话框，直接用 FANUC 0i-TF Plus 系统的 MDI 键盘输入。

2）通过记事本或写字板等编辑软件输入并保存为文本格式文件。调入程序：在菜单栏中选择"机床操作"→"舱门"，关闭机床门后，再在菜单栏中选择"文件"→"打开"，"文件类型"选"NC 代码文件"，选择文件并单击"打开"按钮，如图 5-46 所示。

图 5-46 程序输入

6. 定义毛坯及装夹方式

1）在菜单栏中选择"工件操作"，单击添加毛坯直径：50mm，工件长度：150mm，内径：0mm，"毛坯材料"选"45 优质碳素结构钢（中碳）"，单击"确定"按钮完成操作，如图 5-47 所示。"夹具类型"选外卡盘，单击"确定"按钮完成操作，如图 5-48 所示。

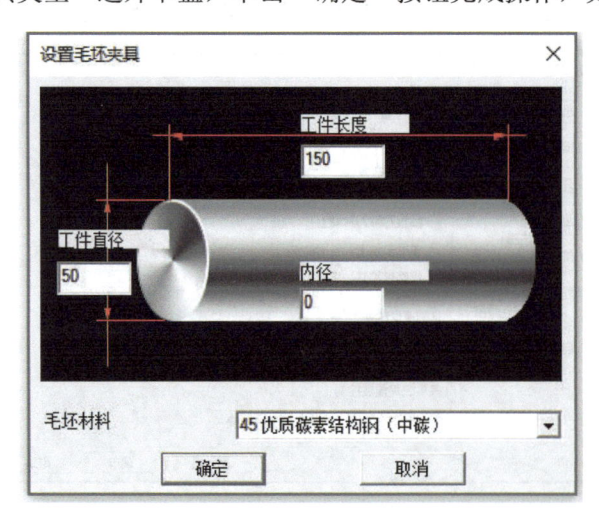

图 5-47 定义毛坯

第 5 章 FANUC 0i-TF Plus 数控车床仿真实例

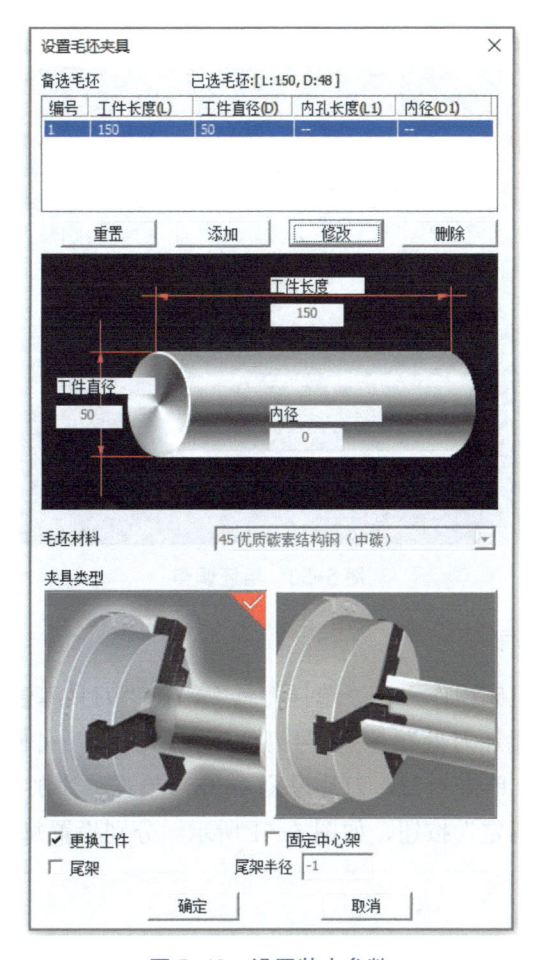

图 5-48 设置装夹参数

2）在工具栏中选择"二维模式"，如图 5-49 所示。在菜单栏中选择"工件操作"→"工件内移"，将毛坯调整到伸出工件长度为 50mm，如图 5-50 所示。

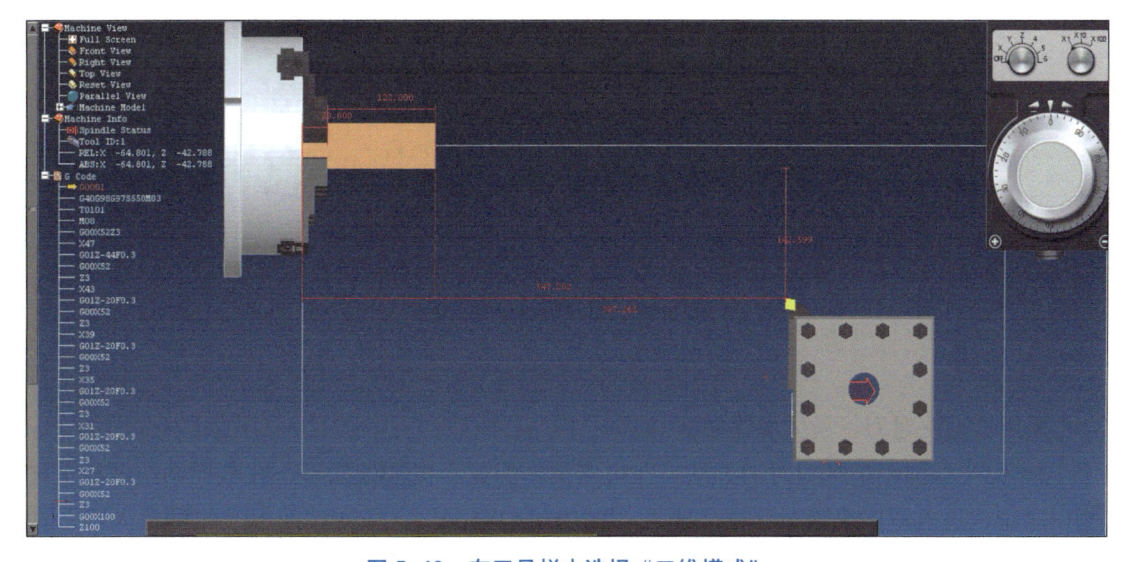

图 5-49 在工具栏中选择"二维模式"

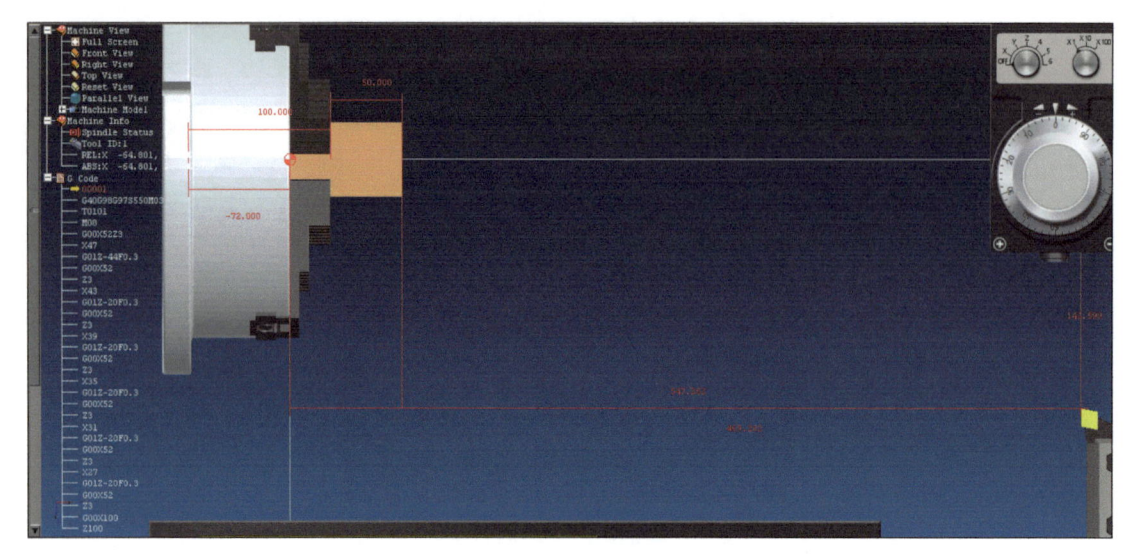

图 5-50 毛坯调整

7. 刀具的选择及安装

在菜单栏中选择"机床操作"→"选择刀具",在"刀具库管理"对话框中单击93°外圆粗车车刀,单击"添加刀盘"→"1号刀位";单击90°外圆精车车刀,单击"添加刀盘"→"2号刀位";单击割刀,刀片厚度4mm,单击"添加刀盘"→"3号刀位",确认操作完成,单击"确定"按钮,如图5-51所示。分别设置每把刀具。

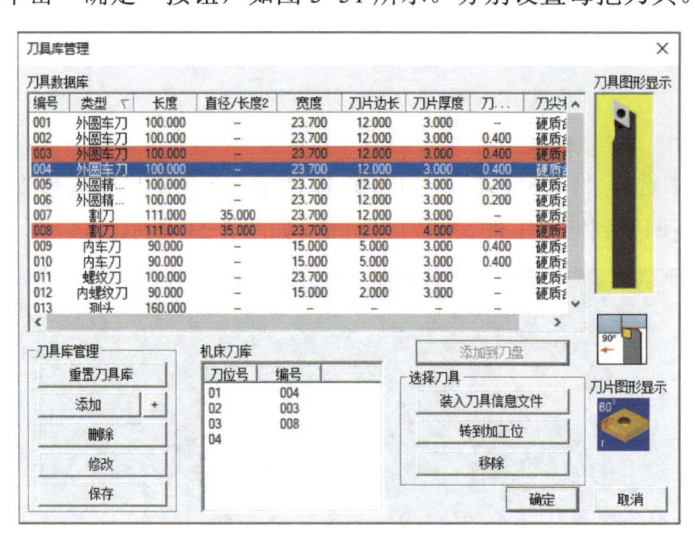

图 5-51 刀具的选择及安装

8. 对刀

采用试切法对刀,具体步骤如下:

1)93°外圆粗车车刀对刀方法。在机床操作面板上按 ▨ 编辑键,在数控系统面板上按 ▨ 程序键,进入程序编辑对话框,输入"T0101;M3S500",依次按面板上的 ▨ 插入键、▨ 循环启动键及 ▨ 手轮模式键,机床进入手轮模式,试切工件外圆,保持X方向不移动退刀;

停止主轴，测量出工件的外径值 47.334mm，如图 5-52 所示，按面板上的■参数设定显示键，软键选择"形状"，把外径值 47.334mm 输入 G001 的 X 轴上，输入"X44.334"按软键"测量"，如图 5-53 所示。

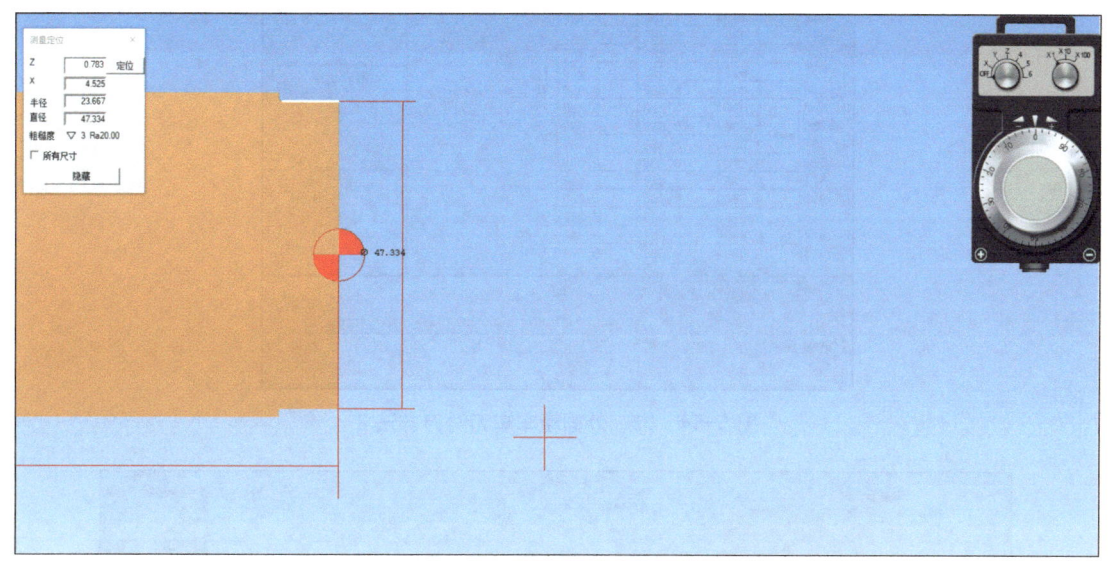

图 5-52　93°外圆粗车车刀对刀方法 1

图 5-53　93°外圆粗车车刀对刀方法 2

在操作面板上按■主轴正转键，按面板上的■手轮模式键，机床进入手轮模式，试切工件端面，保持 Z 方向不移动退刀；停止主轴，按面板上的■参数设定显示键，软键选择"形状"，输入 G001 的 Z 轴上，输入"Z0"按软键"测量"，如图 5-54 所示。

2）90°外圆精车车刀对刀方法。在机床操作面板上按■编辑键，按数控系统面板上的■程序键，进入程序编辑对话框，输入"T0202;M3S500"，依次按面板上的■插入键、■循环启动键及■手轮模式键，机床进入手轮模式，试切工件外圆，保持 X 方向不移动退刀；停止主轴，测量出工件的外径值 46.316mm，如图 5-55 所示，按面板上的■参数设定显示键，软键选择"形状"，把外径值 46.316mm 输入 G002 的 X 轴上，输入"X46.316"按软键

"测量",如图 5-56 所示。

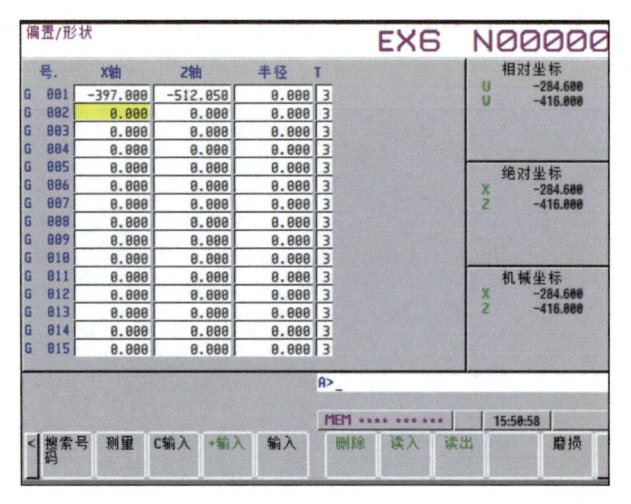

图 5-54 93°外圆粗车车刀对刀方法 3

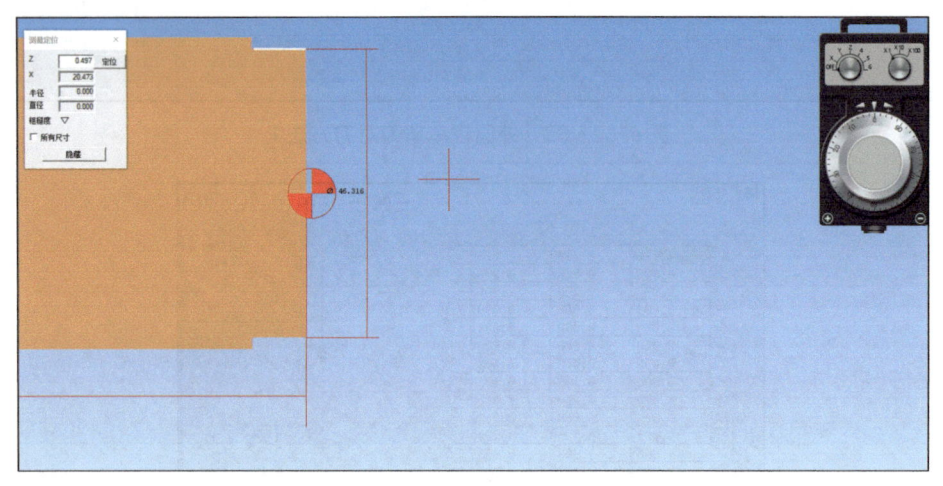

图 5-55 90°外圆精车车刀对刀方法 1

图 5-56 90°外圆精车车刀对刀方法 2

在操作面板上按 [主轴正转] 主轴正转键，按面板上的 [手轮] 手轮模式键，机床进入手轮模式，轻碰工件端面，保持 Z 方向不移动退刀；停止主轴，按面板上的 [参数] 参数设定显示键，软键选择"形状"，输入 G002 的 Z 轴上，输入"Z0"按软键"测量"，外圆锥面使用 3 号刀尖假想位置，G002 的"T"中输入"3"，刀尖圆弧半径 R0.4，G002 的"半径"中输入"0.4"，如图 5-57 所示。

图 5-57　90°外圆精车车刀对刀方法 3

3）切断车刀对刀方法。在机床操作面板上按 [编辑] 编辑键，在数控系统面板上按 [程序] 程序键，进入程序编辑对话框，输入"T0303;M3S500"，依次按面板上的 [插入] 插入键、[循环启动] 循环启动键及 [手轮] 手轮模式键，机床进入手轮模式，试切工件外圆，保持 X 方向不移动退刀；停止主轴，测量出工件的外径值 45.912mm，如图 5-58 所示，按面板上的 [参数] 参数设定显示键，软键选择"形状"，把外径值 45.912mm 输入 G003 的 X 轴上，输入"X45.912"按软键"测量"，如图 5-59 所示。

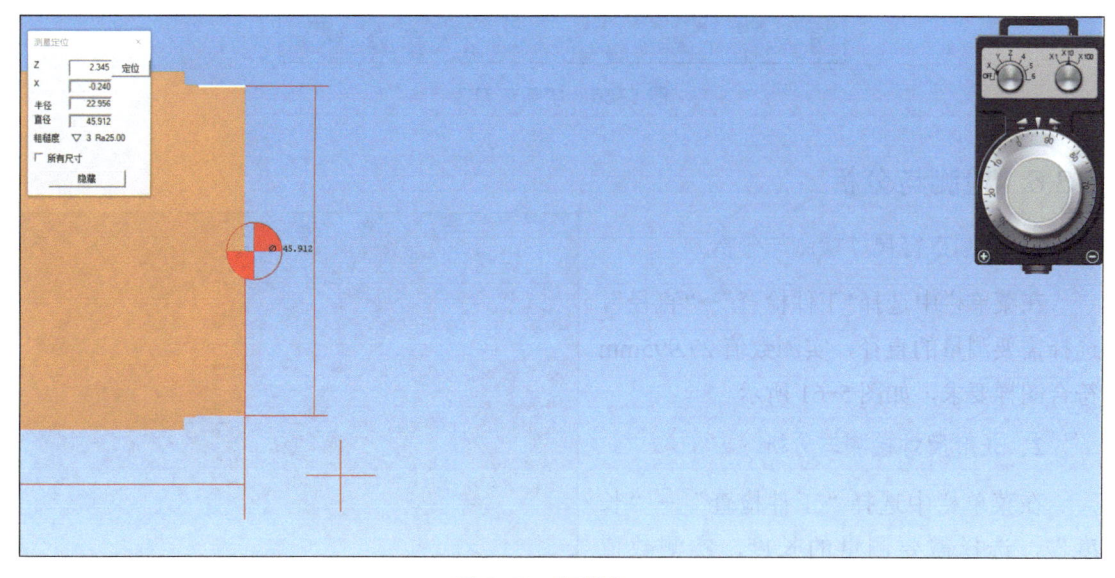

图 5-58　切断车刀 1

081

图 5-59　切断车刀 2

在操作面板上按 ![SPDL CW] 主轴正转键，按面板上的 ![HANDLE] 手轮模式键，机床进入手轮模式，轻碰工件端面，保持 Z 方向不移动退刀；停止主轴，按面板上的 ![OFSSE] 参数设定显示键，软键选择"形状"，输入 G003 的 Z 轴上，输入"Z0"按软键"测量"，如图 5-60 所示。

图 5-60　切断车刀 3

5.3.6　检测与分析

1. 外圆直径尺寸检测与分析

在菜单栏中选择"工件检查"→"直径"，选择需要测量的直径，实测数值 27.995mm 符合图样要求，如图 5-61 所示。

2. 长度尺寸检测与分析

在菜单栏中选择"工件检查"→"长度"，选择需要测量的长度，实测数值 25.00mm 符合图样要求，如图 5-62 所示；

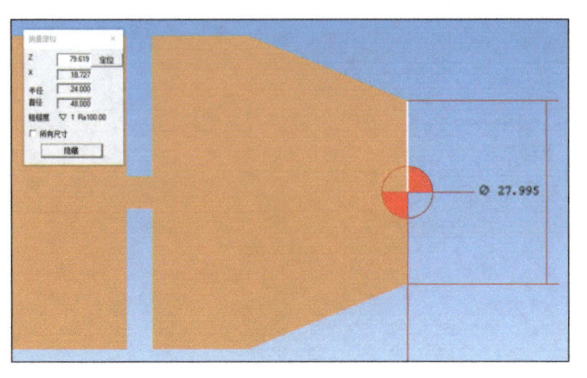

图 5-61　外圆直径尺寸检测与分析

实测数值 40mm 符合图样要求，如图 5-63 所示。

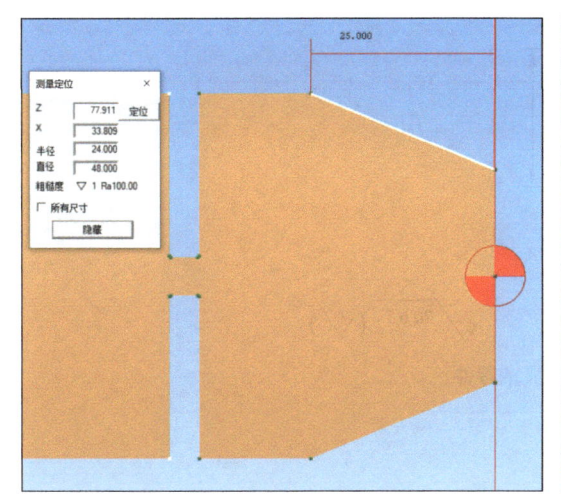

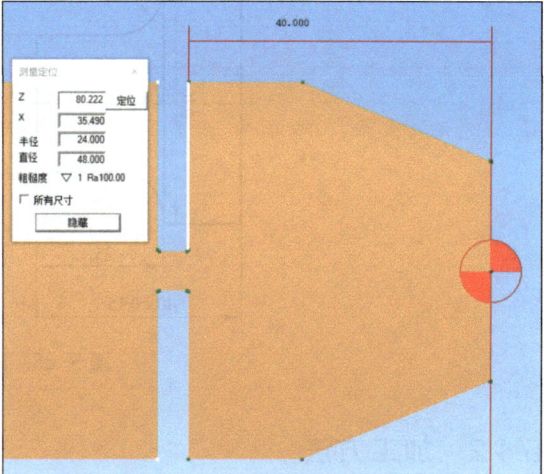

图 5-62　长度尺寸检测与分析 1

图 5-63　长度尺寸检测与分析 2

3. 圆锥表面粗糙度检测与分析

在菜单栏中选择"工件检查"→"粗糙度"，选择需要测量的表面，实测数值 Ra0.82μm 符合图样要求，如图 5-64 所示；在菜单栏中选择"工件检查"→"测量退出"完成测量。

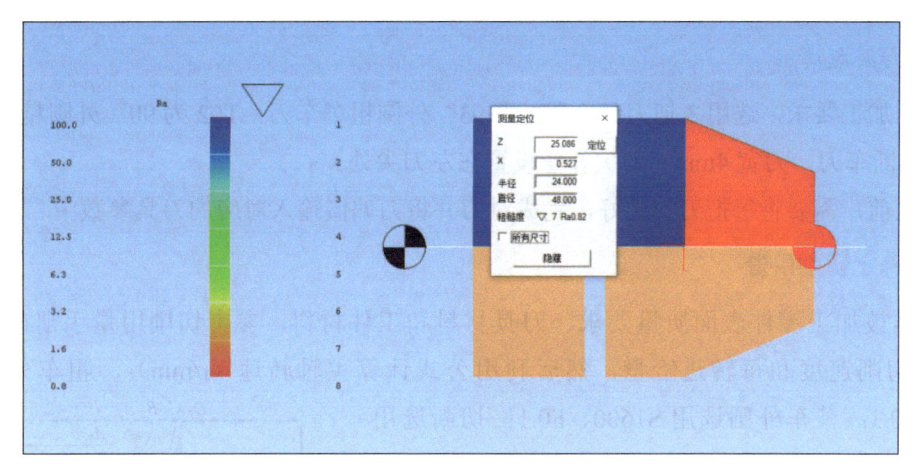

图 5-64　表面粗糙度检测与分析

5.4　零件圆弧表面的数控车削仿真加工

5.4.1　零件图样及信息分析

图 5-65 所示轴类零件，毛坯是 ϕ48mm 棒材，材料为 45 钢，切削性能较好。零件表面主要由圆柱面、圆弧面组成，是简单回转体零件，尺寸和表面精度要求都不高。

图 5-65 圆弧轴零件

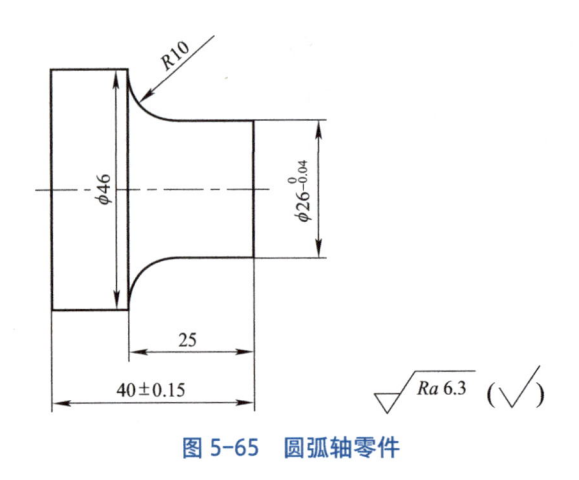

5.4.2 加工方法

1. 确定零件装夹方式

装夹方式采用自定心卡盘夹持一端，一次装夹完成粗、精加工。

2. 确定加工顺序及进给路线

1）从右至左粗加工各表面，留精加工余量 0.5mm。

2）从右至左连续精加工各表面，达到加工要求并切断。

3. 刀具选择

根据加工要求，选用 3 把刀具：T01 为 93°外圆粗车车刀；T02 为 90°外圆精车车刀；T03 为切断车刀，刀宽 4mm（刀尖补偿设置在左刀尖处）。

加工前，需要将每把刀安装好，完成对刀并将刀偏值输入对应的刀具参数中。

4. 确定切削用量

根据被加工零件表面质量要求、刀具材料和工件材料，参考切削用量手册或有关资料选取切削速度和每转进给量，然后利用公式计算主轴转速（r/min），粗车外圆选用 S550、F0.3；精车外圆选用 S1600、F0.1；切断选用 S300、F0.1。

5. 编制数控加工程序

选用 FANUC 0i-TF Plus 的数控系统指令格式，先设定工件原点在工件右端面和轴心线交点，计算基点坐标，然后编写数控加工程序并检验。

5.4.3 走刀路线

该零件外圆加工走刀路线如图 5-66 所示。

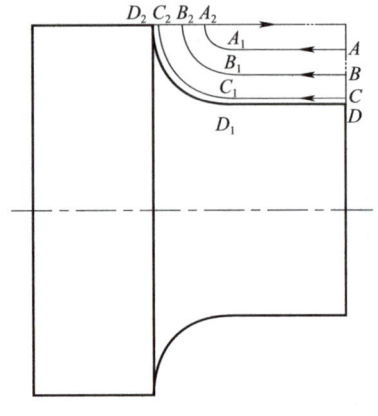

图 5-66 圆弧轴零件加工走刀路线

5.4.4 加工程序

加工程序见表 5-5。

表 5-5 加工程序

程序内容	说明
O0001;	程序名
G40 G99 G97 S550 M03;	主轴正转，转速为 550r/min
T0101;	93°外圆粗车车刀
M08;	切削液开
G00 X46 Z3;	加工起点
G01 X40 Z0 F0.3;	
Z-15;	
G02 X46 Z-18 R3;	
G0 Z3;	
G01 X34 F0.3;	
Z-15;	
G02 X46 Z-21 R6;	
G0 Z3;	
G01 X28 F0.3;	
Z-15;	
G02 X46 Z-24 R9;	
G0 Z3;	
G00 X100;	X 向退刀
Z100;	Z 向退刀
T0202;	90°外圆精车车刀
M03 S1600;	主轴正转，转速为 1600r/min
G42 G00 X46 Z3;	右补偿（刀尖半径 R0.4mm）
G01 X26;	
Z0 F0.1;	
Z-15;	
G02 X46 Z-25 R10;	
G00 X100;	X 向退刀
G40 Z100;	取消刀具半径补偿，Z 向退刀
T0303;	切断车刀，刀宽 4mm
M03 S300;	主轴正转，转速为 300r/min
G0 X52 Z-44;	
G01 X5 F0.1;	
G00 X100;	X 向退刀
Z100;	Z 向退刀
M05;	主轴停止
M30;	程序结束

5.4.5 仿真加工

1. 选择数控系统

打开斯沃 V7.36，"数控系统"选择"FANUC 0i-TF Plus"，单击"运行"按钮进入 FANUC 0i-TF Plus 控制系统，如图 5-67 所示。

扫一扫，看视频

图 5-67 选择数控系统

2. 开机

单击启动按钮■，此时数控系统面板打开。检查急停按钮是否松开至●状态，若未松开，单击急停按钮●将其松开。

3. 回参考点

检查操作面板上回原点按钮■指示灯是否亮起，若指示灯亮起，则已进入回原点模式；若指示灯不亮，则单击回原点按钮■，转入回原点模式。

在回原点模式下，先使 X 轴回原点，单击操作面板上的 X 轴选择按钮■，使 X 轴方向移动指示灯变亮，单击正方向移动按钮■，此时 X 轴将回原点。同样，再单击 Z 轴选择按钮■，使指示灯变亮，单击■按钮，Z 轴将回原点。

4. 数控机床设置

在菜单栏中选择"机床操作"→"参数设置"，弹出"参数设置"对话框，"刀架位置"选"前置刀架"，"刀架位数"选"四方刀架"，如图 5-68 所示。

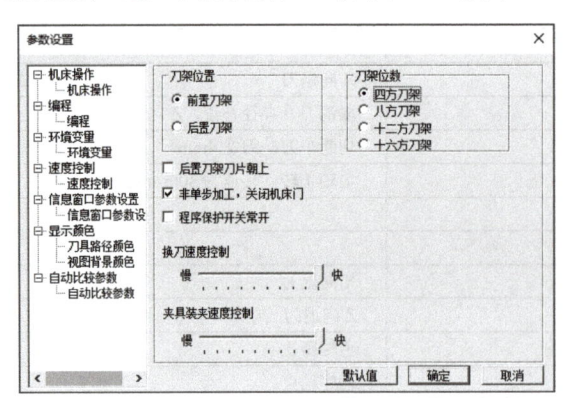

图 5-68 参数设置

5. 程序输入

1）在机床操作面板上按■编辑键，然后再按数控系统面板上的■键，进入程序编辑对话框，直接用 FANUC 0i-TF Plus 系统的 MDI 键盘输入。

2）通过记事本或写字板等编辑软件输入并保存为文本格式文件。调入程序：在菜单栏中选择"机床操作"→"舱门"关闭机床门后,再在菜单栏中选择"文件"→"打开","文件类型"选"NC 代码文件",选择文件并单击"打开"按钮,如图 5-69 所示。

图 5-69　程序输入

6. 定义毛坯及装夹方式

1）在菜单栏中选择"工件操作",单击添加毛坯直径:46mm,工件长度:65mm,内径:0mm,"毛坯材料"选"45 优质碳素结构钢(中碳)",单击"确定"按钮完成操作,如图 5-70 所示。"夹具类型"选外卡盘,单击"确定"按钮完成操作,如图 5-71 所示。

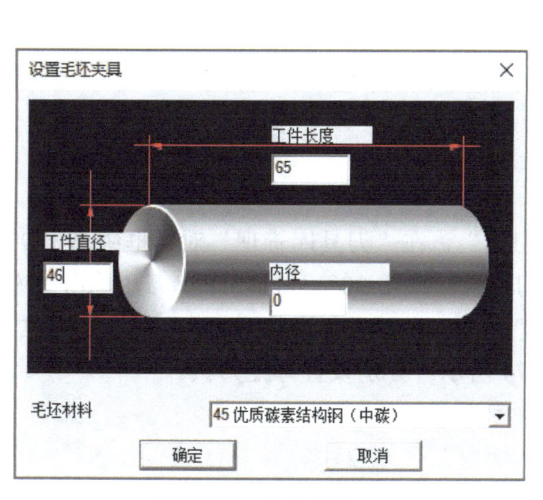

图 5-70　定义毛坯

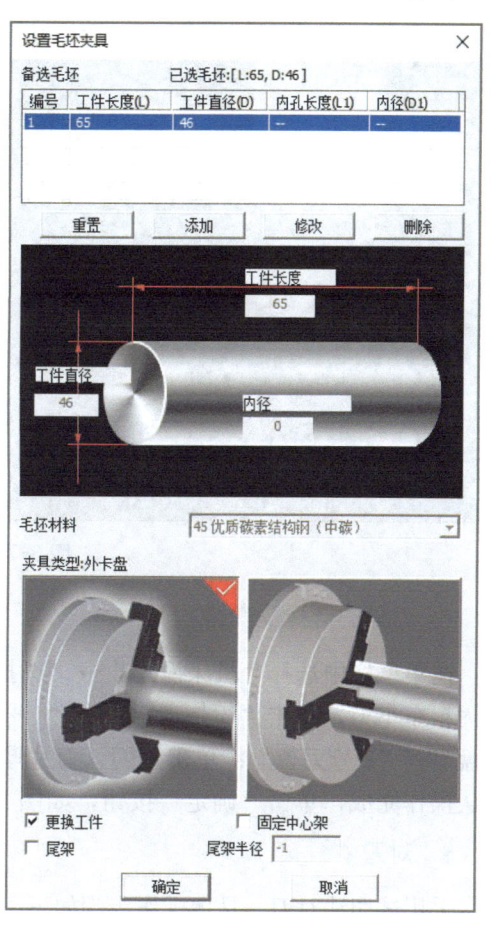

图 5-71　设置装夹参数

2）在工具栏中选择"二维模式"，如图 5-72 所示。在菜单栏中选择"工件操作"→"工件内移"，将毛坯调整到伸出工件长度为 50mm，如图 5-73 所示。

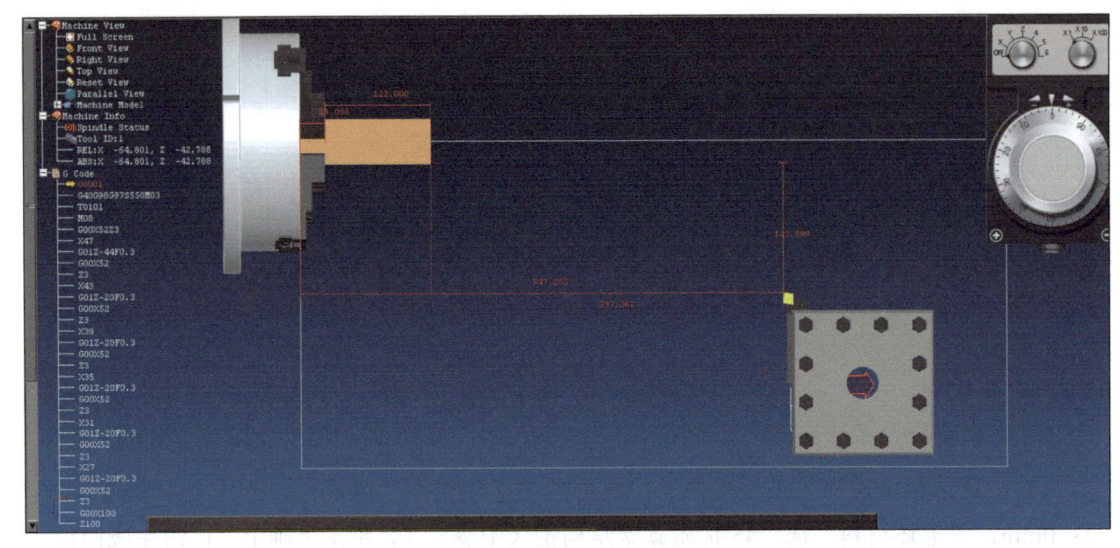

图 5-72 在工具栏中选择"二维模式"

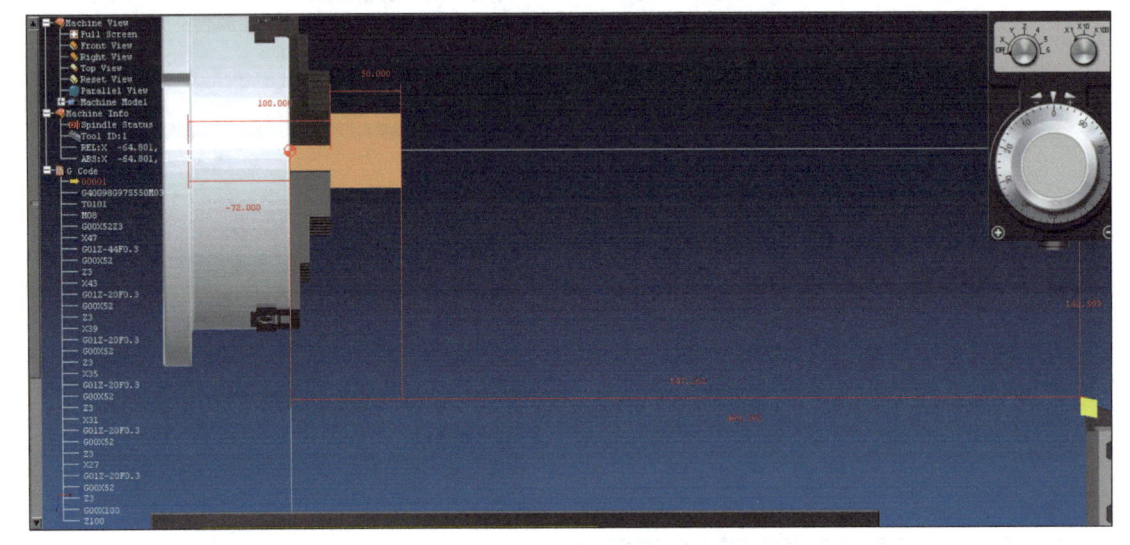

图 5-73 毛坯调整

7. 刀具的选择及安装

在菜单栏中选择"机床操作"→"选择刀具"，在"刀具库管理"对话框中单击 93°外圆粗车车刀，单击"添加刀盘"→"1 号刀位"；单击 90°外圆精车车刀，单击"添加刀盘"→"2 号刀位"；单击割刀（刀片厚度 4mm），单击"添加刀盘"→"3 号刀位"，确认操作完成，单击"确定"按钮，如图 5-74 所示。分别设置每把刀具。

8. 对刀

采用试切法对刀，具体操作步骤如下：

1）93°外圆粗车车刀对刀方法。在机床操作面板上按 编辑键，在数控系统面板上按程序键，进入程序编辑对话框，输入"T0101;M3S500"，依次按面板上的插入键、循环启动键及手轮模式键，机床进入手轮模式，试切工件外圆，保持X方向不移动退刀；停止主轴，测量出工件的外径值47.334mm，如图5-75所示，按面板上的参数设定显示键，软键选择"形状"，把外径值47.334mm输入G001的X轴上，输入"X44.334"按软键"测量"，如图5-76所示。

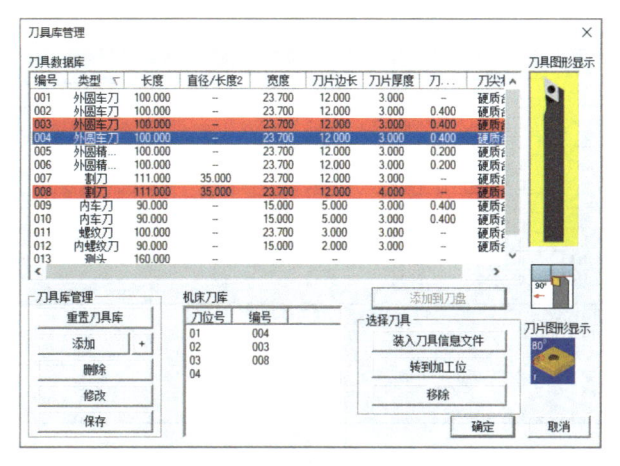

图5-74 刀具的选择及安装

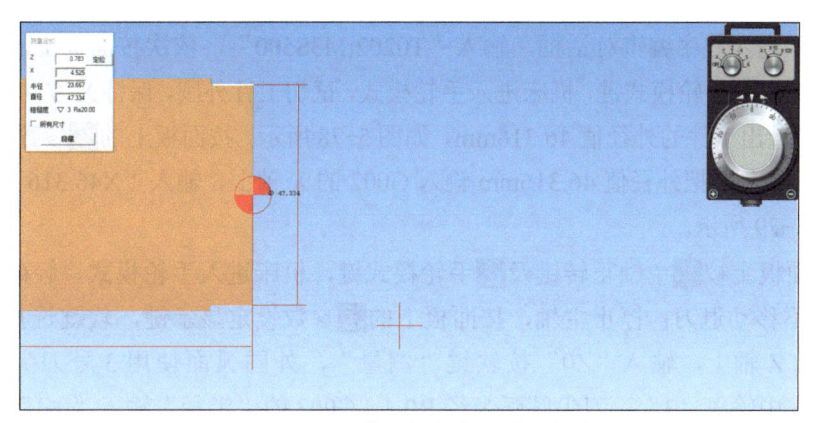

图5-75 93°外圆粗车车刀对刀方法1

图5-76 93°外圆粗车车刀对刀方法2

在操作面板上按 [主轴正转] 主轴正转键及 [手轮] 手轮模式键，机床进入手轮模式，试切工件端面，保持 Z 方向不移动退刀；停止主轴，按面板上的 [OFFSET] 参数设定显示键，软键选择"形状"，输入 G001 的 Z 轴上，输入"Z0"按软键"测量"，如图 5-77 所示。

图 5-77　93°外圆粗车车刀对刀方法 3

2）90°外圆精车车刀对刀方法。在机床操作面板上按 [编辑] 编辑键，在数控系统面板上按 [PROG] 程序键，进入程序编辑对话框，输入"T0202;M3S500"，依次按面板上的 [INSERT] 插入键、[循环启动] 循环启动键及 [手轮] 手轮模式键，机床进入手轮模式，试切工件外圆，保持 X 方向不移动退刀；停止主轴，测量出工件的外径值 46.316mm，如图 5-78 所示，按面板上的 [OFFSET] 参数设定显示键，软键选择"形状"，把外径值 46.316mm 输入 G002 的 X 轴上，输入"X46.316"按软键"测量"，如图 5-79 所示。

在操作面板上按 [主轴正转] 主轴正转键及 [手轮] 手轮模式键，机床进入手轮模式，轻碰工件端面，保持 Z 方向不移动退刀；停止主轴，按面板上的 [OFFSET] 参数设定显示键，软键选择"形状"，输入 G002 的 Z 轴上，输入"Z0"按软键"测量"，外圆弧面使用 3 号刀尖假想位置，G002 的"T"中输入"3"，刀尖圆弧半径 R0.4，G002 的"半径"输入"0.4"，如图 5-80 所示。

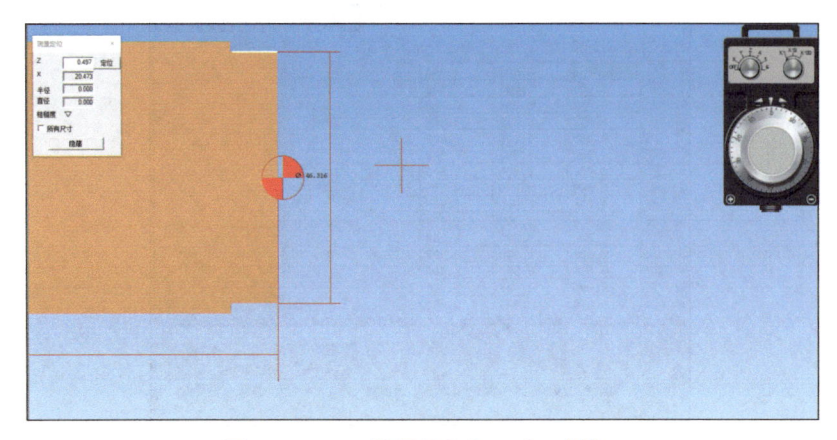

图 5-78　90°外圆精车车刀对刀方法 1

图 5-79 90°外圆精车车刀对刀方法 2

图 5-80 90°外圆精车车刀对刀方法 3

3）切断车刀对刀方法。在机床操作面板上按 编辑键，在数控系统面板上按 程序键，进入程序编辑对话框，输入"T0303;M3S500"，依次按面板上的 插入键、 循环启动键及 手轮模式键，机床进入手轮模式，试切工件外圆，保持 X 方向不移动退刀；停止主轴，测量出工件的外径值 45.912mm，如图 5-81 所示，按面板上的 参数设定显示键，软键选择"形状"，把外径值 45.912mm 输入 G003 的 X 轴上，输入"X45.912"按软键"测量"，如图 5-82 所示。

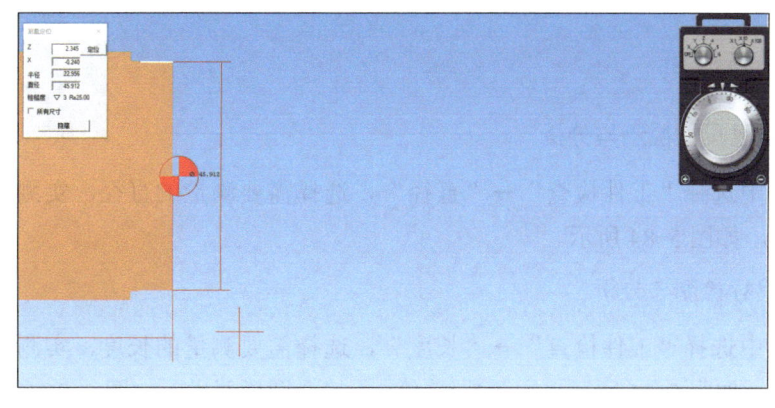

图 5-81 切断车刀 1

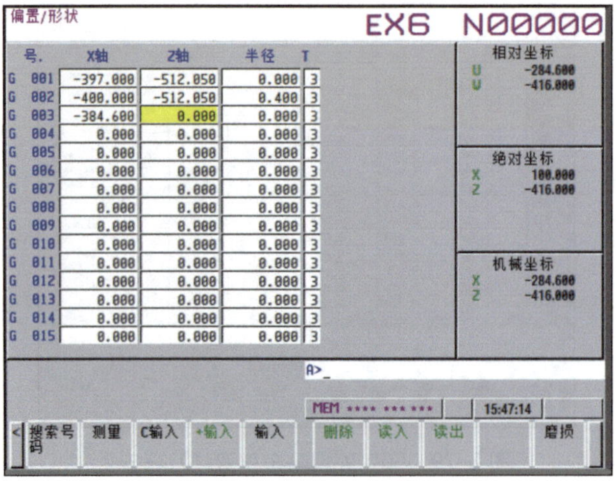

图 5-82 切断车刀 2

在操作面板上按 主轴正转键及 手轮模式键，机床进入手轮模式，轻碰工件端面，保持 Z 方向不移动退刀；停止主轴，按面板上的 参数设定显示键，软键选择"形状"，输入 G003 的 Z 轴上，输入"Z0"按软键"测量"，如图 5-83 所示。

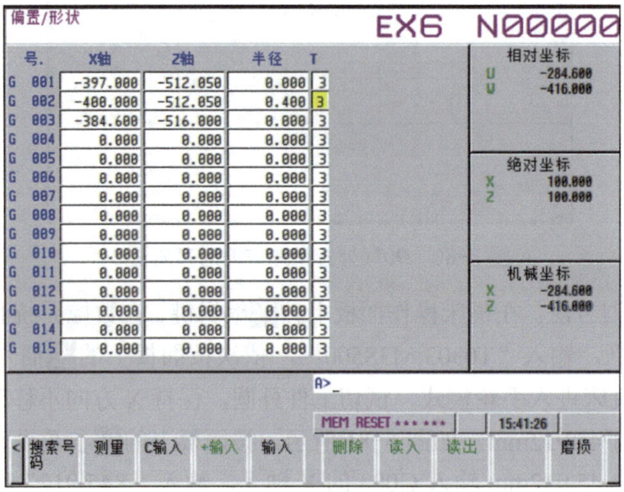

图 5-83 切断车刀 3

5.4.6 检测与分析

1. 外圆直径尺寸检测与分析

在菜单栏中选择"工件检查"→"直径"，选择需要测量的直径，实测数值 25.98mm 符合图样要求，如图 5-84 所示。

2. 长度尺寸检测与分析

在菜单栏中选择"工件检查"→"长度"，选择需要测量的长度，实测数值 25.00mm 符合图样要求，如图 5-85 所示；实测数值 40mm 符合图样要求，如图 5-86 所示。

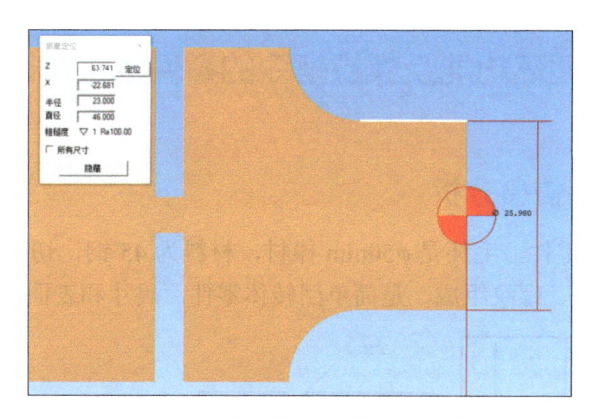

图 5-84　外圆直径尺寸检测与分析

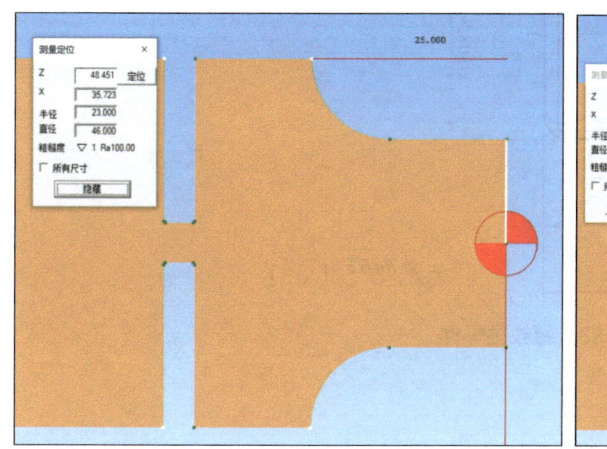

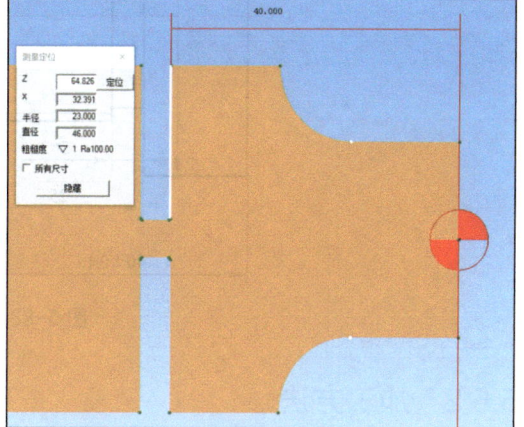

图 5-85　长度尺寸检测与分析 1　　　　图 5-86　长度尺寸检测与分析 2

3. 圆弧尺寸检测与分析

在菜单栏中选择"工件检查"→"圆弧",选择需要测量的表面,实测数值 $R9.993$ mm 符合图样要求,如图 5-87 所示;在菜单栏中选择"工件检查"→"测量退出"完成测量。

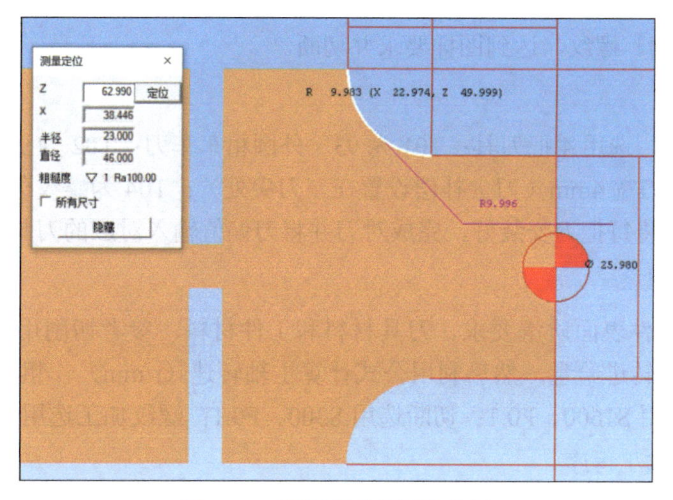

图 5-87　圆弧尺寸检测与分析

5.5 应用单一循环功能及螺纹指令的零件数控车削仿真加工

5.5.1 零件图样及信息分析

图 5-88 所示轴类零件，毛坯是 ϕ50mm 棒材，材料为 45 钢，切削性能较好。零件表面主要由圆柱面、退刀槽、螺纹组成，是简单回转体零件，尺寸和表面精度要求都不高。

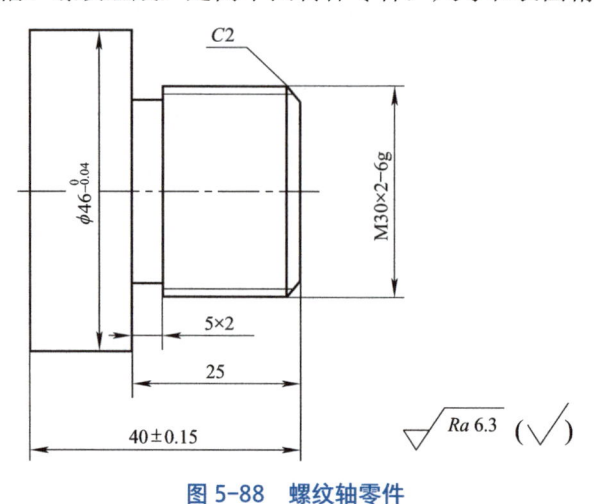

图 5-88 螺纹轴零件

5.5.2 加工方法

1. 确定零件装夹方式

装夹方式采用自定心卡盘夹持一端，一次装夹完成粗、精加工，切槽加工，螺纹加工。

2. 确定加工顺序及进给路线

1）从右至左粗加工各表面，留精加工余量 0.5mm。
2）从右至左连续精加工各表面，达到图样要求。
3）加工退刀槽、螺纹，达到图样要求并切断。

3. 刀具选择

根据加工要求，选用 4 把刀具：T01 为 93°外圆粗车车刀；T02 为 90°外圆精车车刀；T03 为切断车刀，刀宽 4mm（刀尖补偿设置在左刀尖处）；T04 为螺纹车刀。

加工前，需要将每把刀安装好，完成对刀并将刀偏值输入对应的刀具参数中。

4. 确定切削用量

根据被加工零件表面质量要求、刀具材料和工件材料，参考切削用量手册或有关资料选取切削速度和每转进给量，然后利用公式计算主轴转速（r/min），粗车外圆选用 S550、F0.3；精车外圆选用 S1600、F0.1；切断选用 S300、F0.1；螺纹加工选用 S800、F2。

5. 编制数控加工程序

选用 FANUC 0i-TF Plus 的数控系统指令格式，先设定工件原点在工件右端面和轴心线交点,计算基点坐标,然后编写数控加工程序并检验。

5.5.3 加工程序

加工程序见表 5-6。

表 5-6 加工程序

程序内容	说明
O0001;	程序名
G40 G99 G97 S550 M03;	主轴正转,转速为 550r/min
T0101;	93°外圆粗车车刀
M08;	切削液开
G00 X52 Z3;	加工起点
G90 X46.5 Z-44 F0.3;	
X42 Z-25;	
X38;	
X34;	
X30.5;	
G00 X100;	X 向退刀
Z100;	Z 向退刀
T0202;	90°外圆精车车刀
M03 S1600;	主轴正转,转速为 1600r/min
G00 X52 Z3;	
G01 X26;	
Z0 F0.1;	
X30 Z-2;	
Z-25;	
X46;	
Z-44;	
G00 X100;	
Z100;	
T0303;	
M03 S300;	
G0 X52 Z-25;	
X32;	
G01 X26;	
G00 X32;	
Z-24;	
G01 X26;	
G00 X100;	X 向退刀
Z100;	Z 向退刀
T0404;	螺纹车刀
M3 S800;	主轴正转,转速为 800r/min
G00 X35 Z5;	
G92 X29.1 Z-23 F2;	第一刀 0.9mm
X28.5;	第二刀 0.6mm
X27.9;	第三刀 0.6mm
X27.5;	第四刀 0.4mm
X27.4;	第五刀 0.1mm

(续)

程序内容	说明
G00 X100;	X 向退刀
Z100;	Z 向退刀
T0303;	切断车刀，刀宽 4mm
M03 S300;	主轴正转，转速为 300r/min
G00 X52 Z-44;	
G01 X5 F0.1;	
G00 X100;	X 向退刀
Z100;	Z 向退刀
M05;	主轴停止
M30;	程序结束

5.5.4 仿真加工

1．选择数控系统

打开斯沃 V7.36，"数控系统"选择"FANUC 0i-TF Plus"，单击"运行"按钮进入 FANUC 0i-TF Plus 控制系统，如图 5-89 所示。

扫一扫，看视频

图 5-89 选择数控系统

2．开机

单击启动按钮■，此时数控系统面板打开。检查急停按钮是否松开至●状态，若未松开，单击急停按钮●将其松开。

3．回参考点

检查操作面板上回原点按钮■指示灯是否亮起，若指示灯亮起，则已进入回原点模式；若指示灯不亮，则单击回原点按钮■，转入回原点模式。

在回原点模式下，先使 X 轴回原点，单击操作面板上的 X 轴选择按钮■，使 X 轴方向移动指示灯变亮，单击正方向移动按钮■，此时 X 轴将回原点。同样，再单击 Z 轴选择按钮■，使指示灯变亮，单击■按钮，Z 轴将回原点。

4．数控机床设置

在菜单栏中选择"机床操作"→"参数设置"，弹出"参数设置"对话框，"刀架位置"

选"前置刀架","刀架位数"选"四方刀架",如图 5-90 所示。

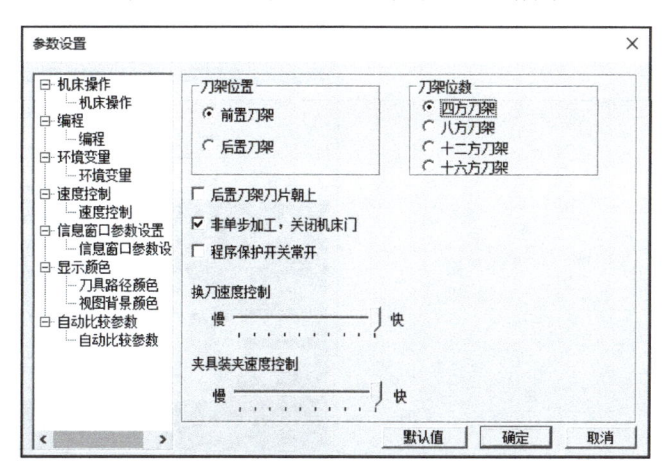

图 5-90 参数设置

5. 程序输入

1）在机床操作面板上按 编辑键，然后再按数控系统面板上的 键，进入程序编辑对话框，直接用 FANUC 0i-TF Plus 系统的 MDI 键盘输入。

2）通过记事本或写字板等编辑软件输入并保存为文本格式文件。调入程序：在菜单栏中选择"机床操作"→"舱门"关闭机床门后，再在菜单栏中选择"文件"→"打开","文件类型"选"NC 代码文件"，选择文件并单击"打开"按钮，如图 5-91 所示。

图 5-91 程序输入

6. 定义毛坯及装夹方式

1）在菜单栏中选择"工件操作"，单击添加毛坯直径：50mm，工件长度：65mm，内径：0mm，"毛坯材料"选"45 优质碳素结构钢（中碳）"，单击"确定"按钮完成操作，如图 5-92 所示。"夹具类型"选外卡盘，单击"确定"按钮完成操作，如图 5-93 所示。

097

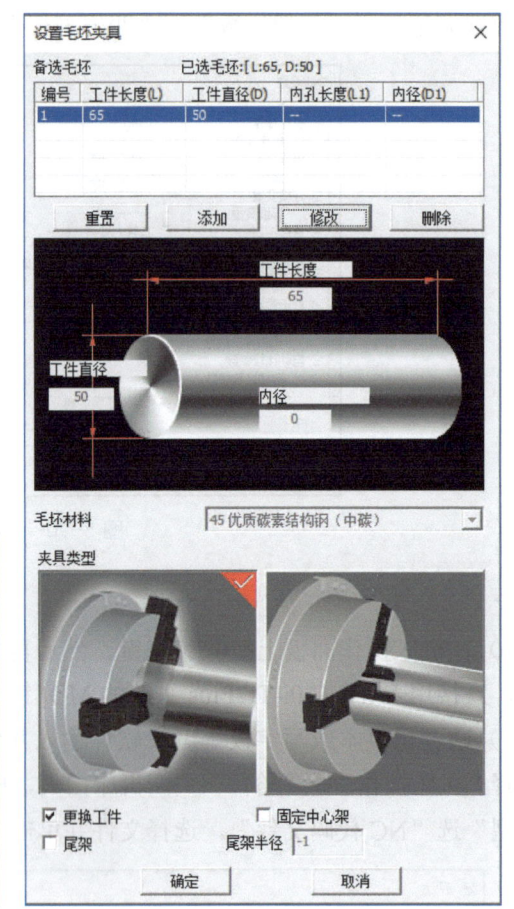

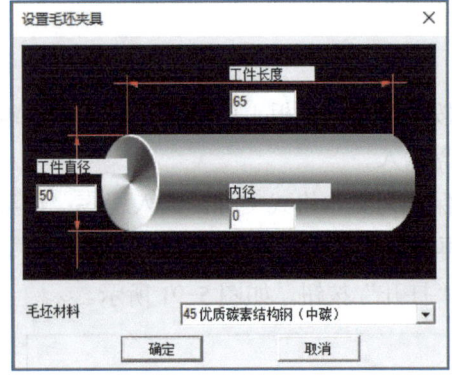

图 5-92　定义毛坯

图 5-93　设置装夹参数

2）在工具栏中选择"二维模式"，如图 5-94 所示。在菜单栏中选择"工件操作"→"工件内移"，将毛坯调整到伸出工件长度为 50mm，如图 5-95 所示。

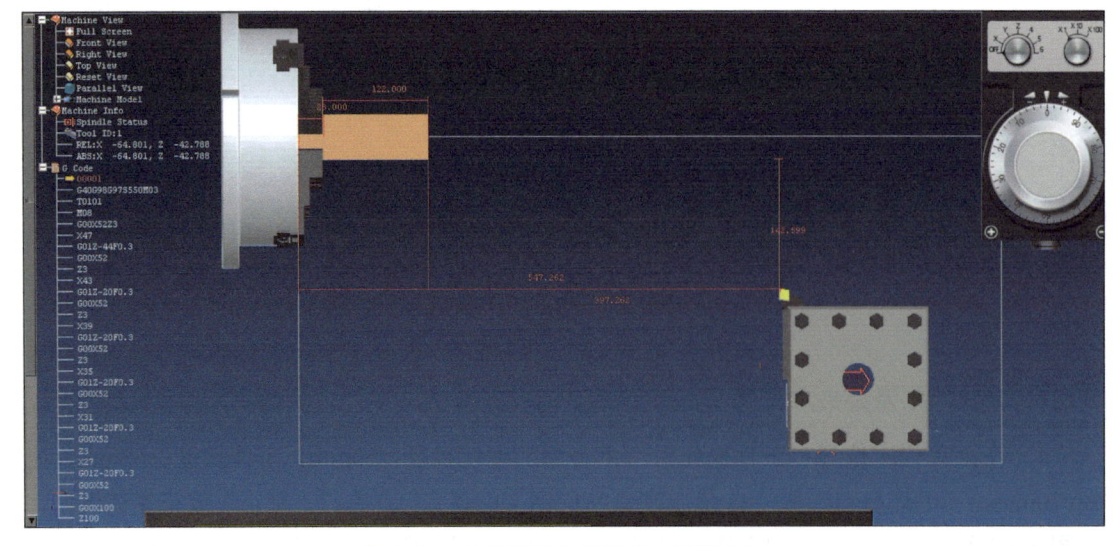

图 5-94　在工具栏中选择"二维模式"

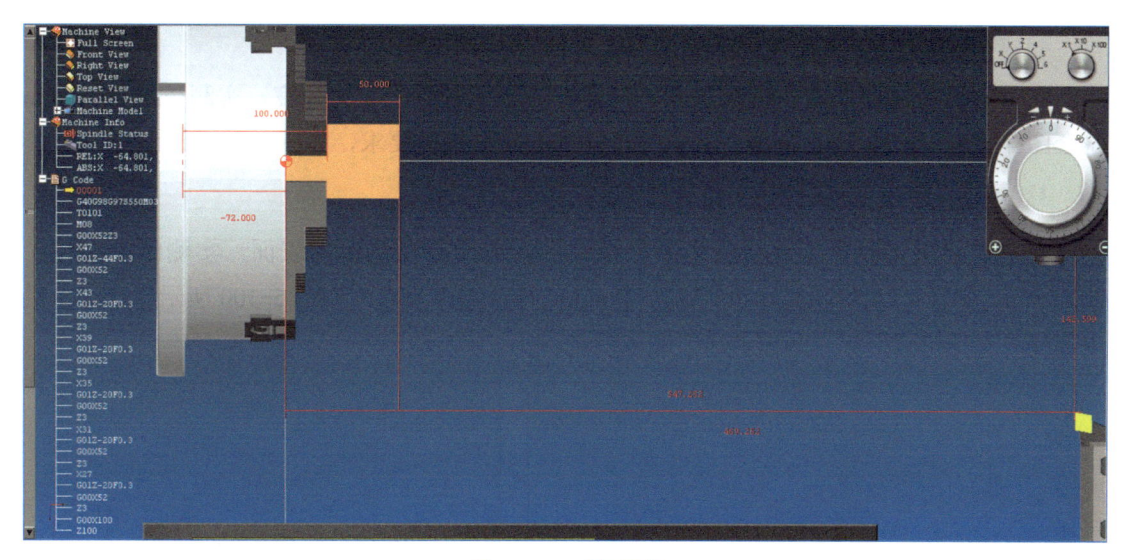

图 5-95 毛坯调整

7. 刀具的选择及安装

在菜单栏中选择"机床操作"→"选择刀具",在"刀具库管理"对话框中单击 93°外圆粗车车刀,单击"添加刀盘"→"1 号刀位";单击 90°外圆精车车刀,单击"添加刀盘"→"2 号刀位";单击割刀(刀片厚度 4mm),单击"添加刀盘"→"3 号刀位";单击"螺纹刀",单击"添加刀盘"→"4 号刀位",确认操作完成,单击"确定"按钮,如图 5-96 所示。分别设置每把刀具。

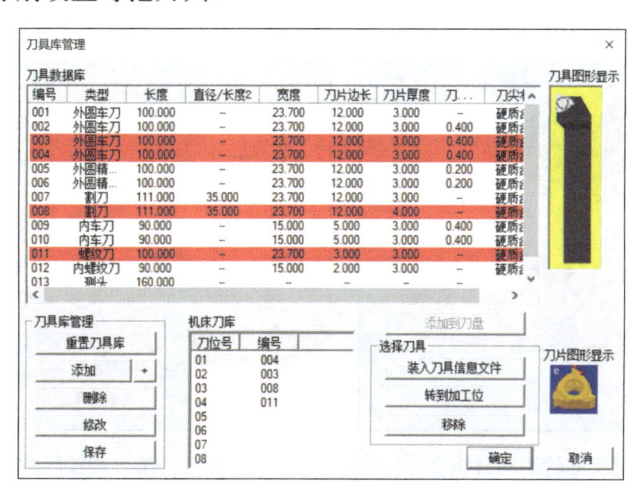

图 5-96 刀具的选择及安装

5.5.5 检测与分析

1. 外圆直径尺寸检测与分析

在菜单栏中选择"工件检查"→"直径",选择需要测量的直径,实测数值 46.00mm 符合图样要求,如图 5-97 所示。

099

2. 长度尺寸检测与分析

在菜单栏中选择"工件检查"→"长度",选择需要测量的长度,实测数值25.00mm符合图样要求,如图5-98所示;实测数值40mm符合图样要求,如图5-99所示。

3. 螺纹尺寸检测与分析

在菜单栏中选择"工件检查"→"螺纹",选择需要测量的表面,实测螺纹大径:30.00mm,中径:28.699mm,小径:27.40mm,符合图样要求,如图5-100所示;在菜单栏中选择"工件检查"→"测量退出"完成测量。

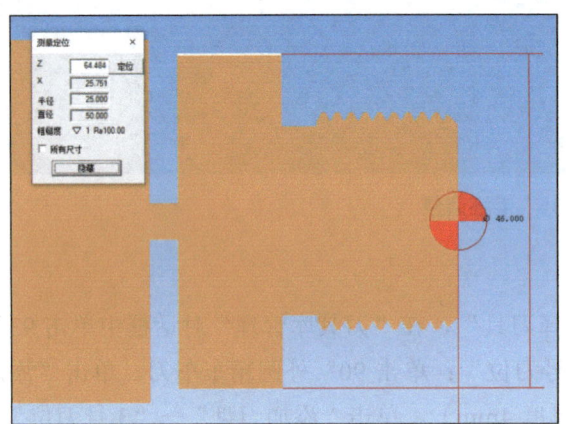

图 5-97　外圆直径尺寸检测与分析

图 5-98　长度尺寸检测与分析 1

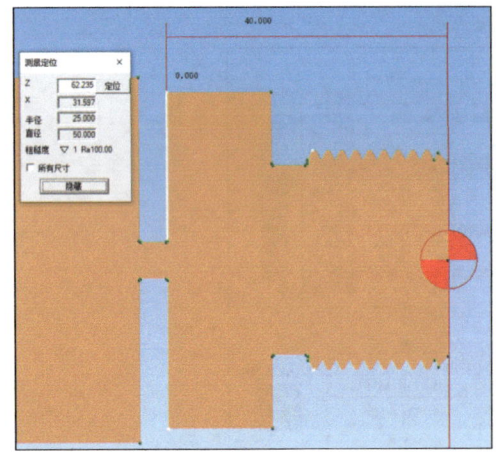

图 5-99　长度尺寸检测与分析 2

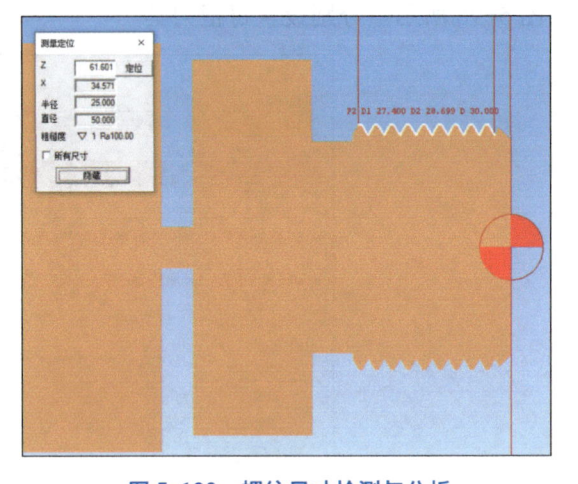

图 5-100　螺纹尺寸检测与分析

5.6 应用复合循环功能的零件数控车削仿真加工

5.6.1 零件图样及信息分析

图 5-101 所示轴类零件,毛坯是 ϕ50mm 棒材,材料为 45 钢,切削性能较好。零件表

面主要由圆柱面、圆锥面组成，是简单回转体零件，而且尺寸和表面精度要求都不高。

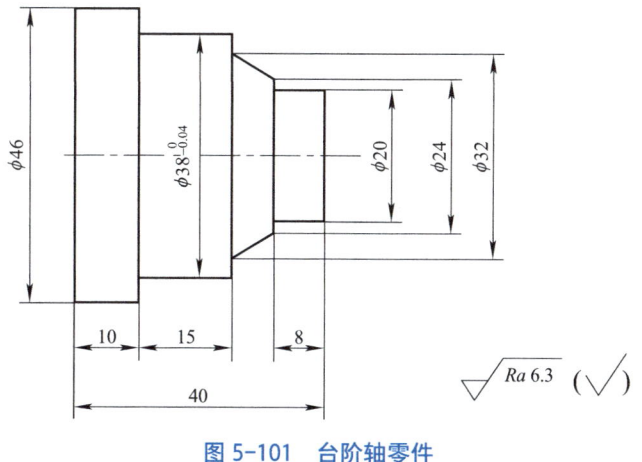

图 5-101 台阶轴零件

5.6.2 加工方法

1. 确定零件装夹方式

装夹方式采用自定心卡盘夹持一端，一次装夹完成粗、精加工。

2. 确定加工顺序及进给路线

1）从右至左粗加工各表面，留精加工余量 0.5mm。

2）从右至左连续精加工各表面，达到图样要求。

3. 刀具选择

根据加工要求，选用 3 把刀具：T01 为 93°外圆粗车车刀；T02 为 90°外圆精车车刀；T03 为切断车刀，刀宽 4mm（刀尖补偿设置在左刀尖处）。

加工前，需要将每把刀安装好，完成对刀并将刀偏值输入对应的刀具参数中。

4. 确定切削用量

根据被加工零件表面质量要求、刀具材料和工件材料，参考切削用量手册或有关资料选取切削速度和每转进给量，然后利用公式计算主轴转速（r/min），粗车外圆选用 S550、F0.3；精车外圆选用 S1600、F0.1；切断选用 S300、F0.1。

5. 编制数控加工程序

选用 FANUC 0i-TF Plus 的数控系统指令格式，先设定工件原点在工件右端面和轴心线交点，计算基点坐标，然后编写数控加工程序并检验。

5.6.3 加工程序

加工程序见表 5-7。

表 5-7 加工程序

程序内容	说明
O0001;	程序名
G40 G99 G97 S550 M03;	主轴正转，转速为 550r/min
T0101;	93°外圆粗车车刀
M08;	切削液开
G00 X51 Z3;	加工起点
G71 U1 R0.5;	
G71 P1 Q2 U0.5 F0.3;	
N1 G00 X20;	
G01 Z-8;	
X24;	
X32 Z-15;	
X38;	
W-15;	
X46;	
Z-44;	
N2 X51;	
G00 X100;	X 向退刀
Z100;	Z 向退刀
T0202;	90°外圆精车车刀
M03 S1600;	主轴正转，转速为 1600r/min
G00 X52 Z3;	
G70 P1 Q2 F0.1;	
G00 X100;	X 向退刀
Z100;	Z 向退刀
T0303;	切断车刀，刀宽 4mm
M03 S300;	主轴正转，转速为 300r/min
G00 X52 Z-44;	
G01 X5 F0.1;	
G00 X100;	X 向退刀
Z100;	Z 向退刀
M05;	主轴停止
M30;	程序结束

5.6.4 仿真加工

1. 选择数控系统

打开斯沃 V7.36，"数控系统"选择"FANUC 0i-TF Plus"，单击"运行"按钮进入 FANUC 0i-TF Plus 控制系统，如图 5-102 所示。

图 5-102 选择数控系统

2. 开机

单击启动按钮■，此时数控系统面板打开。检查急停按钮是否松开至●状态，若未松开，单击急停按钮●将其松开。

3. 回参考点

检查操作面板上回原点按钮■指示灯是否亮起，若指示灯亮起，则已进入回原点模式；若指示灯不亮，则单击回原点按钮■，转入回原点模式。

在回原点模式下，先使 X 轴回原点，单击操作面板上的 X 轴选择按钮■，使 X 轴方向移动指示灯变亮，单击正方向移动按钮■，此时 X 轴将回原点。同样，再单击 Z 轴选择按钮■，使指示灯变亮，单击■按钮，Z 轴将回原点。

4. 数控机床设置

在菜单栏中选择"机床操作"→"参数设置"，弹出"参数设置"对话框，"刀架位置"选"前置刀架"，"刀架位数"选"四方刀架"，如图 5-103 所示。

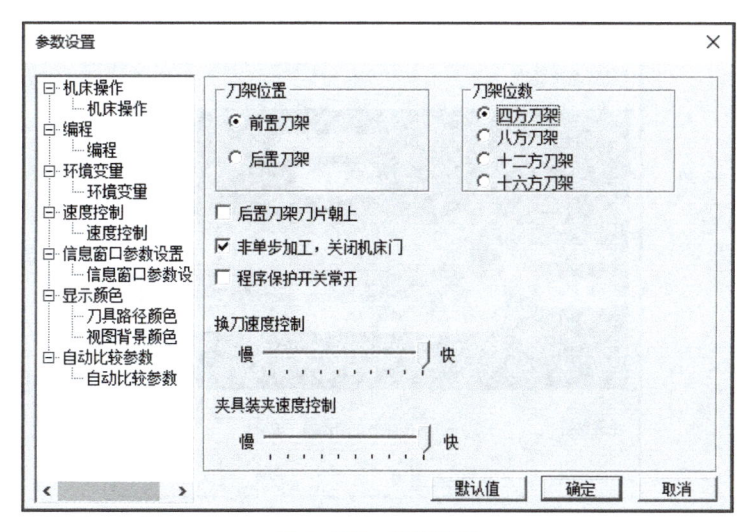

图 5-103 参数设置

5. 程序输入

1) 在机床操作面板上按 [EDIT] 编辑键,然后再按数控系统面板上的 [PROG] 键,进入程序编辑对话框,直接用 FANUC 0i-TF Plus 系统的 MDI 键盘输入。

2) 通过记事本或写字板等编辑软件输入并保存为文本格式文件。调入程序:在菜单栏中选择"机床操作"→"舱门",关闭机床门后,再在菜单栏中选择"文件"→"打开","文件类型"选"NC 代码文件",选择文件并单击"打开"按钮,如图 5-104 所示。

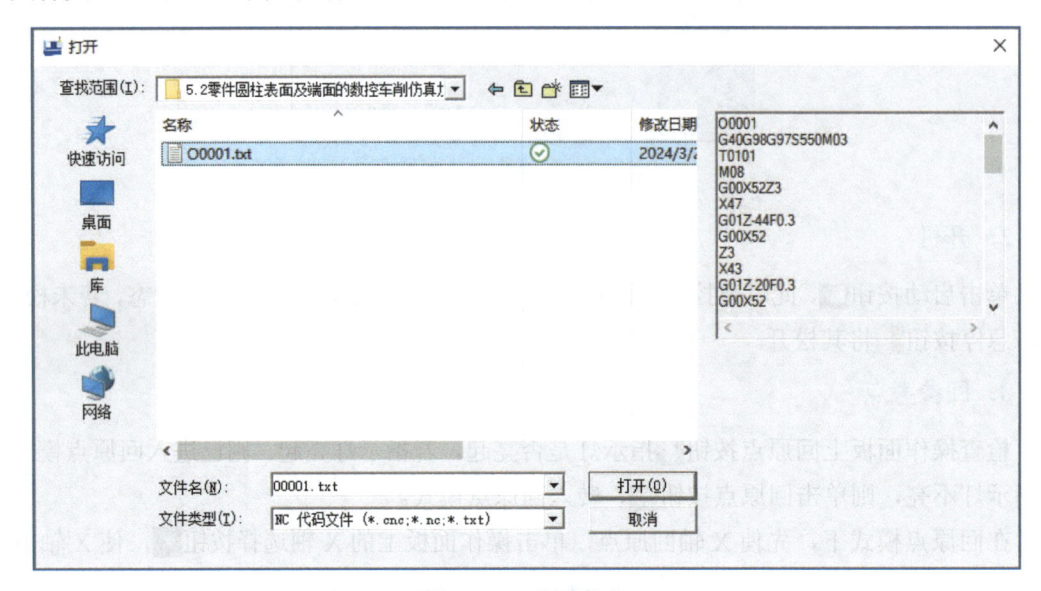

图 5-104 程序输入

6. 定义毛坯及装夹方式

1) 在菜单栏中选择"工件操作",单击添加毛坯直径:50mm,工件长度:65mm,内径:0mm,"毛坯材料"选"45 优质碳素结构钢(中碳)",单击"确定"按钮完成操作,如图 5-105 所示。"夹具类型"选外卡盘,单击"确定"按钮完成操作,如图 5-106 所示。

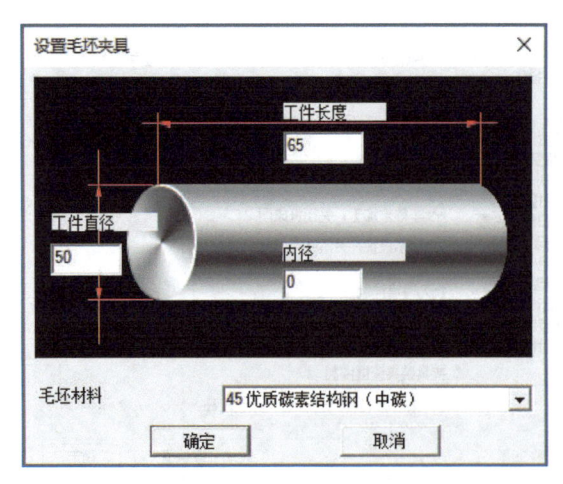

图 5-105 定义毛坯

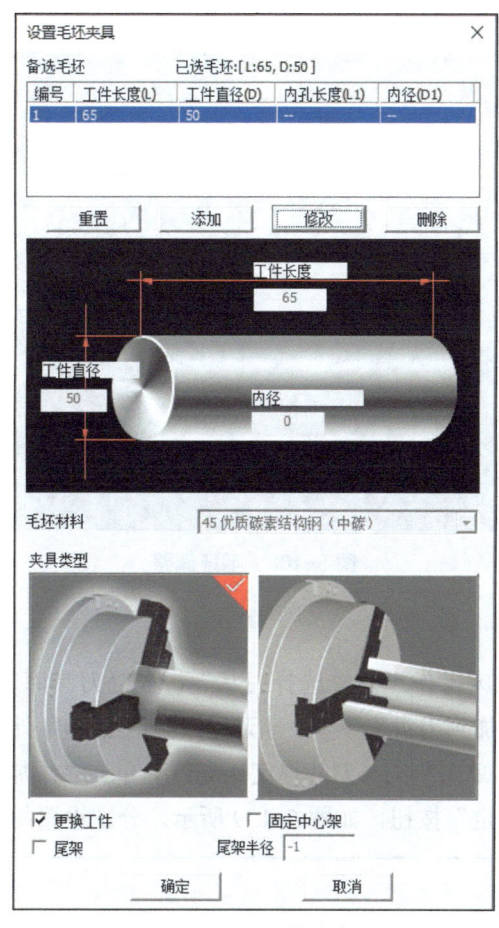

图 5-106 设置装夹参数

2）在工具栏中选择"二维模式"，如图 5-107 所示。在菜单栏中选择"工件操作"→"工件内移"，将毛坯调整到伸出工件长度为 50mm，如图 5-108 所示。

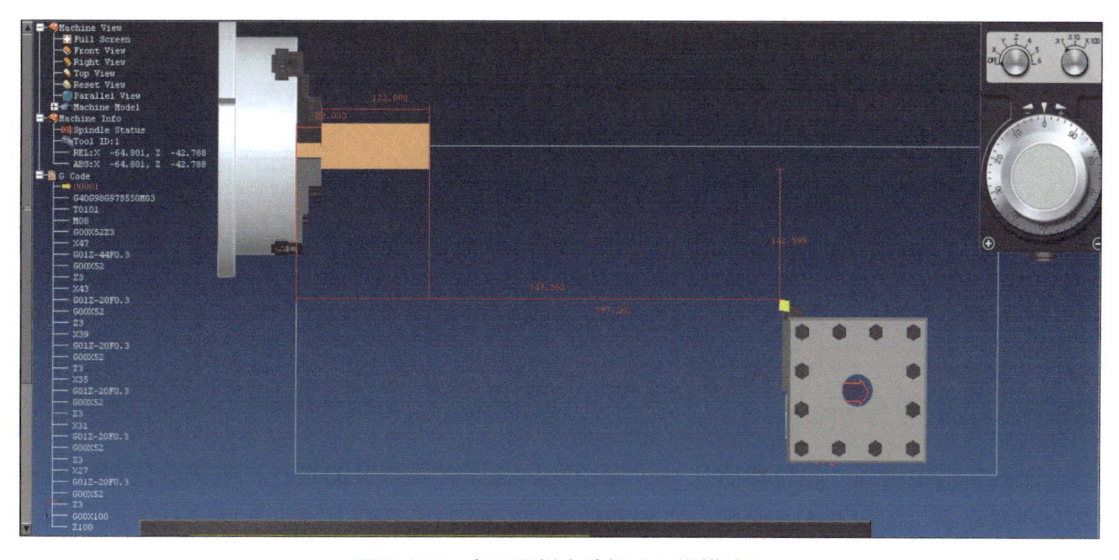

图 5-107 在工具栏中选择"二维模式"

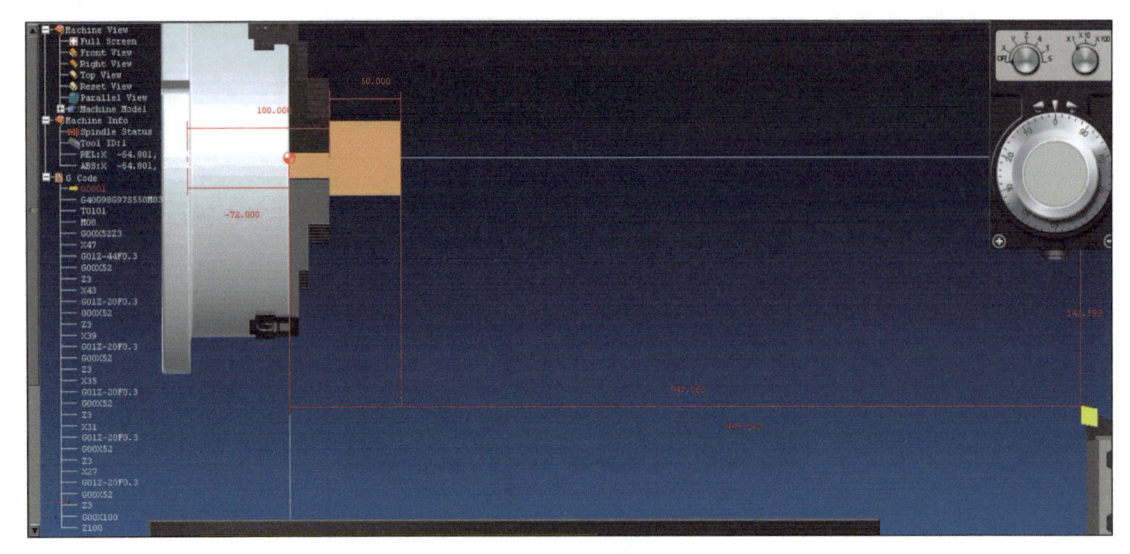

图 5-108 毛坯调整

7. 刀具的选择及安装

在菜单栏中选择"机床操作"→"选择刀具",在"刀具库管理"对话框中单击 93°外圆粗车车刀,单击"添加到刀盘"→"1 号刀位";单击 90°外圆精车车刀,单击"添加到刀盘"→"2 号刀位";单击割刀(刀片厚度 4mm),单击"添加到刀盘"→"3 号刀位",确认操作完成,单击"确定"按钮,如图 5-109 所示。分别设置每把刀具。

图 5-109 刀具的选择及安装

5.6.5 检测与分析

在菜单栏中选择"工件检查"→"直径",选择需要测量的直径,实测数值 20.00mm 符合图样要求,如图 5-110 所示;实测数值 38.00mm 符合图样要求,如图 5-111 所示;实测数值 46.00mm 符合图样要求,如图 5-112 所示。

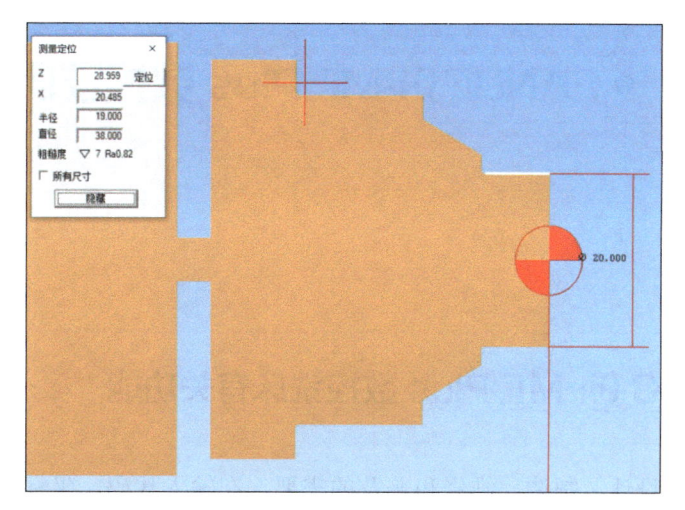

图 5-110　外圆直径尺寸检测与分析 1

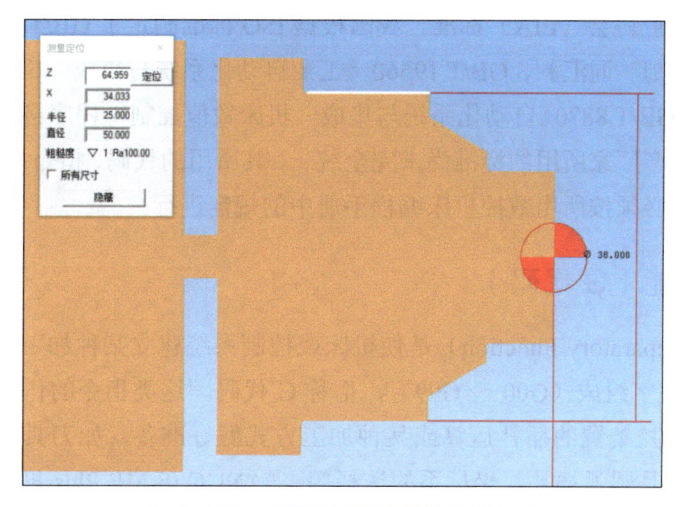

图 5-111　外圆直径尺寸检测与分析 2

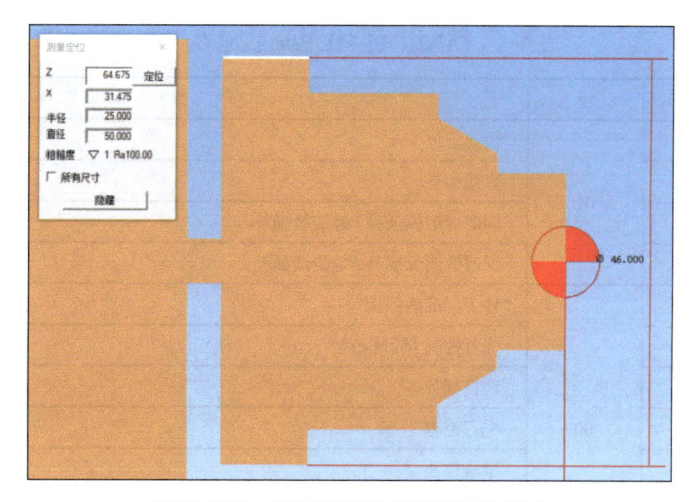

图 5-112　外圆直径尺寸检测与分析 3

第6章 FANUC 0i-MF Plus 数控铣床仿真实例

6.1 FANUC 0i-MF Plus 数控铣床有关功能

为了满足机床设计、制造、维修和普及的需要，在输入代码、坐标系统、加工指令、辅助功能及程序格式等方面，国际上已经形成了两种通用的标准，即国际标准化组织（ISO）标准和美国电子工业协会（EIA）标准。我国根据 ISO 标准制定了 GB/T 8129《工业自动化系统　机床数值控制　词汇》、GB/T 19660《工业自动化系统与集成　机床数值控制　坐标系和运动命名》及 GB/T 8870《自动化系统与集成　机床数值控制　程序格式和地址字定义》。但各个数控机床生产厂家所用的标准尚未完全统一，其所用的代码、指令及含义不完全相同，因此在编制程序时必须按所用数控机床编程手册中的规定进行。

6.1.1 准备功能（G 代码）

准备功能（Preparatory Function）是使机床或控制系统建立某种加工方式的命令，由大写字母 G 及两位数字组成（G00 ～ G99），俗称 G 代码。这类指令的作用是指定数控机床的加工方式，为数控装置的插补运算或某种加工方式做好准备，如刀具沿哪个坐标平面移动、轨迹以直线还是圆弧插补、坐标系的选择等。FANUC 0i-MF Plus 机床使用的准备功能见表 6-1。

表 6-1　FANUC 0i-MF Plus 机床 G 代码

G 代码	组	功能
▼G00	01	快速定位
▼G01		直线插补
G02		顺时针圆弧插补 / 螺旋线插补
G03		逆时针圆弧插补 / 螺旋线插补
G04	00	停刀，准确停止
G05.1		先行控制 / 轮廓控制
G07.1（G107）		圆柱插补
G08		先行控制
G09		准确停止
G10		可编程数据输入
G11		可编程数据输入方式取消

（续）

G 代码	组	功能
▼ G15	17	极坐标指令取消
G16		极坐标指令
▼ G17	02	选择 XY 平面
▼ G18		选择 ZX 平面
▼ G19		选择 YZ 平面
G20	06	英寸输入
G21		毫米输入
▼ G22	04	存储行程检测功能有效
G23		存储行程检测功能无效
G27	00	返回参考点检测
G28		返回参考点
G29		从参考点返回
G30		返回第 2、3、4 参考点
G31		跳转功能
G33	01	螺纹切削
G37	00	自动刀具长度测量
G39		拐角偏置圆弧插补
▼ G40	07	刀具半径补偿取消/三维补偿取消
G41		左侧刀具半径补偿/三维补偿
G42		右侧刀具半径补偿
▼ G40.1（G150）	19	法线方向控制取消方式
G41.1（G151）		法线方向控制左侧接通
G42.1（G152）		法线方向控制右侧接通
G43	08	正向刀具长度补偿
G44		负向刀具长度补偿
G45	00	刀具偏置值增加
G46		刀具偏置值减小
G47		2 倍刀具偏置值
G48		1/2 倍刀具偏置值
▼ G49	08	刀具长度补偿取消
▼ G50	11	比例缩放取消
G51		比例缩放有效
▼ G50.1	22	可编程镜像取消
G51.1		可编程镜像有效
G52	00	局部坐标系设定
G53		选择机床坐标系
▼ G54	14	选择工件坐标系 1
G54.1		选择附加工件坐标系

（续）

G 代码	组	功能
G55	14	选择工件坐标系 2
G56		选择工件坐标系 3
G57		选择工件坐标系 4
G58		选择工件坐标系 5
G59		选择工件坐标系 6
G60	00/01	单方向定位
G61	15	准确停止方式
G62		自动拐角倍率
G63		攻螺纹方式
▼G64		切削方式
G65	00	宏程序调用
G66	12	宏程序模态调用
▼G67		宏程序模态调用取消
G68	16	坐标旋转/三维坐标转换
▼G69		坐标旋转取消/三维坐标转换取消
G73	09	排屑钻孔循环
G74		左旋攻螺纹循环
G76		精镗循环
▼G80		固定循环取消/外部操作功能取消
G81		钻孔循环、锪镗循环或外部操作功能
G82		钻孔循环或反镗循环
G83		排屑钻孔循环
G84		攻螺纹循环
G85		镗孔循环
G86		镗孔循环
G87		背镗循环
G88		镗孔循环
G89		镗孔循环
▼G90	03	绝对值编程
▼G91		增量值编程
G92	00	设定工件坐标系
G92.1		工件坐标系预置
▼G94	05	每分钟进给
G95		每转进给
G96	13	恒表面速度控制
▼G97		恒表面速度控制取消
▼G98	10	固定循环返回到初始点
G99		固定循环返回到 R 点

从表 6-1 可知，G 代码被分成了不同的组。在 00 组 G 代码中，除了 G10 和 G11 以外，其他都是非模态 G 代码。所谓模态 G 代码，是指这些 G 代码不只在当前的程序段中起作用，而且在以后的程序段中一直起作用，直到程序中出现另一个同组的 G 代码为止。同组的模态 G 代码控制同一个目标但起不同的作用，它们之间是不相容的。00 组的大部分 G 代码是非模态的，这些 G 代码只在它们所在的程序段中起作用。标有▶的 G 代码是数控系统启动后默认的初始状态。对于 G20、G21 指令，数控系统启动后默认的初始状态由系统参数指定。

当指定 G 代码表中未列出的 G 代码或指定一个未选择功能的 G 代码时，输出 P/S 报警 No.010。

可以在同一程序段中指定多个不同组的 G 代码。如果在同一程序段中指定了多个同组的 G 代码，则仅执行最后指定的 G 代码。

如果在固定循环中指定了 01 组的 G 代码，则固定循环被取消，这与指令 G80 的状态相同。注意，01 组 G 代码不受固定循环 G 代码的影响。

6.1.2 辅助功能（M 代码）

辅助功能也称为 M 代码，用来控制数控机床的辅助动作，由机床配电柜中继电器的分合来控制，如主轴正、反转，切削液开、关，工件的夹紧、松开，程序结束等。辅助功能指令由地址 M 及后面的 2 位或 3 位数字组成，如 M00～M99。M 功能常因数控系统生产厂家和机床结构和规格的不同而有所差别，所以，在编程之前应阅读所使用机床的编程说明书。一般情况下，一个程序段中只能有一个 M 指令（参数 No.3404/7=0），如果指定了多个，则后写的有效。FANUC 0i-MF Plus 机床使用的辅助功能 M 代码见表 6-2。

表 6-2 FANUC 0i-MF Plus 机床 M 代码

M 代码	功能
M00	程序停止
M01	选择停止
M02	程序结束
M03	主轴正转
M04	主轴反转
M05	主轴停止
M06	换刀
M08	切削液开
M09	切削液关
M19	主轴定向停止
M30	程序结束，控制返回到程序的开头
M98	子程序调用
M99	子程序结束 / 重复执行
M198	调用子程序

6.1.3 绝对值编程与增量值编程

数控铣床有两种指定刀具运动的方法：绝对值指令和增量值指令。绝对值指令使刀具移动到"距坐标系零点某一距离"的点，即刀具移动到坐标值的位置；增量值指令使刀具以一定的位移量从前一个位置移动到下一个位置。

在绝对值指令模态下，指定的是运动终点在当前坐标系中的坐标值；而在增量值指令模态下，指定的则是各轴运动的距离。G90 和 G91 这对指令分别用来选择使用绝对值模式或增量值模式。

图 6-1 所示的实例可以帮助我们更好地理解绝对值方式和增量值方式的编程。

G90 编程：
G90 X110 Y30;
G90 X40 Y80;

G91 编程：
G91 X110 Y30;
G91 X-30 Y50;

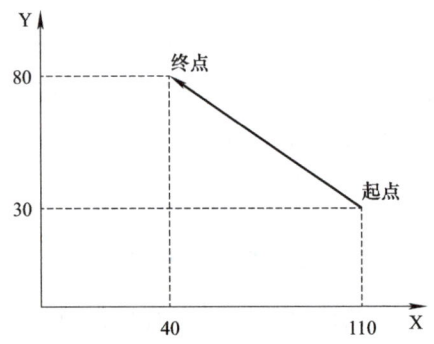

图 6-1 绝对值编程与增量值编程

6.1.4 插补功能

1. 快速定位（G00）

格式：G00 X__ Y__ Z__

刀具以快速移动速度移动到用绝对值指令或增量值指令指定的工件坐标系中的位置，一般在刀具非加工状态的快速移动时使用。该指令只是快速定位，其运动轨迹因具体的控制系统不同而异，进给速度 F 对 G00 指令无效。快速定位用参数 No.1401 的第 1 位（LRP），可以选择非直线插补定位或直线插补定位，如图 6-2 所示。

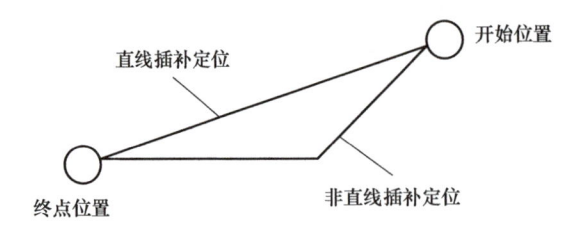

图 6-2 快速定位和直线插补

2. 直线插补（G01）

格式：G01 X__ Y__ Z__ F__;

刀具以 F 指定的进给速度沿直线移动到指定的位置。直到新的值被指定之前，F 指定的进给速度一直有效，因此无须对每个程序段都指定 F 值，如图 6-3 所示。

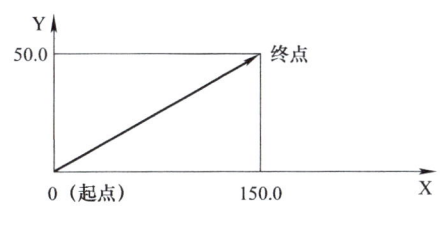

图 6-3 直线插补编程示例

从起点至终点的程序为：

G01 X150.0 Y50.0 F200；

3．圆弧插补（G02/G03）

下面所列的指令可以使刀具沿圆弧轨迹运动：

在 XY 平面

G17{G02/G03}X__Y__{（I__J__）/R__}F__；

在 XZ 平面

G18{G02/G03}X__Z__{（I__K__）/R__}F__；

在 YZ 平面

G19{G02/G03}Y__Z__{（J__K__）/R__}F__；

上面指令中字母的解释见表 6-3。

表 6-3 相关指令说明表

指令	说明
G17	指定 XY 平面上的圆弧
G18	指定 ZX 平面上的圆弧
G19	指定 YZ 平面上的圆弧
G02	圆弧插补（顺时针方向）
G03	圆弧插补（逆时针方向）
X	X 轴或它的平行轴的指令值
Y	Y 轴或它的平行轴的指令值
Z	Z 轴或它的平行轴的指令值
I	X 轴从起点到圆弧圆心的距离（带符号）
J	Y 轴从起点到圆弧圆心的距离（带符号）
K	Z 轴从起点到圆弧圆心的距离（带符号）
R	圆弧半径（带符号）
F	沿圆弧的进给速度

这里的圆弧方向，对于 XY 平面来说，是由 Z 轴的正向往 Z 轴的负向看 XY 平面所看到的圆弧方向。同样，对于 XZ 平面或 YZ 平面来说，观测的方向则应该是从 Y 轴或 X 轴的正向到 Y 轴或 X 轴的负向（适用于右手坐标系，如图 6-4 所示）。

用地址 X、Y 或 Z 指定圆弧的终点，并且根据 G90 或 G91 用绝对值或增量值表示。若为增量值，则该值为从圆弧起点向终点方向的距离。

用地址 I、J 和 K 分别指定 X、Y 和 Z 轴向的圆弧中心位置。I、J 或 K 后的数值是从起点向圆弧中心方向的矢量分量，并且，不管由 G90 指定还是由 G91 指定均为增量值，如图 6-5 所示。

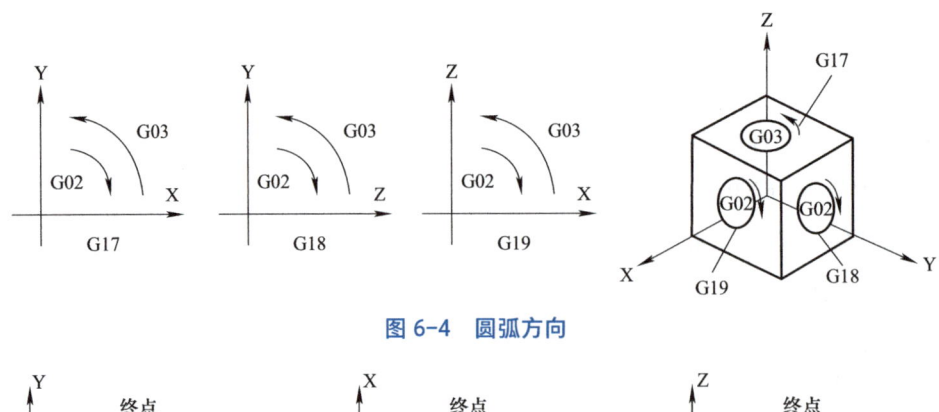

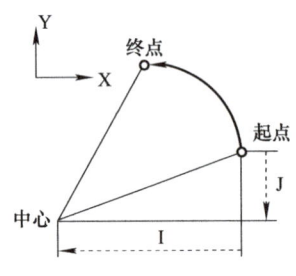

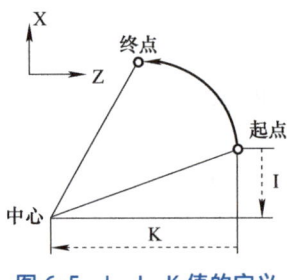

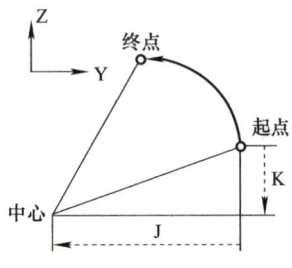

图 6-4 圆弧方向

图 6-5 I、J、K 值的定义

I、J 和 K 必须根据方向指定其符号（正或负）。

I、J 和 K 可以省略。当 X、Y 或 Z 省略（终点与起点相同），并且中心用 I、J 和 K 指定时，移动轨迹为 360°的圆弧（整圆）。

例如：G02 I_；指定一个整圆。

如果在起点和终点之间的半径差在终点超过了系统参数中的允许值，则机床报警。

对一段圆弧进行编程，除了用给定终点位置和圆心位置的方法外，还可以用给定半径和终点位置的方法，用地址 R 来指定半径值，替代给定圆心位置的地址。在这种情况下，如果圆弧小于 180°，半径 R 为正值；如果圆弧大于 180°，半径 R 用负值指定，如图 6-6 所示。如果 X、Y 或 Z 全都省略，即终点和起点位于相同位置，并且指定 R 时，程序编制出的圆弧为 0°。编程一个整圆一般使用给定圆心的方法，如果必须用 R 来表示，可将整圆打断为 4 个部分，每个部分小于 180°。

圆弧①（小于 180°）程序：

G91 G02 X60 Y20 R60 F300

圆弧②（大于 180°）程序：

G91 G02 X60 Y20 R-60 F300

如果同时指定地址 I、J、K 和 R，用地址 R 指定的圆弧优先，其他都被忽略。如果指定了不在指定平

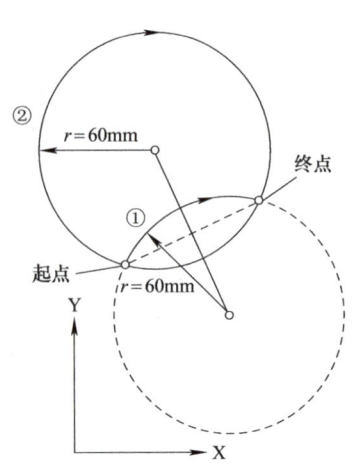

图 6-6 圆弧正、负值的区别

面的轴，则显示报警。

例如，图 6-7 所示为刀具轨迹从起点至终点。

（1）绝对值编程

G92 X150 Y40 Z0;
G90 G03 X90 Y100 R60 F300;
G02 X70 Y60 R50;

或

G92 X150 Y40 Z0;
G90 G03 X90 Y100 I-60 F300;
G02 X70 Y60 I-50;

（2）增量值编程

G91 G03 X-60 Y60 R60 F300;
G02 X-20 Y-40 R50;

或

G91 G03 X-60 Y60 I-60 F300;
G02 X-20 Y-40 I-50;

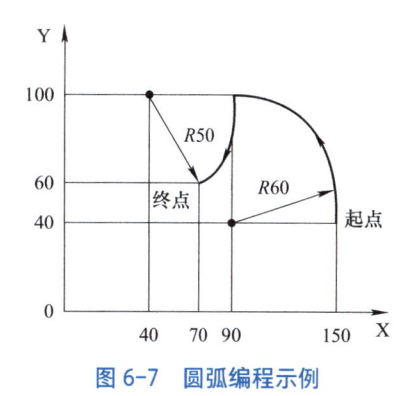

图 6-7 圆弧编程示例

6.1.5 坐标系

编程人员在开始编程时，一般并不知道被加工零件在机床上的位置，他通常以工件上的某个点作为零件程序的坐标系原点，当被加工零件装夹到机床工作台上以后，再将机床坐标系原点偏移到与编程使用的原点重合的位置进行加工。所以，坐标系原点偏移功能对于数控机床来说是非常重要的。

用编程指令可以使用下列三种坐标系：①机床坐标系；②工件坐标系；③局部坐标系。

1. 选用机床坐标系（G53）

格式：（G90）G53 X__ Y__ Z__ ;

该指令使刀具以快速进给速度运动到机床坐标系中 X、Y、Z 指定的坐标值位置，一般在 G90 模态下执行。G53 指令是一条非模态的指令，也就是说它只在当前程序段中起作用。

机床坐标系原点与机床参考点之间的距离由参数设定，如无特殊说明，各轴参考点与机床坐标系原点重合。

刀具根据这个命令执行快速移动到机床坐标系的 X、Y、Z 位置。G53 是非模态指令，它仅在当前程序段中起作用。此外，它在绝对指令（G90）中有效，在增量指令（G91）中无效。为了把刀具移动到机床固有的位置，如换刀位置，程序应当用 G53 指令在机床坐标系中开发。

注意：

1）刀具直径偏置、刀具长度偏置和刀具位置偏置应当在它的 G53 指令调用之前提前取消，否则机床将按照设置的偏置值移动。

2）在执行 G53 指令之前，必须手动或者用 G28 指令让机床返回原点。这是因为机床坐标系必须在 G53 指令发出之前设定。

2. 使用预置的工件坐标系（G54～G59）

在机床中，我们可以预置 6 个工件坐标系，通过数控系统面板上的 MDI 面板设置每一个工件坐标系原点相对于机床坐标系原点的偏移量，然后使用 G54～G59 指令来选用它们。G54～G59 都是模态指令，分别对应预置工件坐标系 1～6。

例如，使用 G55 指令选用如图 6-8 所示的工件坐标系 2，程序如下：

G90 G55 G00 X40 Y80

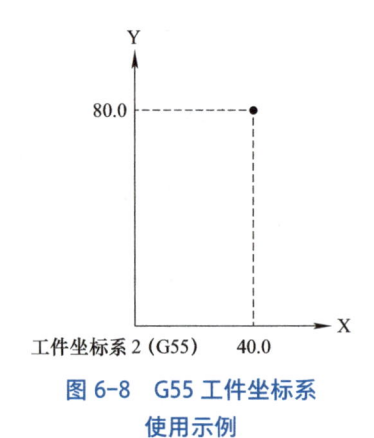

图 6-8　G55 工件坐标系使用示例

6.1.6　FANUC 0i-MF 系统的程序结构

程序是为使机床能按照要求运动而编写的数控指令的集合。程序由三部分构成：程序名、程序内容和程序结尾。程序内容由若干程序段组成，程序段由段号和程序字组成，程序字由地址符和数字组成。

1. 程序名

系统内存可以存储多个程序，为了相互区分，在程序的开头就必须冠以程序名。FANUC 系统的程序名由大写英文字母 O 及后面的 4 位数字组成，可以编写的范围是 O0001～O9999。O0000 为系统占用，用于在 MDI 方式下输入程序。

2. 程序段

一个加工程序由许多程序段构成，程序段是构成加工程序的基本单位。程序段由一个或更多的词构成并以程序段结束符（"EOB"键，ISO 代码为 LF，EIA 代码为 CR，屏幕显示为"；"）作为结尾。另外，一个程序段的开头可以有一个可选的顺序号 N×××× 用来标识该程序段。一般来说，顺序号有两个作用：一是运行程序时便于监控程序的运行情况，因为在任何时候，程序号和顺序号总是显示在显示器的右上角；二是在分段跳转时，必须使用顺序号来标识调用或跳转位置。必须注意，程序段执行的顺序只与它们在程序存储器中所处的位置有关，而与它们的顺序号无关。也就是说，如果顺序号为 N20 的程序段出现在顺序号为 N10 的程序段前面，也一样先执行顺序号为 N20 的程序段。如果某一程序段的第一个字符为"/"，则表示该程序段为条件程序段，即可选跳段开关在上位时，不执行该程序段，而可选跳段开关在下位时，该程序段才能被执行。

3. 程序字

程序字由地址符（英文字母）和数字组成。地址决定功能，为了便于编写和检查，程序段中的程序字排列最好一致，相关地址符的取值范围见表 6-4。

表 6-4 地址符的取值范围

功能	地址	取值范围	含义
顺序号	N	1～9999	顺序号
准备功能	G	00～99	指定数控功能
尺寸定义	X,Y,Z	±99999.999mm	坐标位置值
进给速度	F	1～100 000mm/min	指定进给速度
主轴转速	S	1～32000r/min	指定主轴转速
选刀	T	0～99	刀具号
辅助功能	M	0～99	辅助功能 M 代码号

4．程序结尾

程序的最后必须用"M02"或"M30"等指令结束，否则系统会发出报警。

图 6-9 所示为常见程序结构。

```
O0001;              程序名
G21 G40 G49 G54;    程序段
  ⋮                 程序段
G01 Z-1 F200;       程序段
  ⋮                 程序段
M05;                程序段
M30;                程序结尾
```

图 6-9 常见程序结构

通常，在程序段结束代码（；）之后的程序开头指定程序号，在程序的结尾指定程序结束代码（M02 或 M30）。

5．主程序与子程序

加工程序分为主程序和子程序。一般而言，数控系统执行主程序的指令，但当执行到一条子程序调用指令时，则转向执行子程序，在子程序中执行到返回指令时，再回到主程序。

当加工程序需要多次运行一段同样的轨迹时，可以将这段轨迹编成子程序存储在机床的程序存储器中，每次在程序中需要执行这段轨迹时便可以调用该子程序。

当一个主程序调用一个子程序时，该子程序可以调用另一个子程序，这样的情况称为子程序的两重嵌套。一般机床可以允许最多达四重的子程序嵌套。在调用子程序指令中，可以重复执行所调用的子程序，最多达 999 次。

子程序结构如图 6-10 所示。

在程序的开始，应该有一个由地址 O 指定的子程序号；在程序的结尾，返回主程序的指令 M99 是必不可少的。M99 可以不必出现在一个单独的程序段中，作为子程序的结尾，下面的程序段也是可以的：

```
O××××;       子程序号
…………;
…………;      子程序内容
…………;
…………;
M99;          返回主程序
```

图 6-10 子程序结构

G90 G00 X0 Y100. M99;

在主程序中，调用子程序的程序段应包含如下内容：

M98 P×××××××；

在这里，地址 P 后面所跟的数字中，后四位用于指定被调用的子程序的程序号，前三位用于指定调用的重复次数。

M98 P51002；调用 1002 号子程序，重复 5 次。

M98 P1002；调用 1002 号子程序，重复 1 次。

M98 P50004；调用 4 号子程序，重复 5 次。

包含子程序调用的主程序，程序执行顺序如图 6-11 所示。

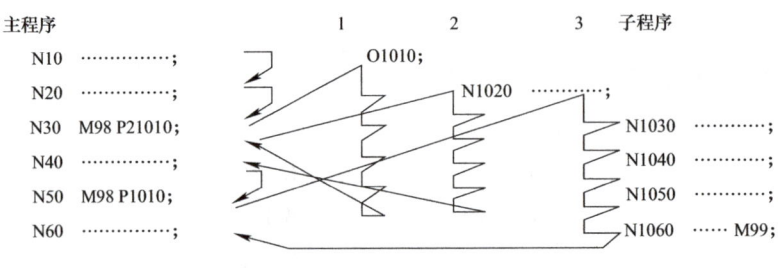

图 6-11　子程序的嵌套

与其他 M 代码不同，M98 和 M99 执行时，不向机床发送信号。

当数控系统找不到地址 P 指定的程序号时，发出 PS078 报警。

子程序调用指令 M98 不能在 MDI 方式下执行，如果需要单独执行一个子程序，可以在程序编辑方式下编辑如下程序，并在自动运行方式下执行。

××××；
M98 P××××；
M02（或 M30）；

在 M99 返回主程序指令中，可以用地址 P 来指定一个顺序号，当这样的一个 M99 指令在子程序中被执行时，返回主程序后并不执行紧接着调用子程序的程序段后的那个程序段，而是转向执行地址 P 指定的顺序号的那个程序段，如图 6-12 所示。

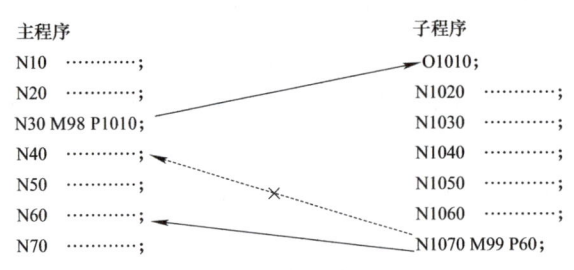

图 6-12　返回主程序的目标行

这种主 - 子程序的执行方式只有在程序存储器中的程序能够使用，在 DNC 方式下不能使用。

如果 M99 指令出现在主程序中，执行到 M99 指令时，将返回程序头，重复执行该程序。这种情况下，如果 M99 指令中出现地址 P，则执行该指令时，跳转到地址 P 指定的顺序号的程序段。大部分情况下，我们将该功能与可选跳段功能联合使用，如图 6-13 所示。

```
N10 ………… ;
N20 ………… ;
N30 ………… ;        ← 可选跳段开关置于上位时
/N40 M99 P20;
N50 ………… ;
N60 ………… ;
N70 M02;
```
可选跳段开关置于下位时

图 6-13　M99 指令的特殊用法

当可选跳段开关置于下位时，跳段标识符不起作用，M99 P20 被执行，跳转到 N20 程序段，重复执行 N20 及 N30（如果 M99 指令中没有 P20，则跳转到程序头，即 N10 程序段）；当可选跳段开关置于上位时，跳段标识符起作用，该程序段被跳过，N30 程序段执行完毕后执行 N50 程序段，直到 N70 M02，结束程序的执行。值得注意的一点是，如果包含 M02、M30 或 M99 的程序段前面有跳段标识符"/"，则该程序段不被认为是程序的结束。

6. 宏程序

宏程序非模态调用指令为 G65。当指定 G65 时，调用以地址 P 指定的用户宏程序，数据（自变量）能传递到用户宏程序中，指令格式如下所示：

G65 P<p> L<l>< 自变量赋值 >;
<p>：要调用的程序号
<l>：重复次数（默认值为 1）
< 自变量赋值 >：传递到宏程序的数据

使用方法如图 6-14 所示。

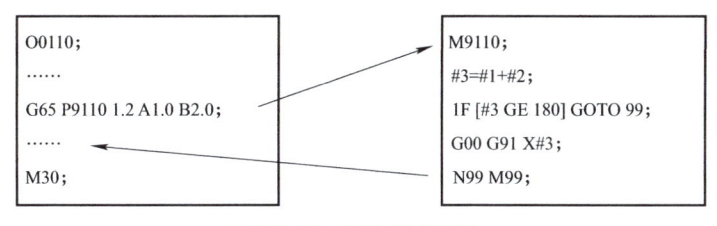

```
O0110;                    M9110;
……                       #3=#1+#2;
G65 P9110 L2 A1.0 B2.0;   IF [#3 GE 180] GOTO 99;
……                       G00 G91 X#3;
M30;                      N99 M99;
```

图 6-14　G65 指令用法

（1）调用说明

1）在 G65 之后，用地址 P 指定用户宏程序的程序号。

2）任何自变量前必须指定 G65。

3）当要求重复时，在地址 L 后指定重复次数 1～9999；省略 L 值时，默认 L 值等于 1。

4）使用自变量指定（赋值），其值被赋给宏程序中相应的局部变量。

（2）自变量赋值　若要向用户宏程序本体传递数据，须由自变量赋值来指定，其值可以有符号和小数点，且与地址无关。

宏程序本体使用的是局部变量（#1～#33，共有 33 个），与其对应的自变量赋值共有两种类型：自变量指定 I 使用除 G、L、O、N 和 P 以外的字母，每个字母指定一次；自变量指定 II 使用 A、B、C 和 Ii、Ji 和 Ki（i 为 1～10）。根据使用的字母，自动决定自变量指定的类型，见表6-5。

表6-5 自变量赋值表

自变量 赋值Ⅰ地址	用户宏程序 本体中的变量	自变量 赋值Ⅱ地址	自变量 赋值Ⅰ地址	用户宏程序 本体中的变量	自变量 赋值Ⅱ地址
A	#1	A	S	#19	I6
B	#2	B	T	#20	J6
C	#3	C	U	#21	K6
I	#4	I1	V	#22	I7
J	#5	J1	W	#23	J7
K	#6	K1	X	#24	K7
D	#7	I2	Y	#25	I8
E	#8	J2	Z	#26	J8
F	#9	K2		#27	K8
—	#10	I3		#28	I9
—	#11	J3		#29	J9
H	#12	K3		#30	K9
M	#13	I4		#31	I10
—	#14	J4		#32	J10
—	#15	K4		#33	K10
—	#16	I5			
Q	#17	J5			
R	#18	K5			

（3）运算功能

1）运算符号见表6-6。

表6-6 运算符号表

运算符	含义	英文注释
EQ	等于（=）	Equal
NE	不等于（≠）	Not Equal
GT	大于（>）	Great Than
GE	大于或等于（≥）	Great than or Equal
LT	小于（<）	Less Than
LE	小于或等于（≤）	Less than or Equal

2）转移功能。

① 无条件转移。格式为

GOTO+ 目标段号（不带N）

控制转移到目标段号所在位置。当目标段号超出 1～9999 的范围时，会产生报警。

例如：GOTO 50，当执行该程序时，将无条件转移到 N50 程序段。

② 有条件转移。在 IF 后指定一条件，当条件满足时，转移到目标段号 N 所在程序段，不满足则执行下一程序段。格式为

IF+[条件表达式]+GOTO+ 目标段号

6.2 槽类零件加工仿真实例（G01）

零件外形如图 6-15 所示，以工件上表面中心定位，槽宽为 12mm，槽深为 7mm，试编制工件加工程序，不考虑刀具补偿。

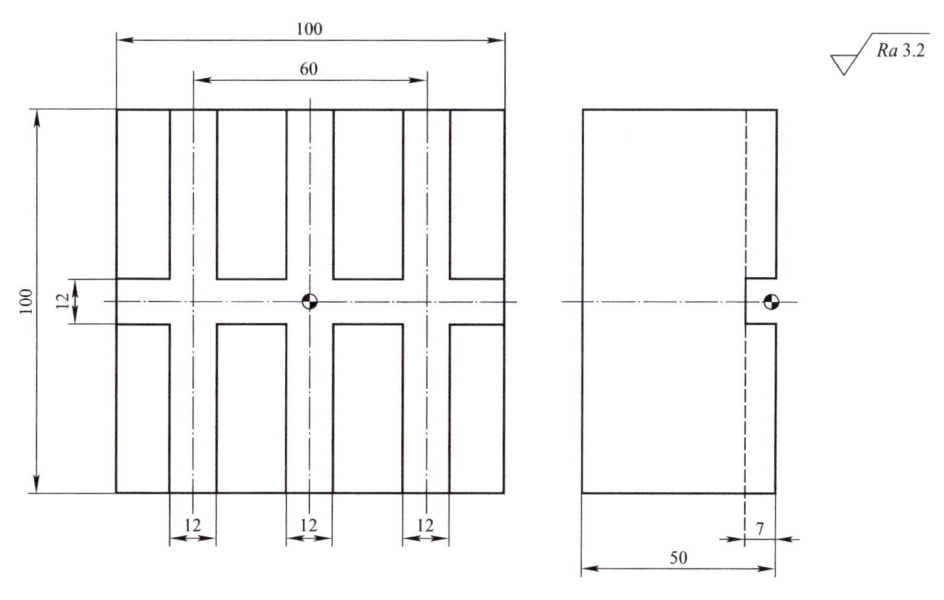

图 6-15 槽类零件外形

6.2.1 工艺分析

1）工件坐标系预设为 G54，选择零件中心为编程原点，水平向右为 X 轴正向，竖直向上为 Y 轴正向，垂直于纸面向上为 Z 轴正向，工件的上表面定为 Z0。

2）需要加工的部分为图 6-15 所示深度为 7mm 的槽。

6.2.2 走刀路线

铣削槽的刀具轨迹为 A—B—C—D—E—F—G—H，如图 6-16 所示。

图 6-16 走刀路线

6.2.3 刀具选择

零件材料为硬铝，加工采用的刀具参数见表 6-7。

表 6-7 刀具参数

刀具号码	刀具名称	刀具材料	刀具直径 /mm	转速 /(r/min)	径向进给速度 /(mm/min)	轴向进给速度 /(mm/min)	备注
T1	端铣刀	高速钢	$\phi 12$	800	200	200	槽铣刀

6.2.4 加工程序

加工程序见表 6-8。

表 6-8 加工程序

程序内容	说明
O0001;	程序名
G21 G40 G49 G54;	程序初始化
M03 S800;	主轴正转,转速为 800r/min
G43 G00 Z100 H1;	调用 1 号刀具长度补偿,定位到安全平面
X-58 Y0 Z10;	快速定位至起刀点 A
G01 Z-1 F200;	Z 向切削深度 1mm
X58;	
G00 Z10;	A→B 铣削完抬刀
X30 Y58;	
G01 Z-1 F200;	C→D 铣削下刀
Y-58;	
X0;	
Y58;	
X-30;	
Y-58;	
G00 Z100;	铣削完成抬刀
M05;	主轴停止
M30;	程序结束,并返回程序头

6.2.5 操作过程

1)打开斯沃数控软件,选择"FANUC 0i-MF Plus",单击"运行"按钮,如图 6-17 所示。

扫一扫,看视频

2)单击机床操作面板中的启动按钮启动机床,启动后单击急停按钮解除警报,如图 6-18 所示。

3)在主界面选择"机床操作"→"选择刀具"(快捷键 Ctrl+T),打开"刀具库管理"对话框,如图 6-19 所示。

第 6 章 FANUC 0i-MF Plus 数控铣床仿真实例

图 6-17 启动界面

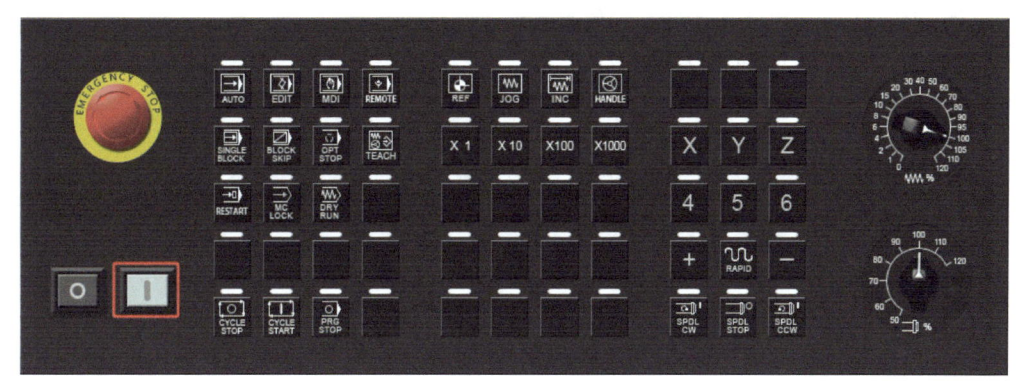

图 6-18 开机选择

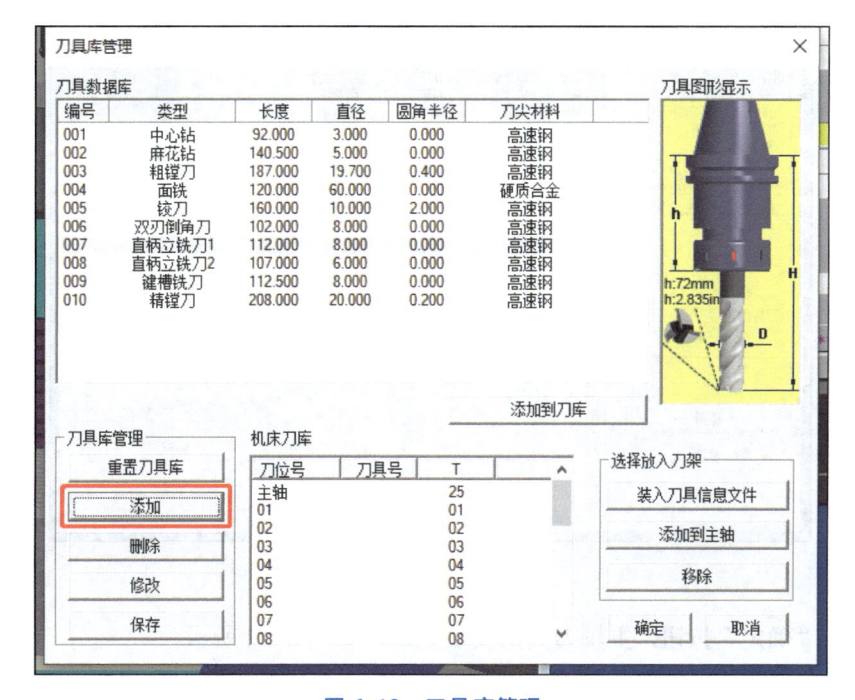

图 6-19 刀具库管理

4）单击"添加"按钮打开"添加刀具"对话框，如图6-20所示。

5）单击"直柄端铣刀"按钮，"直径"输入12，"刀杆长度"输入100（刀杆长度包含刀柄长度加铣刀伸出长度），最后单击"确定"按钮完成刀具的创建。

6）在"刀具数据库"中选择刚创建的"直柄端铣刀"，单击右边的"添加到刀库"按钮，将其添加到"主轴刀位"，如图6-21所示。

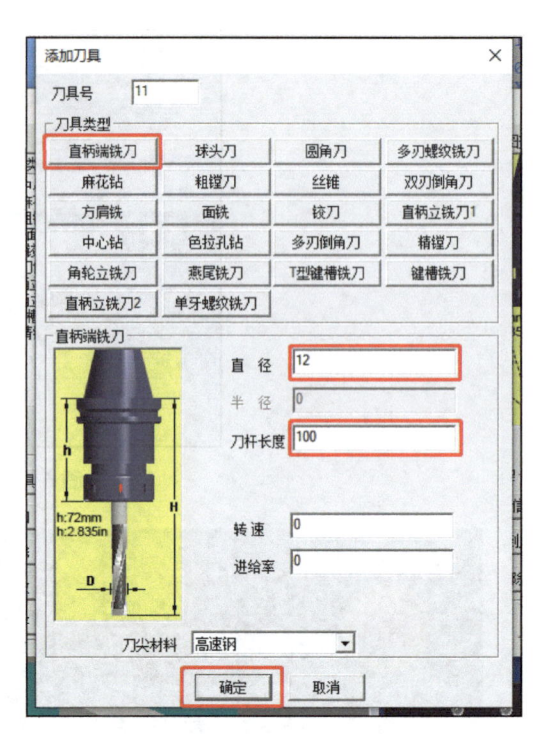

图6-20 添加刀具

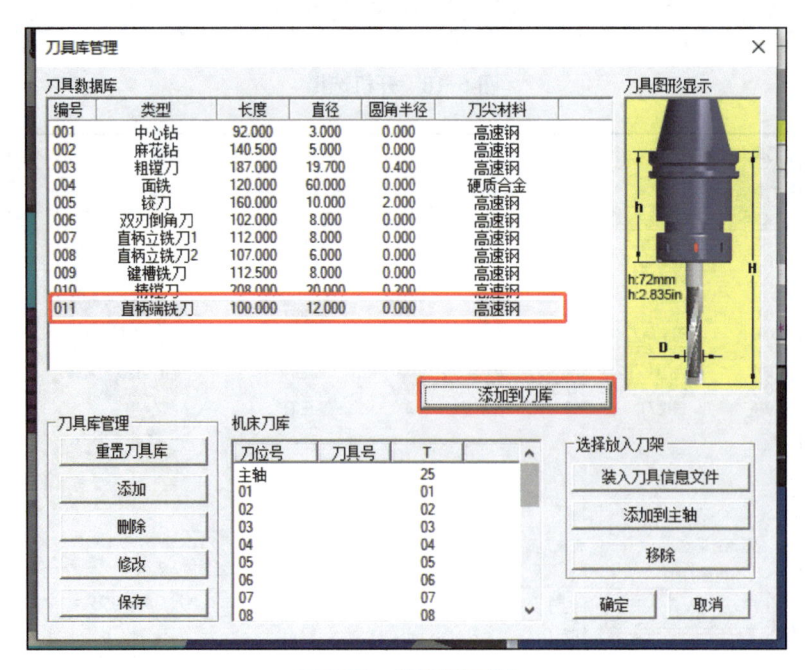

图6-21 添加到刀库

7）单击"确定"按钮，主轴刀具则安装完成，如图6-22所示。

8）设置毛坯尺寸：到主界面单击"工件操作"→"毛坯选择"，如图6-23所示。

图 6-22 模拟主轴刀具装夹

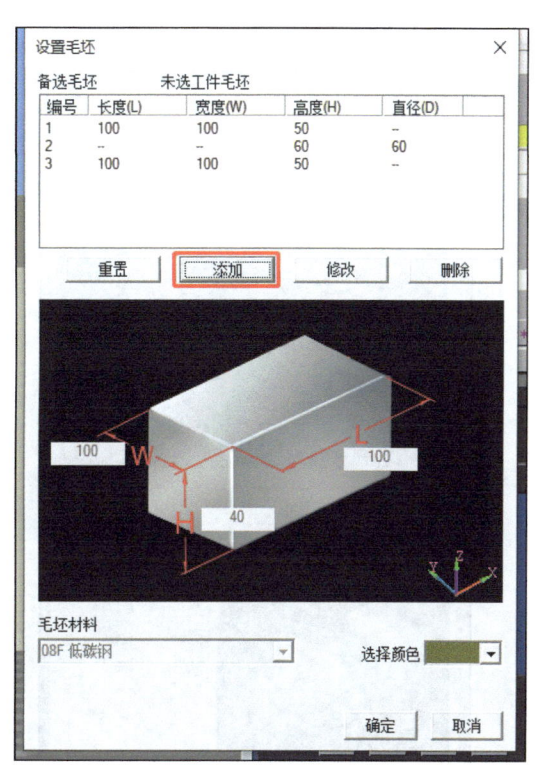

图 6-23 毛坯选择

9）单击"添加"按钮，设置毛坯的长、宽、高，毛坯材料为 2A12 铝，单击"确定"按钮，如图 6-24 所示。

10）在备选毛坯中选择刚刚创建的毛坯，单击"确定"按钮。

11）在主界面单击"工件操作"→"工件装夹"，选择"平口钳装夹"，单击"加紧上下调整"中的向上箭头，使工件伸出长度为 30mm，然后单击"确定"按钮，如图 6-25 所示。设置完成后如图 6-26 所示。

12）对刀。

X/Y 轴对刀：

① 单击操作面板上的"MDI"按钮，按数控系统面板上的"PROG"按钮，输入"M03S400;"，按数控系统面板上的"INSERT"插入键，单击操作面板上的"CYCLE START"循环启动键启动主轴。

② 单击"HANDLE"键进入手轮进给方式，让刀具慢慢接触到工件左侧，直到发现有少许切屑为止，然后单击数控系统面板上的"POS"键，单击显示屏下方"相对"所对应的软键，输入"X"选择"起源"后单击"执行"按钮。此时相对坐标中 X 值会变成"X0"，

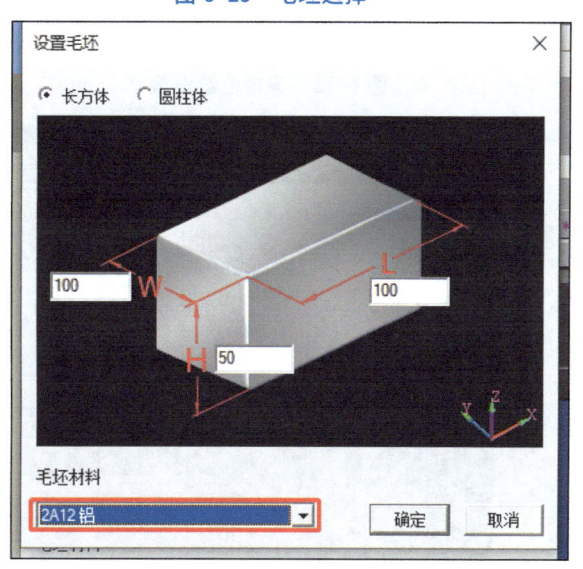

图 6-24 设置毛坯尺寸

如图 6-27 所示。

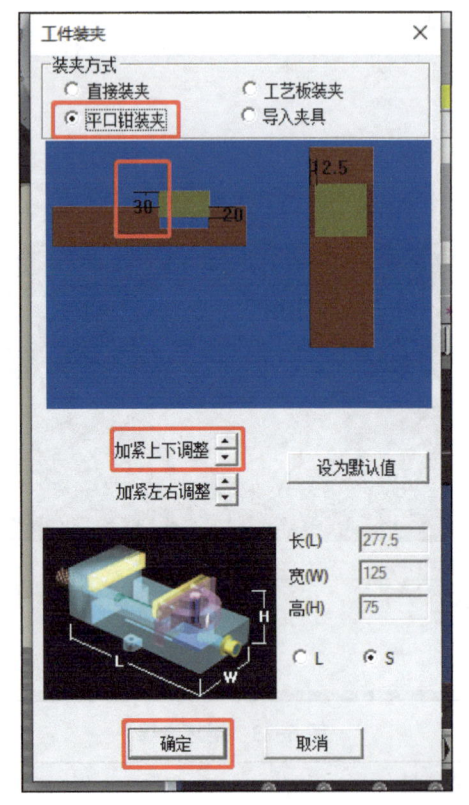

图 6-25 夹持位置设置

图 6-26 模拟机床毛坯装夹方式

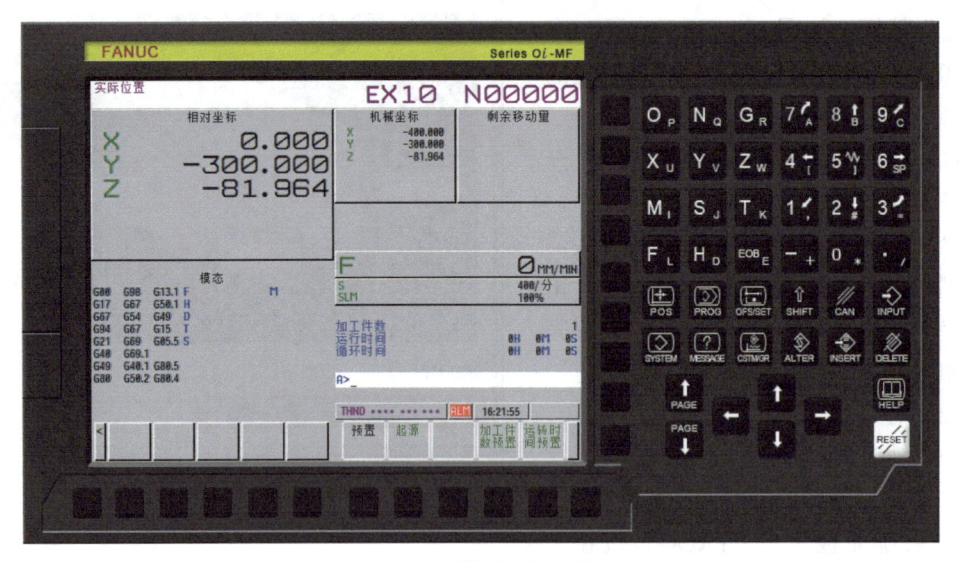

图 6-27 X 轴对刀起源设置

③ 抬起刀具至工件上表面之上，快速移动，让刀具靠近工件右侧。

④ 单击"HANDLE"键进入手轮进给方式，让刀具接触工件右侧，直到发现有少许切屑为止，记下此时机械坐标中的 X 坐标值，如 111.6，然后进行以下操作：选择"OFS/SET"，单击显示屏下方"工件坐标系"所对应的软键，移动光标将黄色的框移动至 G54 选

项中,输入"X55.8"选择"测量",此时工件坐标系 G54 栏中的 X 值为 -400.00,绝对坐标中的 X 值会变成"X55.8"。

注:Y 轴对刀先碰工件后面,再碰工件前面,其余操作与 X 轴对刀一致。

Z 轴对刀:

① 启动主轴正转,快速移动将刀具移动到工件上表面附近。

② 改用手轮操作模式,让刀具慢慢接触到工件上表面,直到发现有少许切屑为止,然后进行以下操作:选择"OFS/SET",单击显示屏下方"刀偏"所对应的软键,移动光标将黄色的框移动至 001 号"形状"一栏,观察显示屏右侧机械坐标中的 Z 值,如为 -145.099,则将该值输入 001 号"形状"位置,如图 6-28 所示。

图 6-28 刀具长度补偿设置

13)单击数控操作面板上的"EDIT"键,按下系统面板中的"PROG"键,进入程序编辑面板,将上面程序输入系统。

14)单击"AUTO"键,单击"程序检查"软键,可以监控程序。按下"CYCLE START"循环启动键启动程序,如图 6-29 所示。

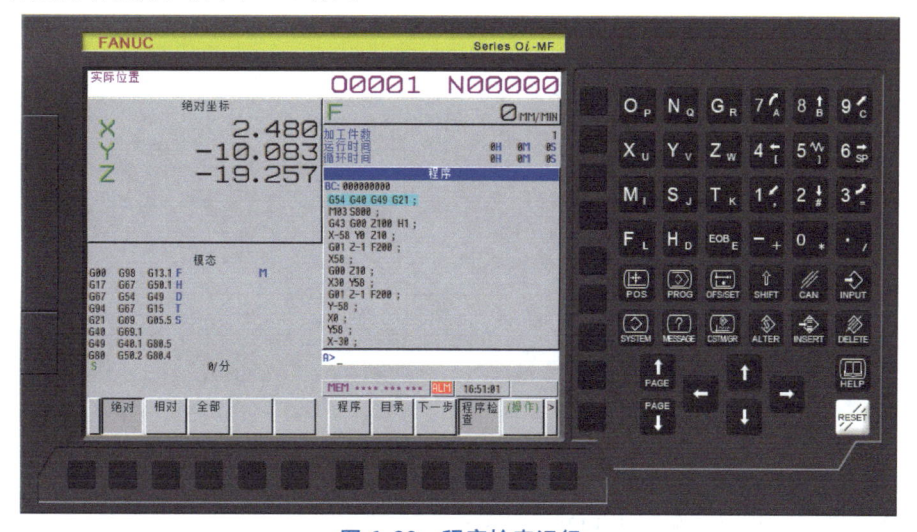

图 6-29 程序检查运行

15）修改程序中 Z 向深度，深度依次减 1，直至满足零件图样中的深度要求。

6.2.6 检测与分析

1）单击"工件测量"，选择"距离"，进入工件测量界面，如图 6-30 所示。
2）根据图样尺寸要求，单击图 6-31 所示位置，可以测量深度。

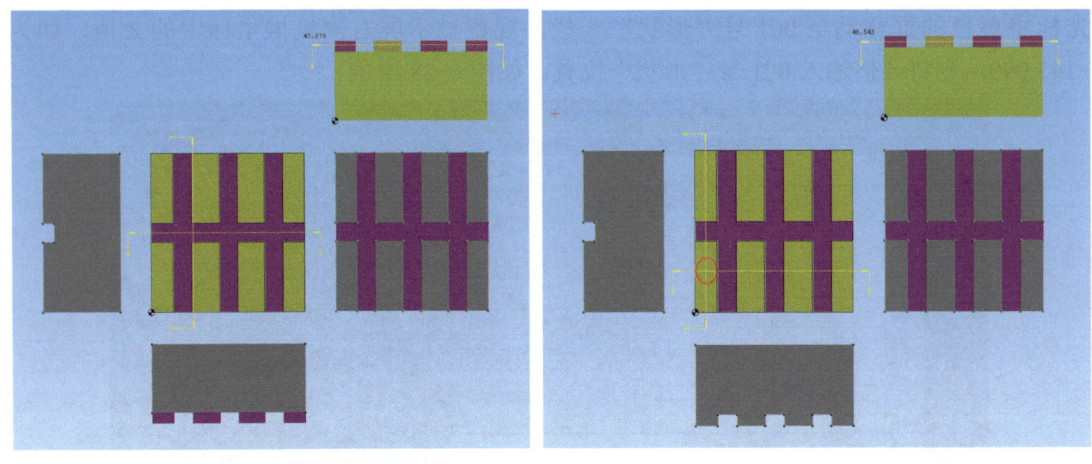

图 6-30 工件测量界面　　　　图 6-31 深度测量

3）测得几个深度的尺寸都为 6.999mm，符合图样要求，如图 6-32 所示。

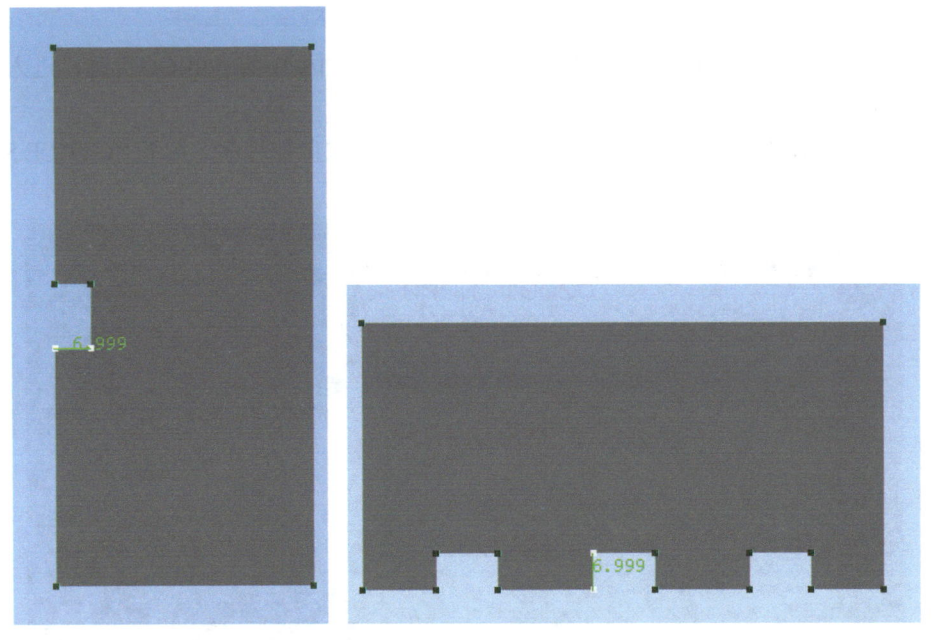

图 6-32 深度测量值

4）选择槽宽，测得槽宽为 12mm，如图 6-33 所示。

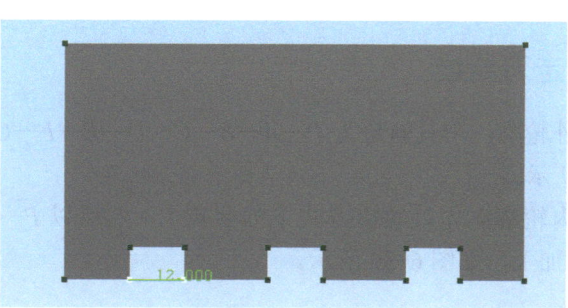

图 6-33 槽宽测量值

6.3 内外轮廓类零件仿真实例（刀具补偿）

零件外形如图 6-34 所示，以工件上表面中心定位，利用刀具半径补偿进行内外轮廓的直线、圆弧加工。

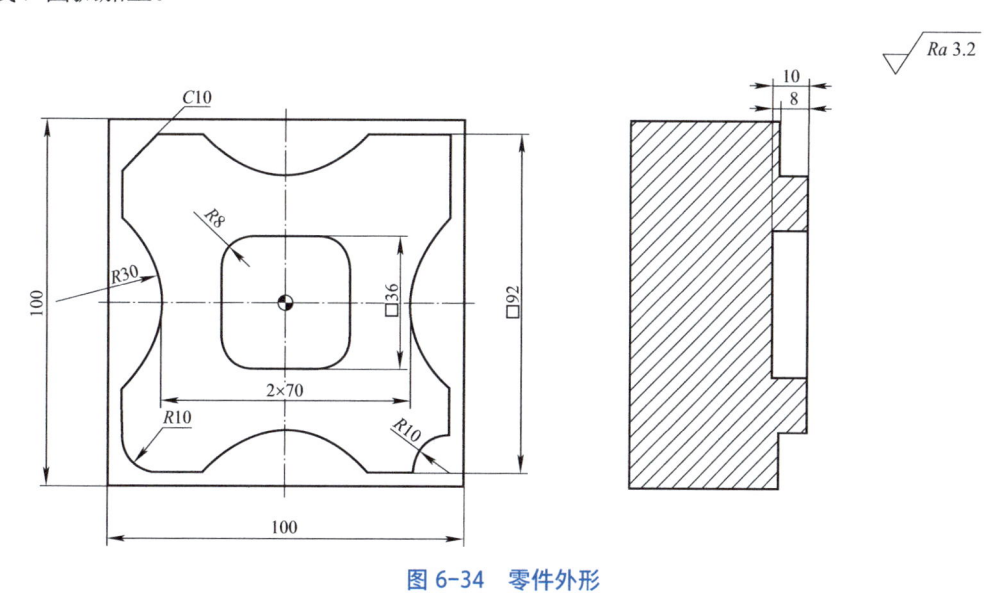

图 6-34 零件外形

6.3.1 工艺分析

1）工件坐标系预设为 G54，选择零件中心为编程原点，水平向右为 X 轴正向，竖直向上为 Y 轴正向，垂直于纸面向上为 Z 轴正向，工件的上表面定为 Z0。

2）需要加工的部分为：

① 使用 $\phi 12mm$ 立铣刀加工深度为 8mm 的外形轮廓，可以以右上角为起点进行顺时针加工，并保留 0.2mm 的精加工余量。

② 使用 $\phi 12mm$ 立铣刀加工深度为 10mm 的内轮廓，可以从零件中心以螺旋下刀的形式下刀，以上边中心点为进退刀点，并保留 0.2mm 的精加工余量。

③ 使用 $\phi 10mm$ 立铣刀精加工后若还有余量，可以通过扩大刀补的方式将余量去除。

6.3.2 走刀路线

1）外轮廓：刀具轨迹为 P—A—B—C—D—E—F—G—H—I—J—K—L—M—N—P，如图 6-35 所示。

2）内轮廓：先以螺旋方式下刀至点 P，然后以 P—A—B—C—D—E—F—B—G—P 的顺序进行加工，如图 6-36 所示。

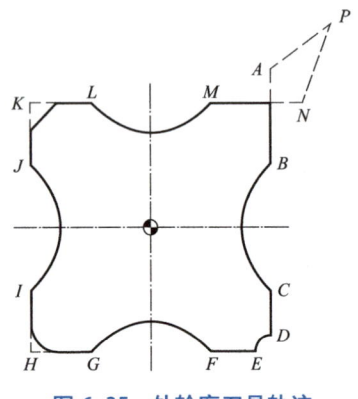

图 6-35 外轮廓刀具轨迹

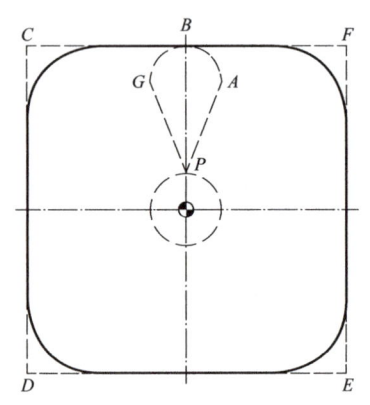

图 6-36 内轮廓刀具轨迹

6.3.3 刀具选择

零件材料为硬铝，加工采用的刀具参数见表 6-9。

表 6-9 加工刀具参数表

刀具号码	刀具名称	刀具材料	刀具直径/mm	转速/(r/min)	径向进给速度/(mm/min)	轴向进给速度/(mm/min)	备注
T1	端铣刀	高速钢	$\phi 12$	800	200	200	粗铣
T2	端铣刀	高速钢	$\phi 10$	1200	200	200	精铣

6.3.4 加工程序

外轮廓程序见表 6-10。

表 6-10 外轮廓程序

程序内容	说明
O0001;	程序名
G21 G40 G49 G54;	程序初始化

（续）

程序内容	说明
M03 S800;	主轴正转，转速为800r/min
G43 G00 Z100 H1;	调用1号刀具长度补偿，定位到安全平面
X58 Y58 Z10;	快速定位至起刀点P
G01 Z-1 F200;	Z向切削深度1mm
G41 X46 D1;	建立刀具半径补偿
Y23.22;	
G03 Y-23.22 R30;	
G01 Y-36;	
G03 X36 Y-46 R10;	
G01 X23.22;	
G03 X-23.22 R30;	
G01 X-46, R10;	
Y-23.22;	
G03 Y23.22 R30;	
G01 Y46, C10;	
X-23.22;	
G03 X23.22 R30;	
G01 X58;	
G40 Y58;	取消刀具半径补偿
G00 Z100;	抬刀到安全平面
M05;	主轴停止
M30;	程序结束，并返回程序头

内轮廓程序见表6-11。

表6-11 内轮廓程序

程序内容	说明
O0002;	程序名
G21 G40 G49 G54;	程序初始化
M03 S800;	主轴正转，转速为800r/min
G43 G00 Z100 H2;	调用1号刀具长度补偿，定位到安全平面
X0 Y4;	快速定位至起刀点P
Z3;	
G03 Z-1 J-4 F200;	螺旋下刀1mm，进给速度为200mm/min
J-4;	去掉圆弧下刀的余量
G41 G01 X6 Y12 D2;	建立刀具半径补偿
G03 X0 Y18 R6;	圆弧切入
G01 X-18, R8;	
Y-18, R8;	

(续)

程序内容	说明
X18, R8;	
Y18, R8;	
X0;	
G03 X-6 Y12 R6;	圆弧切出
G40 G01 X0 Y0;	取消刀具半径补偿
G00 Z100;	抬刀到安全平面
M05;	主轴停止
M30;	程序结束,并返回程序头

6.3.5 操作过程

1)打开斯沃数控软件,选择"FANUC 0i-MF Plus",单击"运行"按钮。

2)单击机床操作面板中的启动按钮启动机床,启动后单击急停按钮解除警报。

扫一扫,看视频

3)在主界面选择"机床操作"→"选择刀具"(快捷键 Ctrl+T),打开"刀具库管理"对话框,如图 6-37 所示。

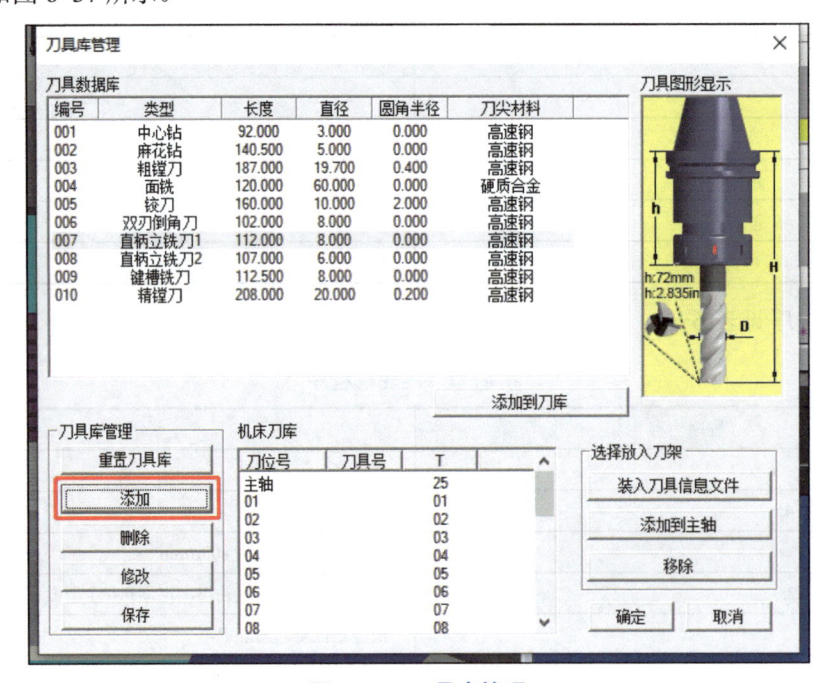

图 6-37 刀具库管理

4)单击"添加"按钮,打开"添加刀具",建立一把 φ12mm×100mm 的立铣刀和一把 φ10mm×100mm 的立铣刀。

5)设置毛坯尺寸:在主界面单击"工件操作"→"毛坯选择",如图 6-38 所示。

6)单击"添加"按钮,设置毛坯的长、宽、高,毛坯材料为 2A12 铝,然后单击"确定"按钮,如图 6-39 所示。

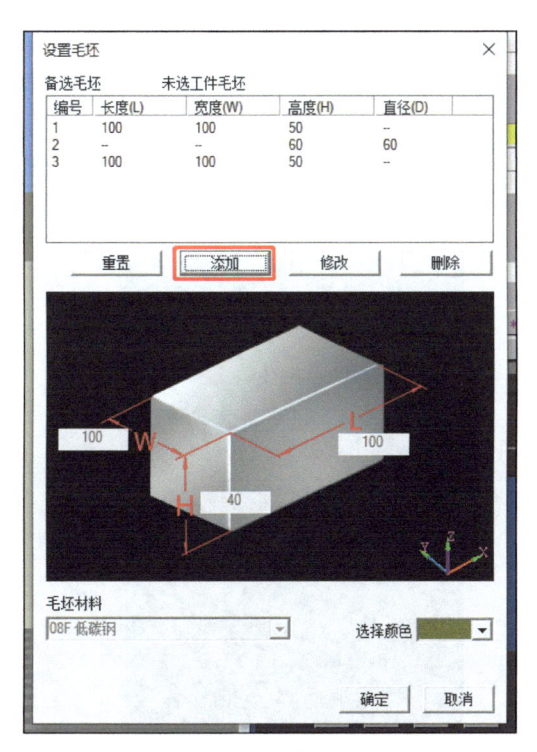

图 6-38 毛坯选择

图 6-39 设置毛坯尺寸

7）在备选毛坯中选择刚刚创建的毛坯，单击"确定"按钮，如图 6-40 所示。

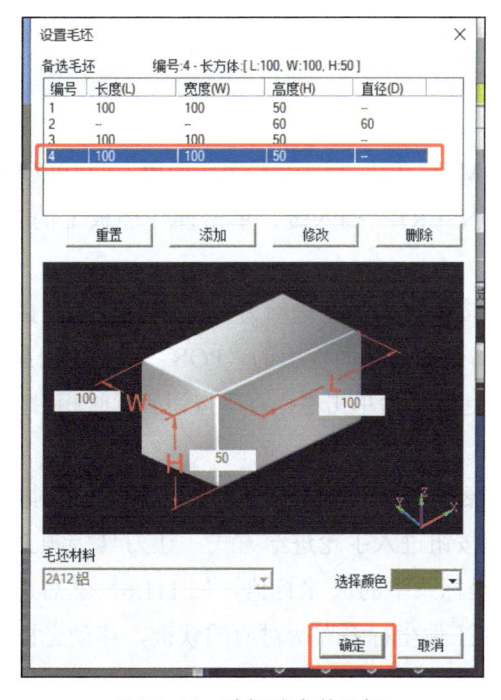

图 6-40 选择建立的毛坯

8）在主界面单击"工件操作"→"工件装夹"，选择"平口钳装夹"，单击"加紧上下调整"中的向上箭头，使工件伸出长度为 30mm，单击"确定"按钮，如图 6-41 所示。设

133

置完成后如图 6-42 所示。

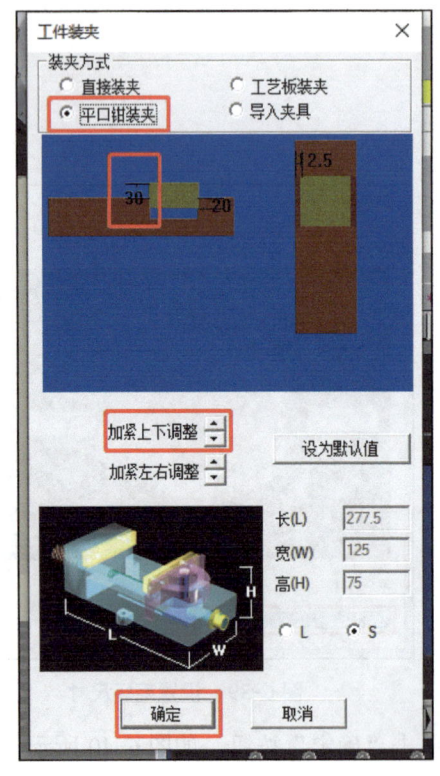

图 6-41　夹持位置设置　　　图 6-42　模拟机床毛坯装夹方式

9）对刀。

X/Y 轴对刀：

① 单击操作面板上的"MDI"按钮，单击数控系统面板上的"PROG"按钮，输入"M03S400；"，单击数控系统面板上的"INSERT"插入键，单击操作面板上的"CYCLE START"循环启动键启动主轴。

② 单击"HANDLE"按钮进入手轮进给方式，让刀具慢慢接触到工件左侧，直到发现有少许切屑为止，然后单击数控系统面板上的"POS"键，单击显示屏下方"相对"所对应的软键，输入"X"选择"起源"后单击"执行"按钮。此时相对坐标中 X 值会变成"X0"，如图 6-43 所示。

③ 抬起刀具至工件上表面之上，快速移动，让刀具靠近工件右侧。

④ 单击"HANDLE"按钮进入手轮进给方式，让刀具接触工件右侧，直到发现有少许切屑为止，记下此时机械坐标系中的 X 坐标值，如 111.6，然后进行以下操作：选择"OFS/SET"，单击显示屏下方"工件坐标系"所对应的软键，移动光标将黄色的框移动至 G54 选项中，输入"X55.8"选择"测量"，此时工件坐标系 G54 栏中的 X 值为 -400.00，绝对坐标中的 X 值会变成"X55.8"。

注：Y 轴对刀先碰工件后面，再碰工件前面，其余操作与 X 轴对刀一致。

Z 轴对刀：

① 使主轴正转，快速将刀具移动到工件上表面附近。

② 改用手轮操作模式，让刀具慢慢接触到工件上表面，直到发现有少许切屑为止，然后进行以下操作：选择"OFS/SET"，单击显示屏下方"刀偏"所对应的软键，移动光标将黄色的框移动至 001 号"形状"一栏，观察显示屏右侧机械坐标中的 Z 值，如为 -145.099，则将该值输入 001 号"形状"位置，如图 6-44 所示。

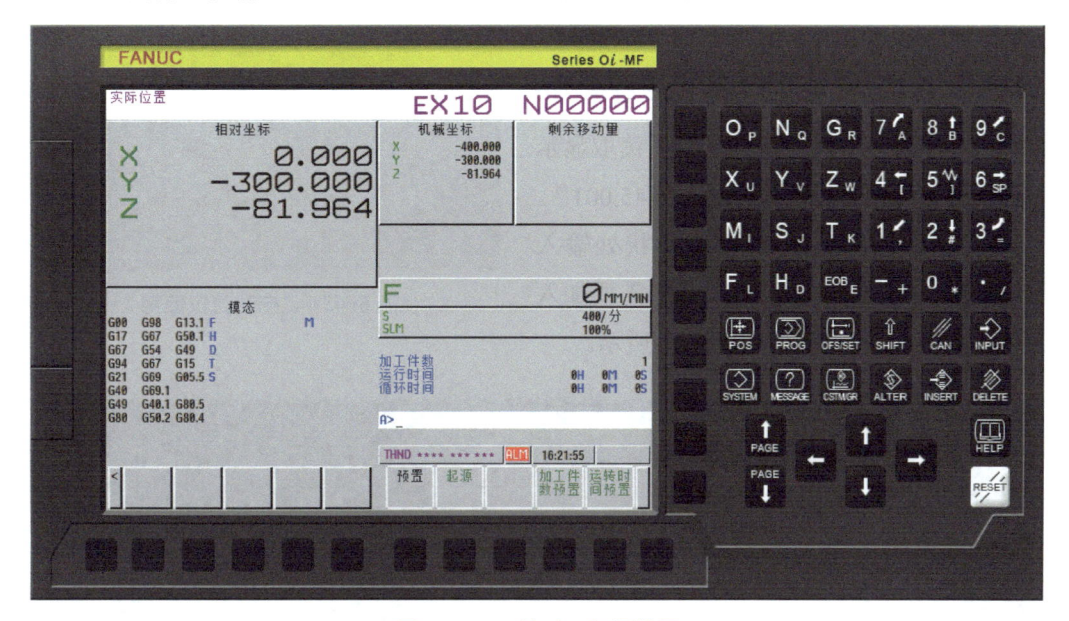

图 6-43　X 轴对刀起源设置

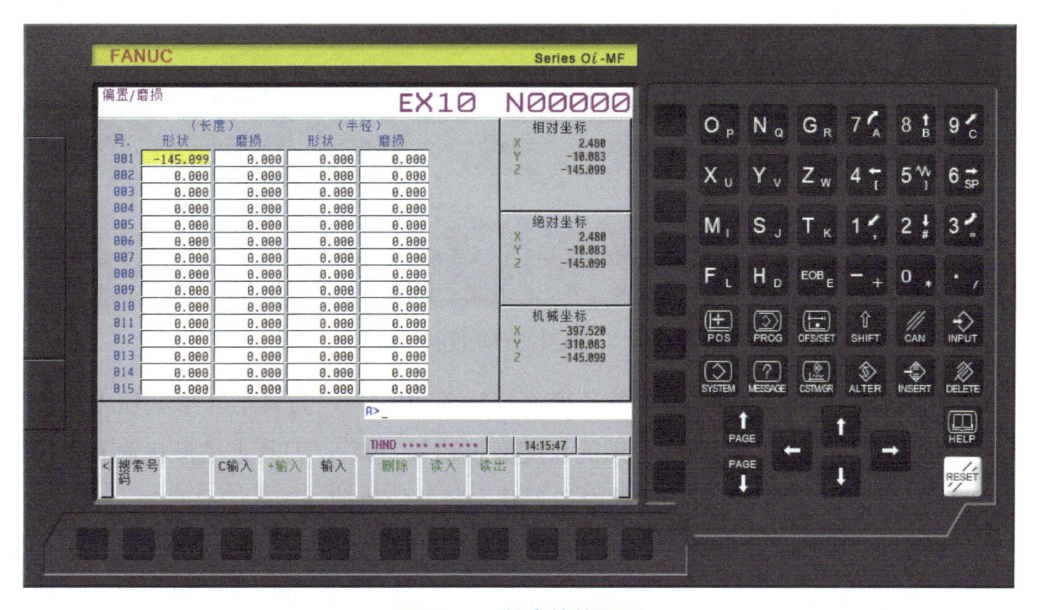

图 6-44　长度补偿设置

第二把刀对刀：

① 将第二把刀具（ϕ10mm×100mm）安装到主轴上。

② 将主轴移动到工件正上方。

③ 单击"机床操作",选择"Z向对刀仪选择"。

④ 单击机床操作面板上的"HANDLE"按钮进入手轮进给方式,将主轴靠近对刀仪,在手轮倍率为"×1"的情况下,使对刀仪的指示灯亮起,如图6-45所示。

⑤ 单击数控系统面板上的"OFS/SET"按钮,单击显示屏下方"刀偏"软键,读取显示屏右边机械坐标中Z轴的值,如:"-45.001"。

⑥ 将光标移动到T002长度形状处输入"-145.001"(注:在输入的尺寸中需要加入对刀仪的高度100mm),如图6-46所示。

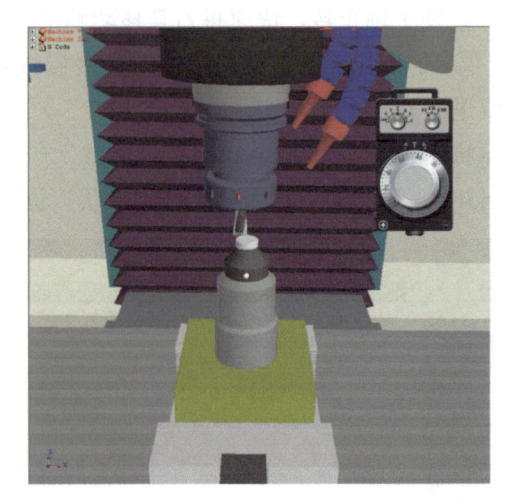

图6-45 Z向对刀仪使用

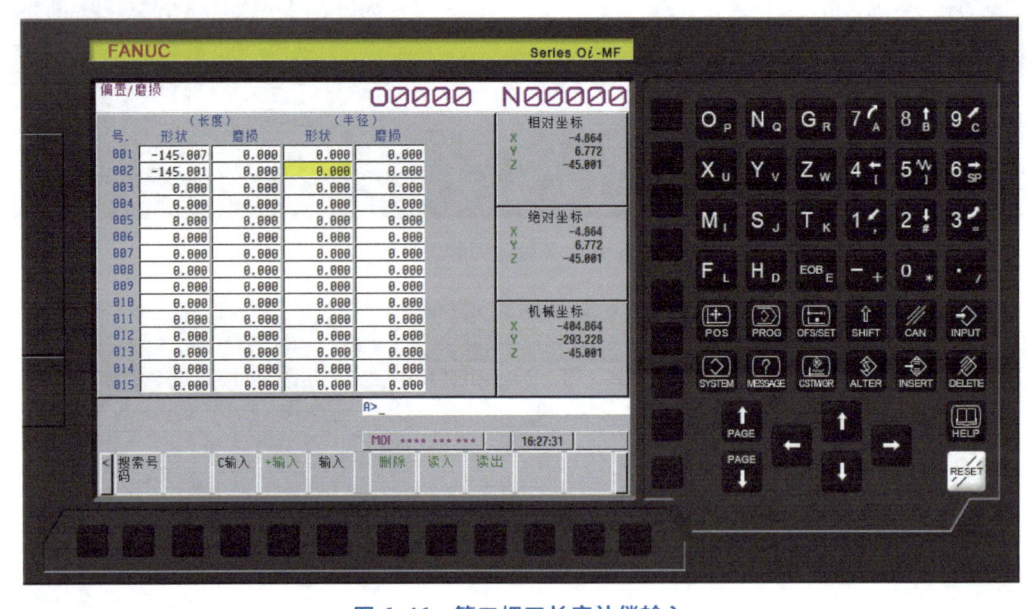

图6-46 第二把刀长度补偿输入

10)在刀偏面板中,T001号刀的长度磨损输入"0.1",刀具半径形状输入"12",刀具半径磨损输入"0.2";T002号刀的长度磨损输入"0",刀具半径形状输入"10",半径磨损输入"0"(注:在仿真软件中,刀具半径补偿值默认输入刀具直径)。

11)粗加工:单击"机床操作"→"选择刀具",将ϕ12mm×100mm的刀具装入主轴。

12)单击数控操作面板上的"EDIT"键,按下系统面板中"PROG"键,进入程序编辑面板,将上面O0001程序输入系统。

13)单击"AUTO"键,单击"程序检查"软键,可以监控程序。单击"CYCLE START"循环启动按钮启动程序,如图6-47所示。

图 6-47 程序检查自动加工界面

14）修改程序中 Z 向深度，深度依次减 1，直至将深度设置为"Z-8"，如图 6-48 所示。

15）粗加工完成后，如果毛坯外侧还有余量，单击"OFS/SET"，选择"刀偏"，在 T001 刀具半径形状中输入"18"（注：此处输入的值以刀具半径的倍数值输入），并重新运行程序，直至将毛坯全部铣削完成，如图 6-49 所示。

图 6-48 粗加工零件

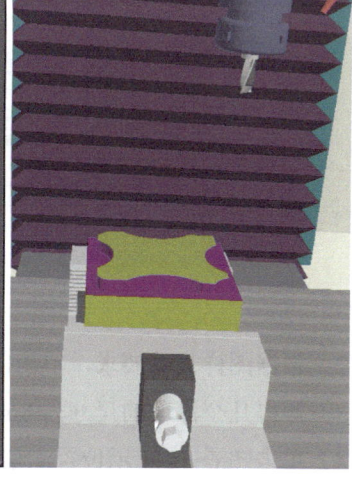

图 6-49 偏置轮廓去除余量

16）进入程序编辑面板输入 O0002 程序。

17）在运行程序前单击"OFS/SET"，选择"刀偏"，在 T001 刀具半径形状中输入"12"，然后运行程序。

18）修改程序中 Z 向深度，深度依次减 1，直至将深度设置为"Z-10"，如图 6-50 所示。

19）精加工：将两个程序中的"G43 G00 Z100 H1;"这一行中的"H1"改成"H2"，程序中的转速"S800"改成"S1200"，并将主轴上的刀具改为 ϕ10mm×100mm 的刀具。

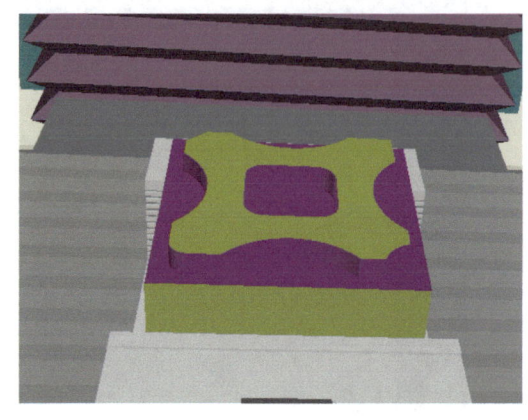

图 6-50 粗加工后的零件

20）运行修改后的 O0001、O0002 程序进行精加工。

6.3.6 检测与分析

1）单击"工件测量"→"距离"，进入工件测量界面，如图 6-51 所示。

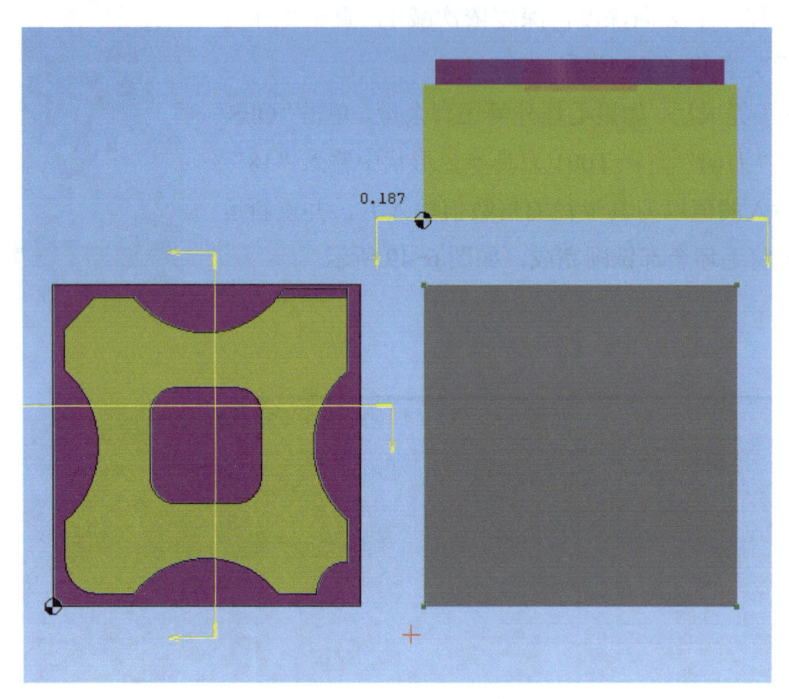

图 6-51 工件测量界面

2）根据图样尺寸要求，单击图 6-52 所示位置，可以测量深度。

3）测得几个深度的尺寸为 8mm 和 10mm，符合图样要求，如图 6-53 所示。

4）单击图 6-54 所示位置测量轮廓尺寸。

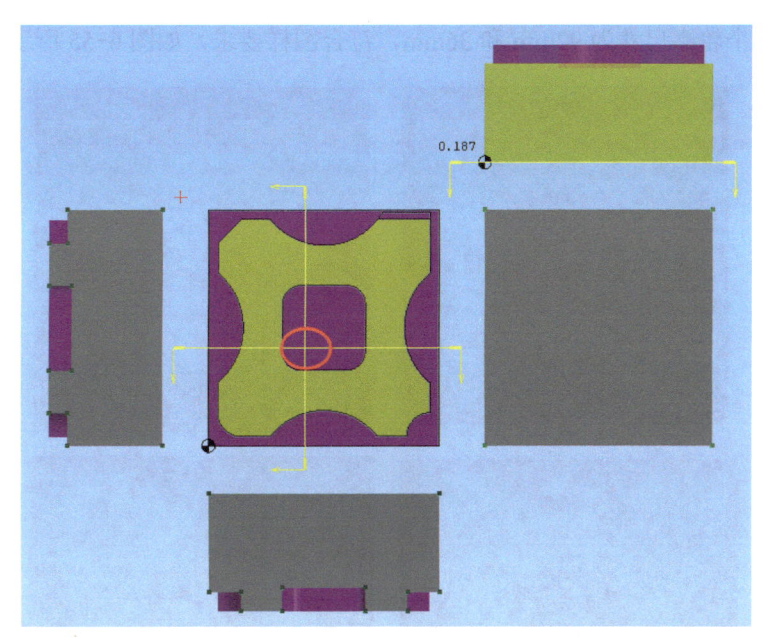

第 6 章　FANUC 0i-MF Plus 数控铣床仿真实例

图 6-52　深度检测界面

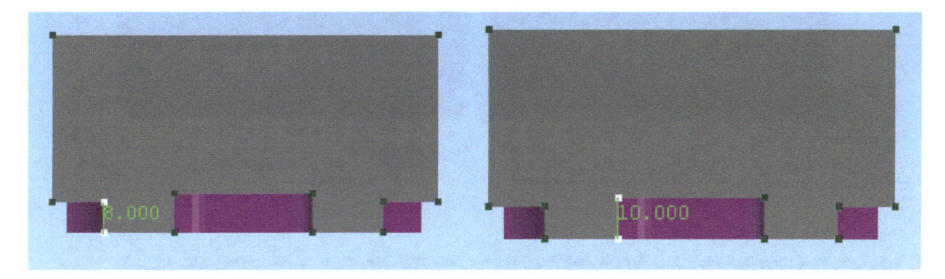

图 6-53　深度检测

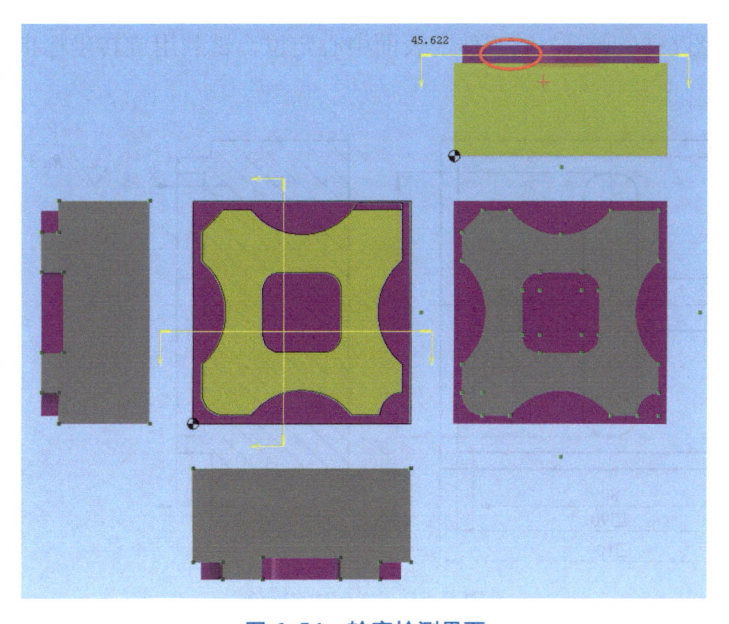

图 6-54　轮廓检测界面

5）测得几个轮廓尺寸为92mm和36mm，符合图样要求，如图6-55所示。

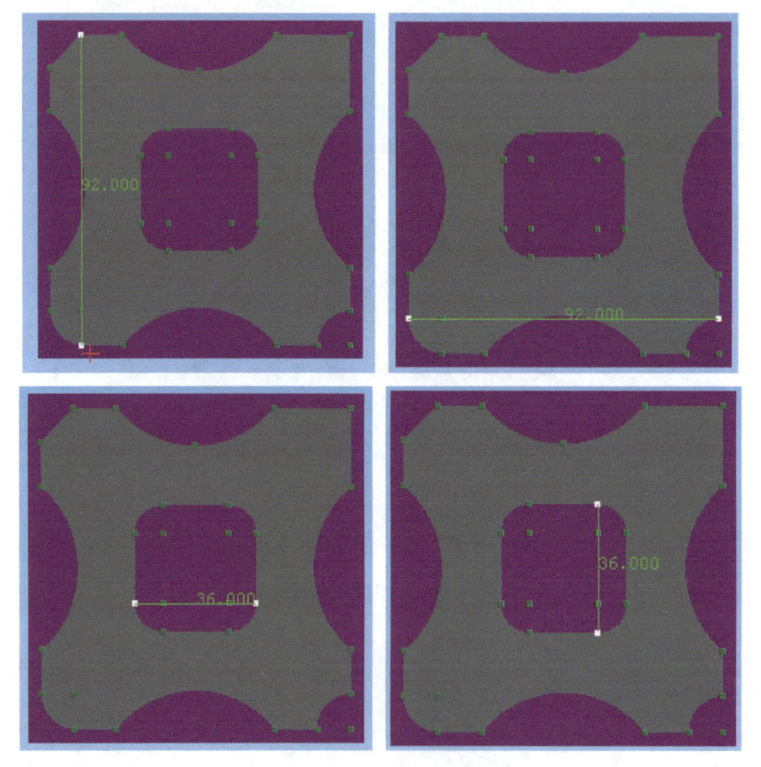

图 6-55　轮廓检测

6.4　中心对称类零件的数控铣床仿真加工（旋转坐标）

零件外形如图6-56所示，以工件上表面中心定位，试利用旋转坐标指令编写程序，并进行仿真。

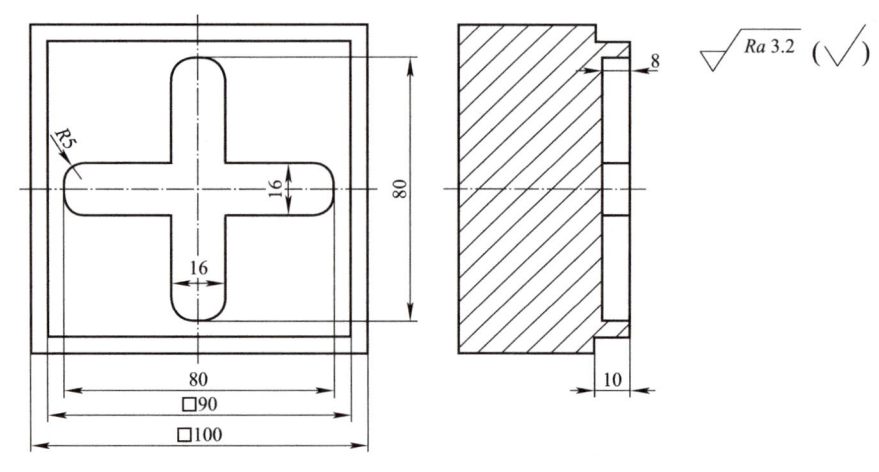

图 6-56　中心对称零件

6.4.1 工艺分析

1）工件坐标系预设为 G54，选择零件中心为编程原点，水平向右为 X 轴正向，竖直向上为 Y 轴正向，垂直于纸面向上为 Z 轴正向，工件的上表面定为 Z0。

2）需要加工的部分为：

① 使用 φ12mm 的立铣刀加工深度为 10mm 的外形轮廓，可以以右上角为起点进行顺时针加工，并保留 0.2mm 的精加工余量。

② 使用 φ8mm 的立铣刀加工深度为 8mm 的内轮廓，可以从零件中心以螺旋下刀的形式下刀，先加工 16mm×80mm 的水平内轮廓，然后再通过旋转指令加工竖直轮廓。

6.4.2 走刀路线

外轮廓走刀路线为 P—A—B—C—D—E，如图 6-57 所示。

内轮廓走刀路线为 A—B—C—D—E—F—B—G—P，如图 6-58 所示。

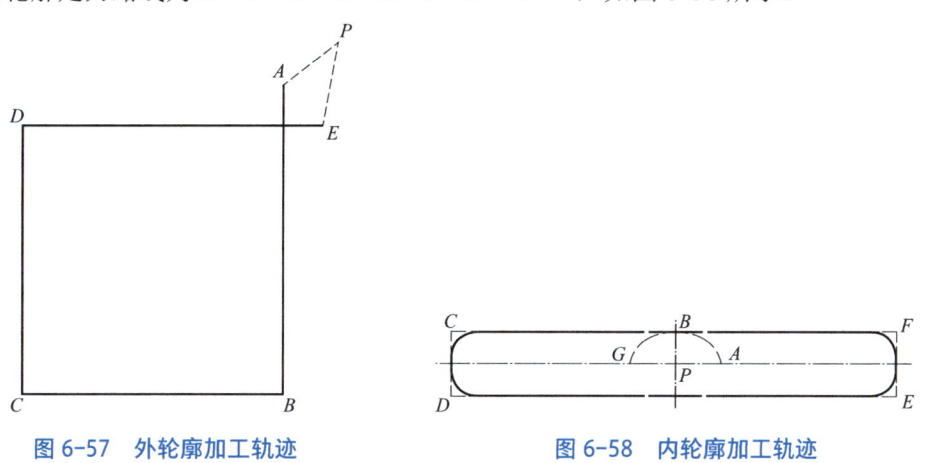

图 6-57 外轮廓加工轨迹

图 6-58 内轮廓加工轨迹

6.4.3 刀具选择

零件材料为硬铝，加工采用的刀具参数见表 6-12。

表 6-12 加工刀具参数表

刀具号码	刀具名称	刀具材料	刀具直径 /mm	转速 /(r/min)	径向进给速度 /(mm/min)	轴向进给速度 /(mm/min)	备注
T1	端铣刀	高速钢	φ12	800	200	200	粗铣/精铣
T2	端铣刀	高速钢	φ8	800	200	200	粗铣/精铣

6.4.4 加工程序

外轮廓加工程序见表 6-13。

表 6-13 外轮廓加工程序

程序内容	说明
O0001;	程序名

（续）

程序内容	说明
G21 G40 G49 G54;	程序初始化
M03 S800;	主轴正转，转速为 800r/min
G43 G00 Z100 H1;	调用 1 号刀具长度补偿，定位到安全平面
X58 Y58 Z10;	快速定位至起刀点 P
G01 Z-1 F200;	Z 向切削深度 1mm
G41 X45 D1;	
Y-45;	
X-45;	
Y45;	
X58;	
G40 Y58;	
G00 Z100;	铣削完成抬刀
M05;	主轴停止
M30;	程序结束，并返回程序头

内轮廓加工程序见表 6-14。

表 6-14　内轮廓加工程序

程序内容	说明
O0002;	程序名
G21 G40 G49 G54;	程序初始化
M03 S800;	主轴正转，转速为 800r/min
G43 G00 Z100 H2;	调用 1 号刀具长度补偿，定位到安全平面
X1 Y0 Z10;	快速定位至起刀点 P
G68 X0 Y0 R0;	旋转角度为 0°
G03 Z-1 I-1 F200;	Z 向螺旋下刀
I-1;	
G41 G01 X8 Y0 D2;	
G03 X0 Y8 R8;	
G01 X-40, R5;	
Y-8, R5;	
X40, R5;	
Y8, R5;	
X0;	
G03 X-8 Y0 R8;	
G40 G01 X0 Y0 G40;	
G00 Z100;	铣削完成抬刀
G69;	
M05;	主轴停止
M30;	程序结束，并返回程序头

6.4.5　操作过程

1）打开斯沃数控软件，选择"FANUC 0i-MF Plus"，单击"运行"按钮。

扫一扫，看视频

2）单击机床操作面板中的启动按钮，然后单击急停按钮解除警报，启动机床。

3）在主界面选择"机床操作"→"选择刀具"（快捷键 Ctrl+T），打开"刀具库管理"对话框，如图 6-59 所示。

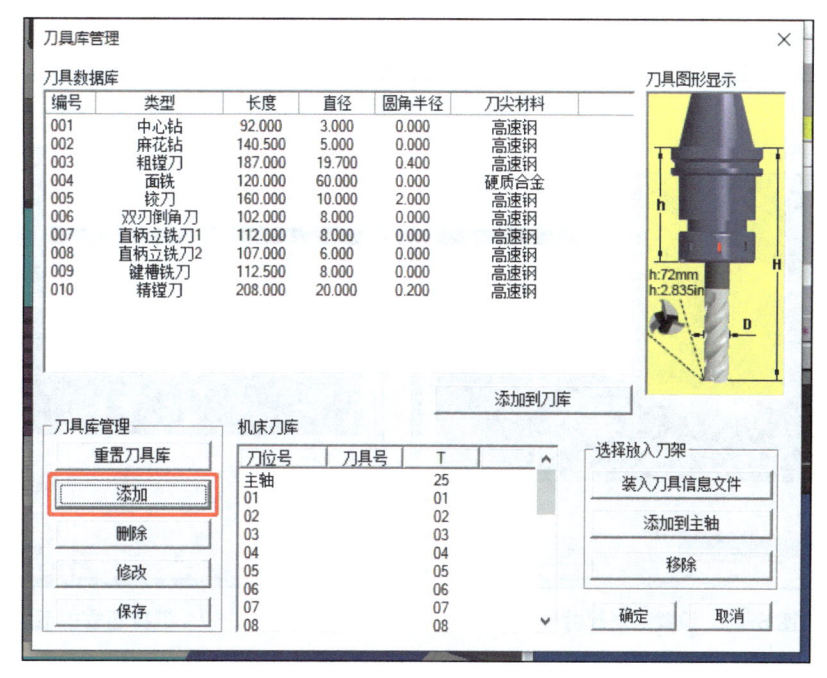

图 6-59 刀具库管理

4）单击"添加"按钮，打开"添加刀具"对话框，建立一把 φ12mm×100mm 和一把 φ8mm×100mm 的立铣刀。

5）设置毛坯尺寸：在主界面单击"工件操作"→"毛坯选择"，如图 6-60 所示。

6）单击"添加"按钮，设置毛坯的长、宽、高，毛坯材料为 2A12 铝，然后单击"确定"按钮，如图 6-61 所示。

7）在备选毛坯中选择刚刚所创建的毛坯，单击"确定"按钮，如图 6-62 所示。

8）在主界面单击"工件操作"→"工件装夹"，选择"平口钳装夹"，单击"加紧上下调整"中的向上箭头，使工件伸出长度为 30mm，如图 6-63 所示。设置完成后如图 6-64 所示。

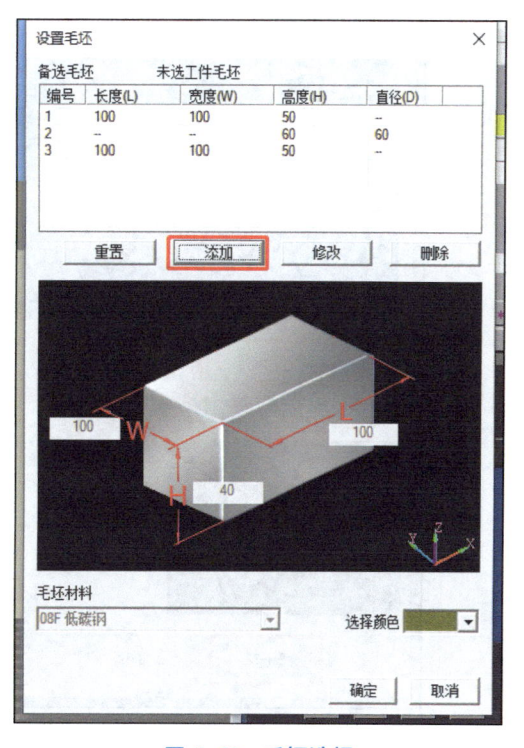

图 6-60 毛坯选择

图 6-61　设置毛坯尺寸

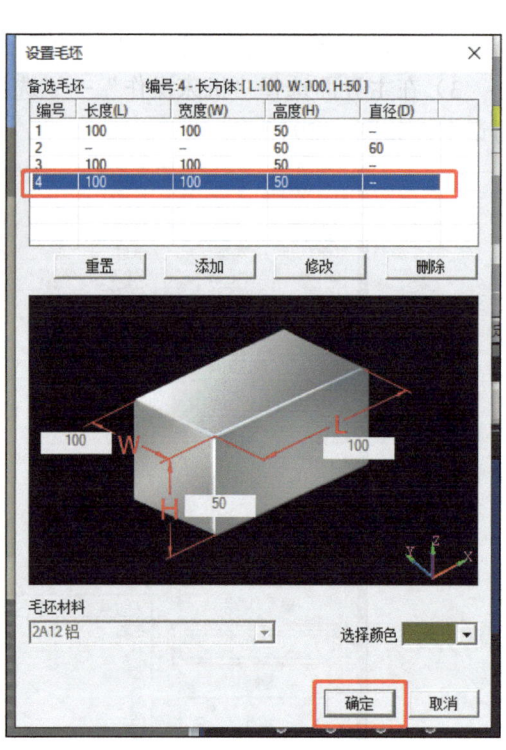

图 6-62　选择建立的毛坯

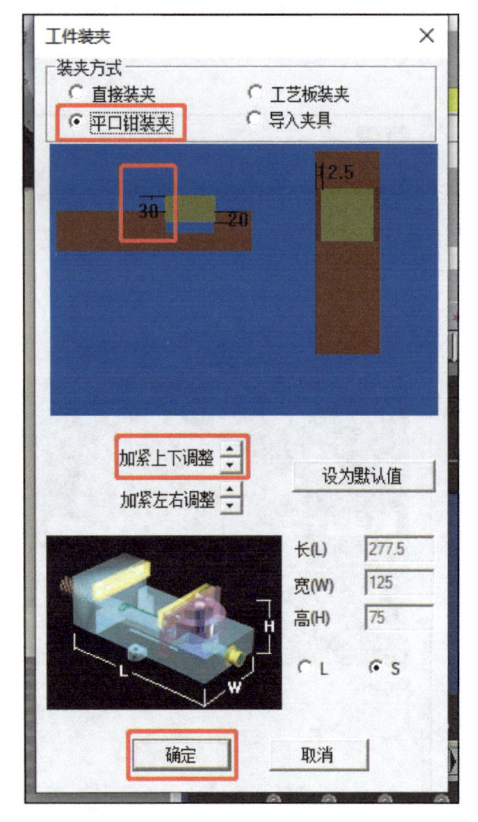

图 6-63　夹持位置设置

图 6-64　模拟机床毛坯装夹方式

9）对刀。

X/Y 轴对刀：

① 单击操作面板上的"MDI"按钮，单击数控系统面板上的"PROG"按钮，输入"M03S400；"，按数控系统面板上的"INSERT"插入键，再按操作面板上的"CYCLE START"循环启动键启动主轴。

② 单击"HANDLE"按钮进入手轮进给方式，让刀具慢慢接触到工件左侧，直到发现有少许切屑为止，然后单击数控系统面板上的"POS"键，单击显示屏下方"相对"所对应的软键，输入"X"选择"起源"后单击"执行"按钮。此时相对坐标中 X 值会变成"X0"，如图 6-65 所示。

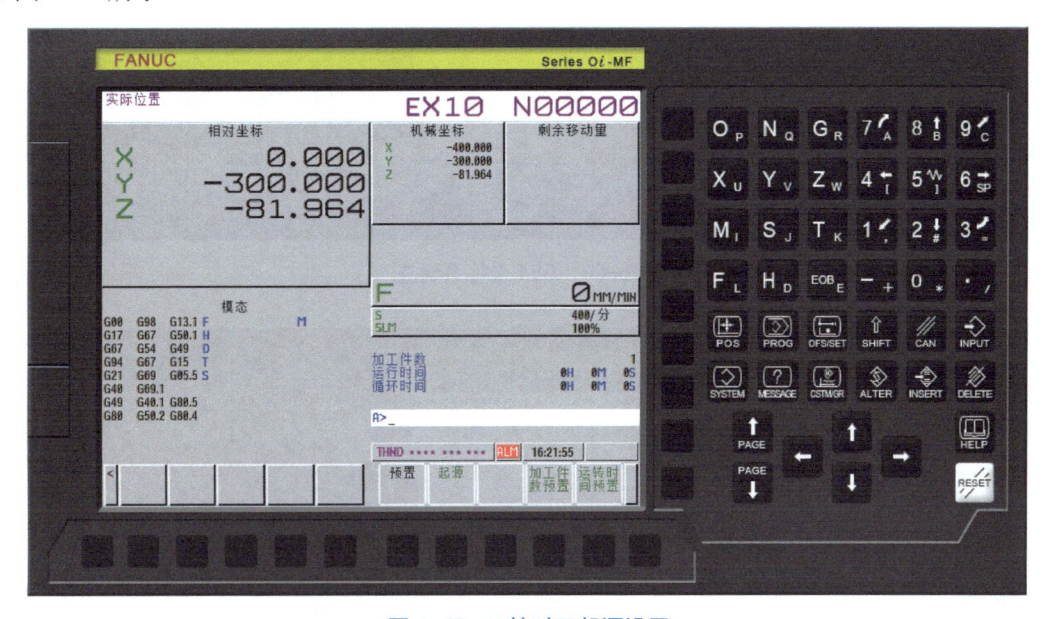

图 6-65 X 轴对刀起源设置

③ 抬起刀具至工件上表面之上，快速移动，让刀具靠近工件右侧。

④ 单击"HANDLE"按钮进入手轮进给方式，让刀具接触工件右侧，直到发现有少许切屑为止，记下此时机械坐标系中的 X 坐标值，如 111.6，然后进行以下操作：选择"OFS/SET"，单击显示屏下方"工件坐标系"所对应的软键，移动光标将黄色的框移动至 G54 选项中，输入"X55.8"选择"测量"，此时工件坐标系的 G54 栏中 X 值为 -400.00，绝对坐标中的 X 值会变成"X55.8"。

注：Y 轴对刀先碰工件后面，再碰工件前面，其余操作与 X 轴对刀一致，如图 6-66 所示。

Z 轴对刀：

① 使主轴正转，快速将刀具移动到工件上表面附近。

② 改用手轮操作模式，让刀具慢慢接触到工件上表面，直到发现有少许切屑为止，然后进行以下操作：选择"OFS/SET"，单击显示屏下方"刀偏"所对应的软键，移动光标将黄色的框移动至 001 号"形状"一栏，观察显示屏右侧机械坐标中的 Z 值，如为

−145.099，则将该值输入 001 号"形状"位置，如图 6-67 所示。

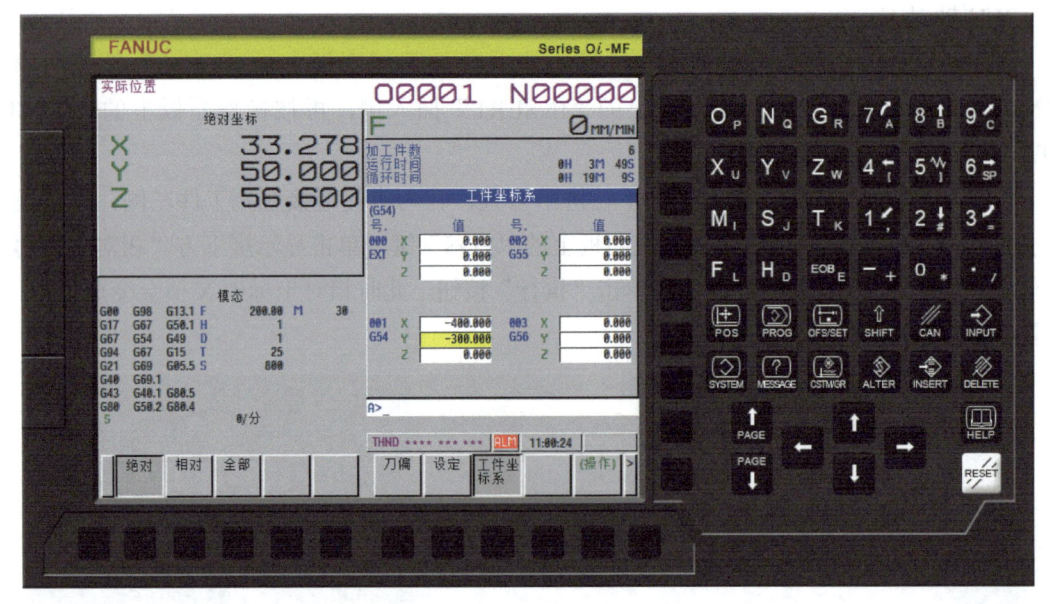

图 6-66　G54 坐标系建立

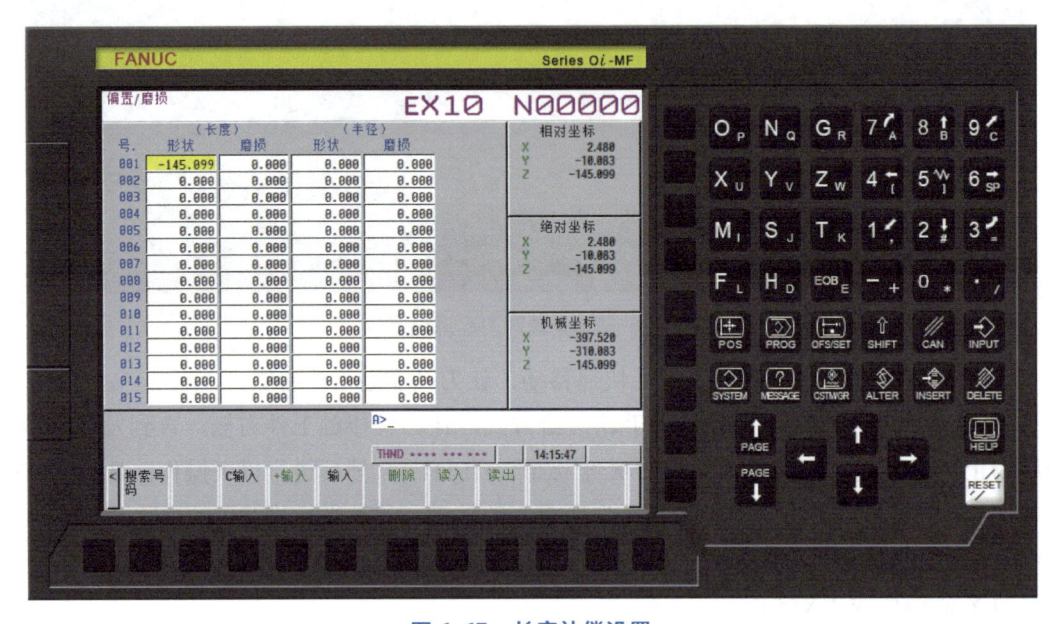

图 6-67　长度补偿设置

第二把刀对刀：

① 将第二把刀具（ϕ10mm×100mm）安装到主轴上。

② 将主轴移动到工件正上方。

③ 单击"机床操作"，选择"Z 向对刀仪选择"

④ 单击机床操作面板上的"HANDLE"按钮进入手轮进给方式，将主轴靠近对刀仪，在手轮倍率为"×1"的情况下，使对刀仪的指示灯亮起，如图 6-68 所示。

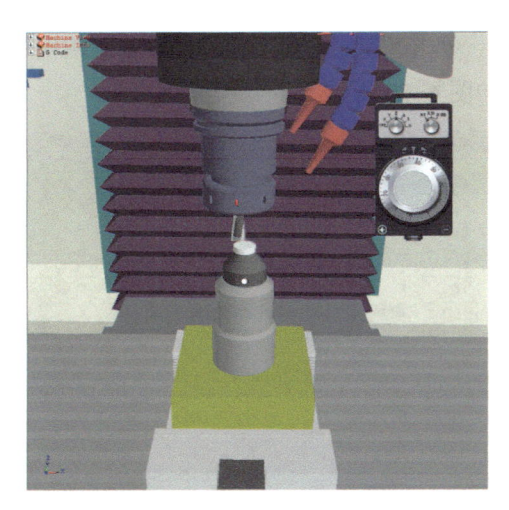

图 6-68　Z 向对刀仪设置

⑤ 单击系统操作面板上的"OFS/SET"按钮，单击显示屏下方"刀偏"软键，读取显示屏右边机械坐标中 Z 轴的值，如："-45.001"。

⑥ 将光标移动到 T002 长度"形状"处输入"-145.001"（注：在输入的尺寸中需要加入对刀仪的高度 100mm），如图 6-69 所示。

图 6-69　第二把刀具长度补偿设置

10）在刀偏面板中，T001 号刀的长度磨损输入"0.1"，刀具半径形状输入"12"，刀具半径磨损输入"0.2"；T002 号刀的长度磨损输入"0.1"，刀具半径形状输入"8"，半径磨损输入"0.2"（注：在仿真软件中，刀具半径补偿值默认输入刀具直径）。

11）粗加工：单击"机床操作"→"选择刀具"，将 φ12mm×100mm 的刀具装入主轴。

12）单击数控操作面板上的"EDIT"键，按下系统面板中的"PROG"键，进入程序编辑面板，将上面的 O0001 程序输入系统。

13）单击"AUTO"键，单击"程序检查"软键，可以监控程序。单击"CYCLE START"循环启动按钮启动程序，如图 6-70 所示。

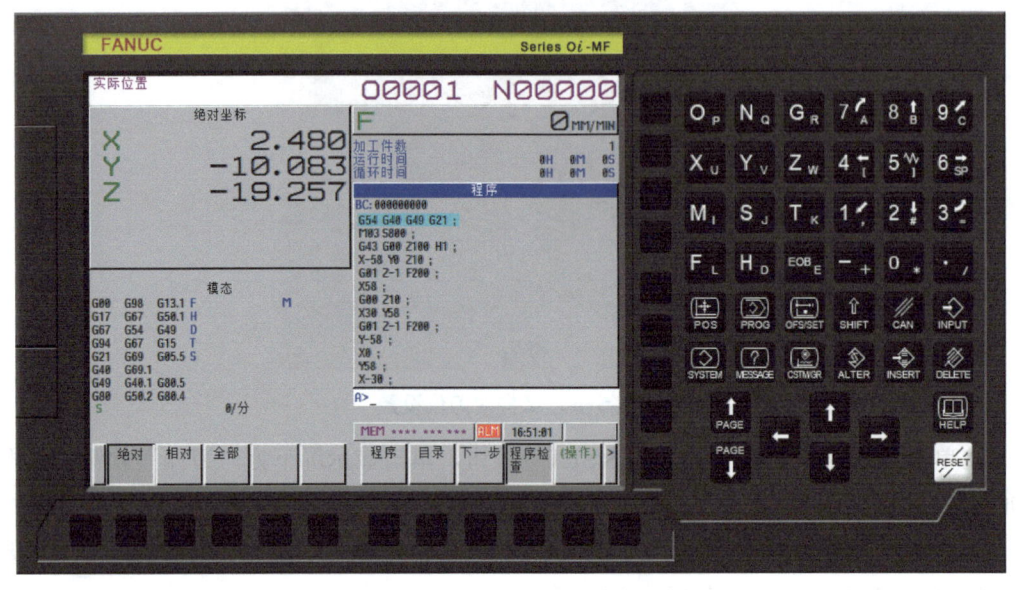

图 6-70　程序检查自动运行

14）修改程序中 Z 向深度，深度依次减 1，直至将深度设置为"Z-10"，如图 6-71 所示。

15）单击"OFS/SET"按钮，选择"刀偏"，将 T001 刀具长度补偿和半径补偿（磨损）处的值改成"0"后运行程序进行精加工。

16）在编辑模式下输入 O0002 程序。

17）单击"AUTO"键及"程序检查"软键，单击"CYCLE START"循环启动按钮启动程序。

18）修改程序中 Z 向深度，深度依次减 1，直至将深度设置为"Z-8"，如图 6-72 所示。

图 6-71　外轮廓加工　　　　图 6-72　内轮廓加工

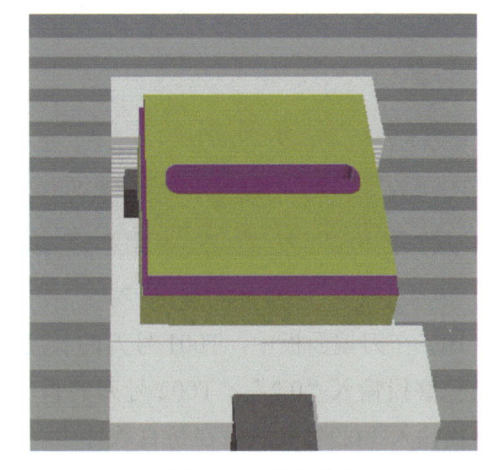

19）单击"OFS/SET"按钮，选择"刀偏"，将 T002 刀具长度补偿和半径补偿（磨损）处的值改成"0"后运行程序进行内轮廓精加工。

20）单击"OFS/SET"按钮，选择"刀偏"，将 T002 刀具长度补偿（磨损）处的值改为"0.1"，刀具半径补偿（磨损）处的值改为"0.2"。

21）将 O0002 程序中"G68 X0 Y0 R0"中"R0"改为"R90"，并重新从深度"Z-1"开始运行该程序，逐渐由"Z-1"增加至"Z-8"，如图 6-73 所示。

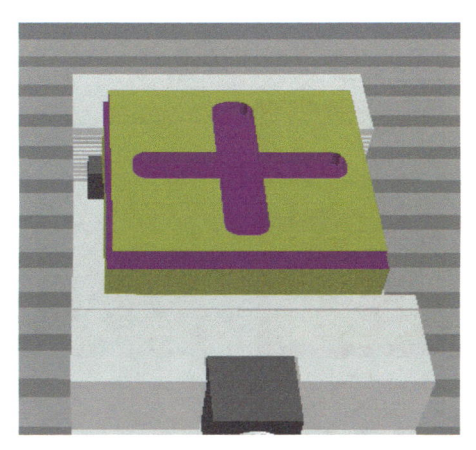

图 6-73 粗加工后轮廓

22）单击"OFS/SET"按钮，选择"刀偏"，将 T002 刀具长度补偿和半径补偿（磨损）处的值改成"0"后运行程序进行内轮廓精加工。

6.4.6 检测与分析

1）单击"工件测量"→"距离"，进入工件测量界面，如图 6-74 所示。

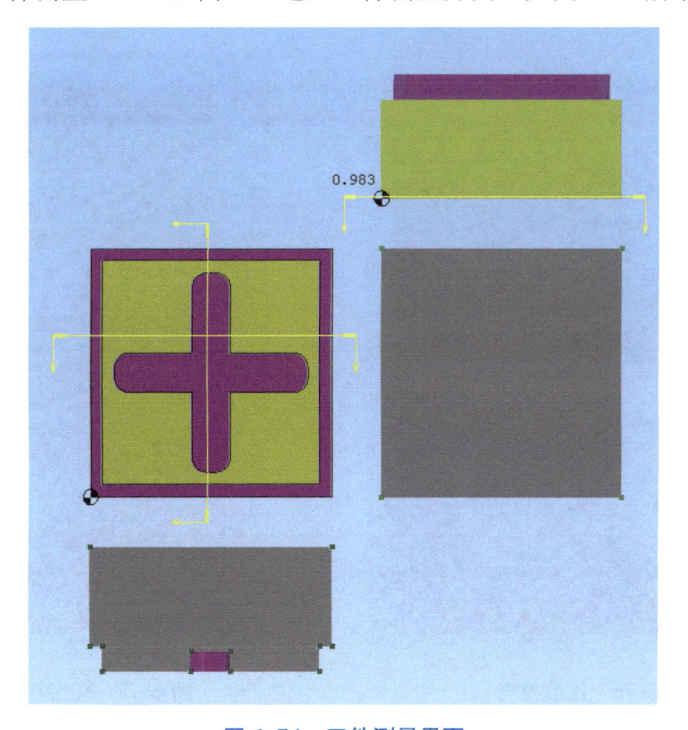

图 6-74 工件测量界面

2）根据图样尺寸要求，单击图 6-75 所示位置，可以测量深度。

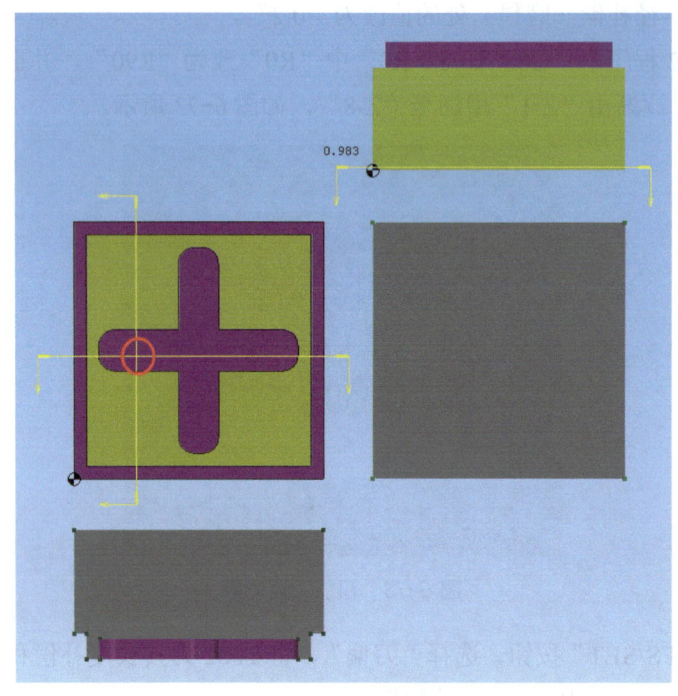

图 6-75　深度检测界面

3）测得几个深度的尺寸为 8mm、10mm，符合图样要求，如图 6-76 所示。
4）单击图 6-77 所示位置测量轮廓尺寸。
5）测得轮廓尺寸为 90mm、80mm、16mm，符合图样要求，如图 6-78、图 6-79 所示。

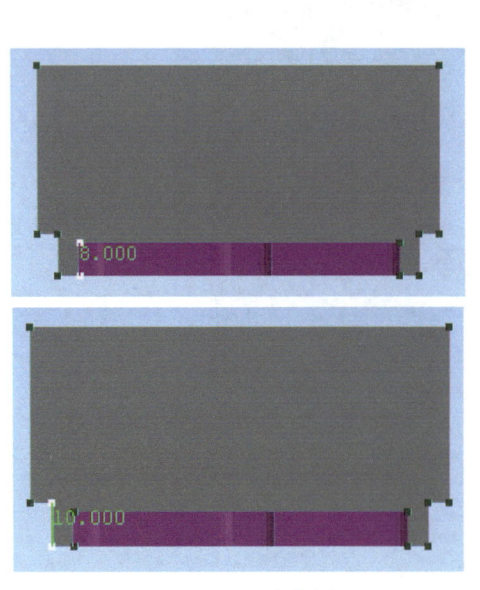

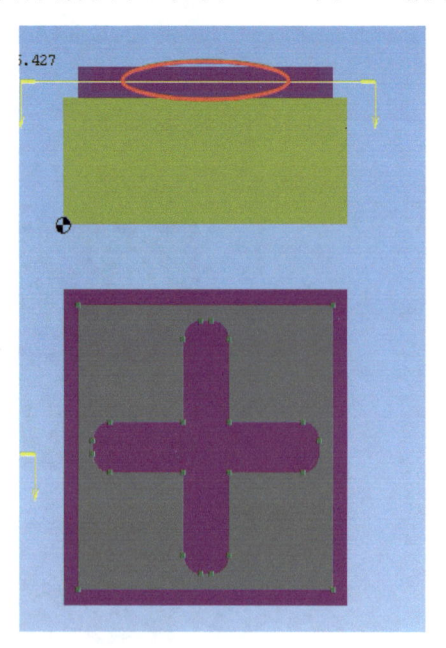

图 6-76　深度检测　　　　　　　　　　图 6-77　轮廓检测界面

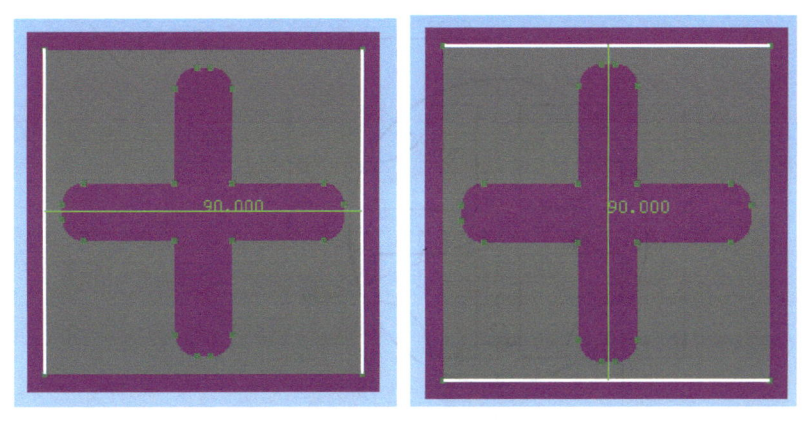

图 6-78 外轮廓尺寸检测

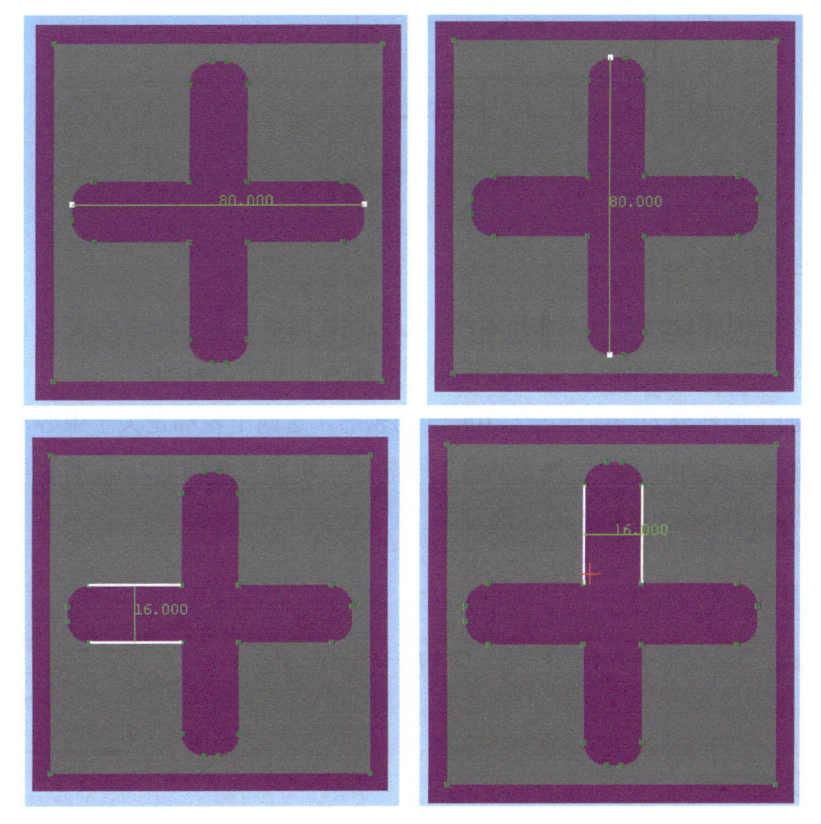

图 6-79 内轮廓尺寸检测

6.5 多个相同轮廓零件仿真实例（子程序）

零件外形如图 6-80 所示，以工件上表面中心定位，试用子程序编写加工程序，并进行仿真。

图 6-80 零件外形

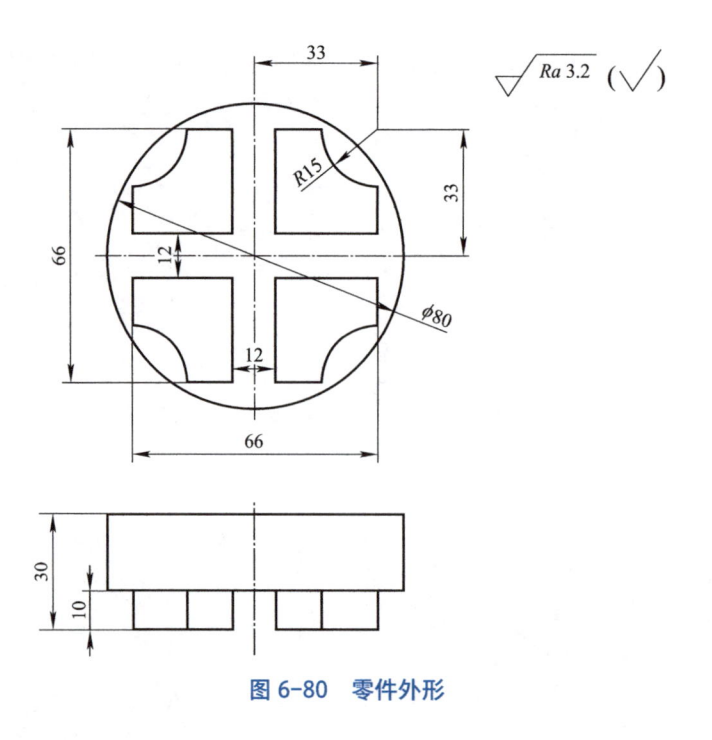

6.5.1 工艺分析

1）工件坐标系预设为 G54，选择零件中心为编程原点，水平向右为 X 轴正向，竖直向上为 Y 轴正向，垂直于纸面向上为 Z 轴正向，工件的上表面定为 Z0。

2）需要加工的部分为四周深度为 10mm 的轮廓。这四个轮廓是关于中心对称的图形，编写完一个轮廓后可调用子程序加工其余三个轮廓，粗加工预留 0.2mm 的余量。粗、精加工刀具都可以是 ϕ10mm×100mm 的立铣刀。

6.5.2 走刀路线

单个轮廓走刀路线为 P—A—B—C—D—E—F—G—P，如图 6-81 所示。

6.5.3 刀具选择

图 6-81 单个轮廓走刀路线

零件材料加硬铝，加工采用的刀具参数见表 6-15。

表 6-15 加工刀具参数表

刀具号码	刀具名称	刀具材料	刀具直径/mm	转速/(r/min)	径向进给速度/(mm/min)	轴向进给速度/(mm/min)	备注
T1	端铣刀	高速钢	ϕ10	800	200	200	粗铣
T2	端铣刀	高速钢	ϕ10	1200	200	200	精铣

6.5.4 加工程序

主程序见表 6-16。

表 6-16 主程序

程序内容	说明
O0001;	程序名
G21 G90 G69 G40 G49 G54;	程序初始化
M03 S800;	主轴正转，转速为 800r/min
G43 G90 G00 Z100 H1;	调用 1 号刀具长度补偿，定位到安全平面
X0 Y0 Z10;	快速定位至起刀点 P
M98 P40002;	调用 4 次 O0002 子程序
G90 G00 Z100;	抬刀到安全平面
G69;	取消坐标旋转
M05;	主轴停止
M30;	程序结束，并返回程序头

子程序见表 6-17。

表 6-17 子程序

程序内容	说明
O0002;	程序名
G90 G00 X35 Y35;	使用增量值编程
G01 Z-1 F200;	下刀 1mm
G41 X33 D1;	调用刀补
Y6;	
X6;	
Y33;	
X18;	
G03 X33 Y18 R15;	
G01 X35;	
G40 Y35;	
G00 Z10;	
G91 G68 X0 Y0 R90;	坐标系在当前位置旋转 90°
M99;	返回主程序

6.5.5 操作过程

1）打开斯沃数控软件，选择"FANUC 0i-MF Plus"，单击"运行"按钮。

2）单击机床操作面板中的启动按钮，单击急停按钮解除警报，启动机床。

3）在主界面选择"机床操作"→"选择刀具"（快捷键 Ctrl+T），打开"刀具库管理"对话框，如图 6-82 所示。

4）单击"添加"按钮打开"添加刀具"对话框，建立一把 ϕ10mm×100mm 的立铣刀。

5）设置毛坯尺寸：到主界面单击"工件操作"→"毛坯选择"，如图 6-83 所示。

6）单击"添加"按钮，设置一个圆柱体毛坯，毛坯的直径为80mm，高度为60mm，材料为2A12铝，如图6-84所示。

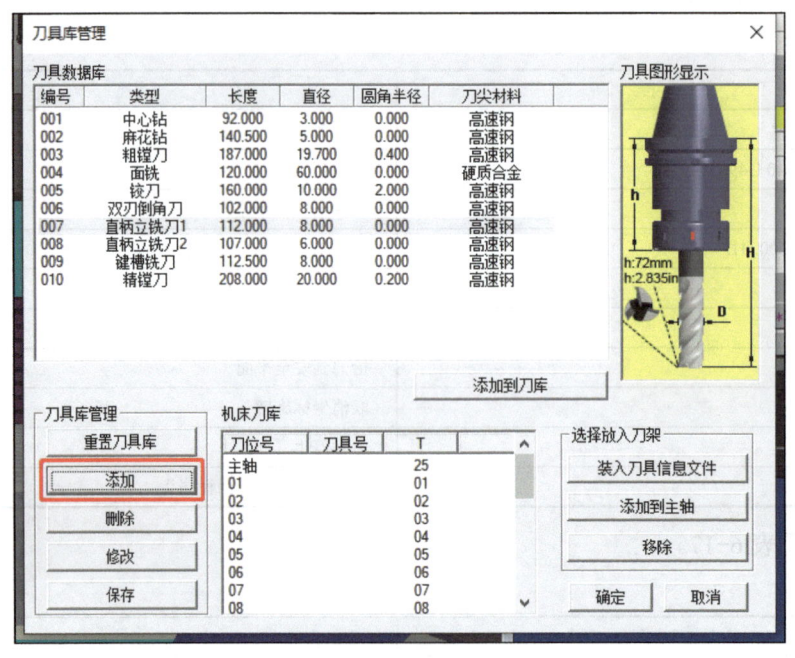

图6-82 刀具库管理

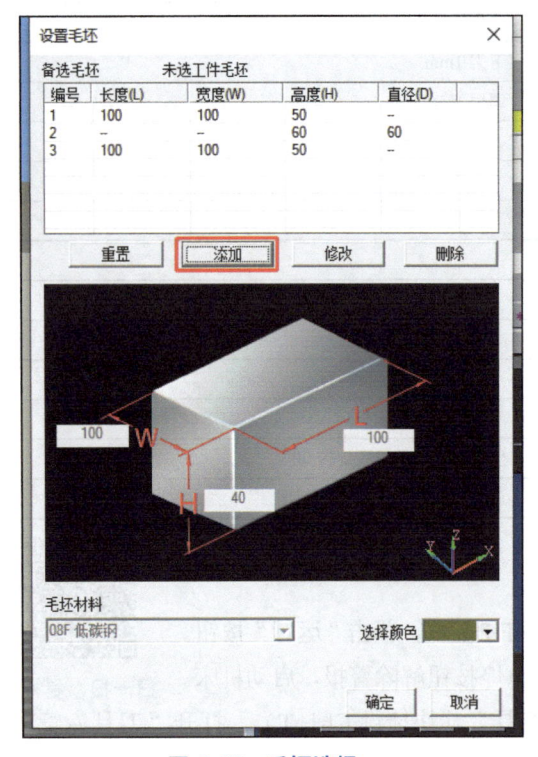

图6-83 毛坯选择

图6-84 圆柱体毛坯建立

7）在备选毛坯中选择刚刚所创建的毛坯，单击"确定"按钮，如图6-85所示。设置完成后如图6-86所示。

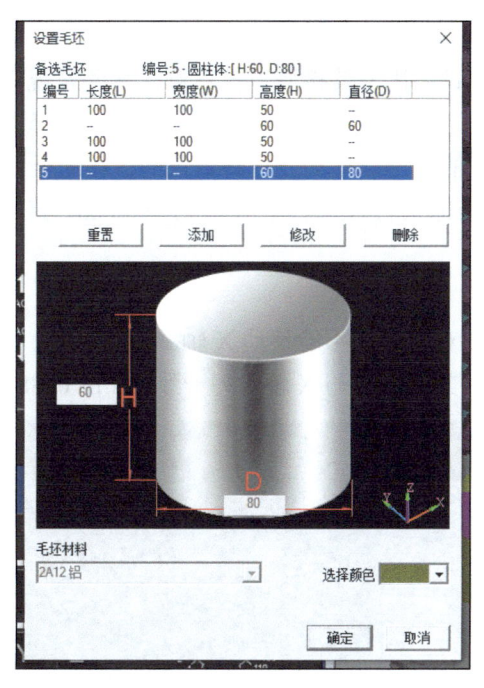

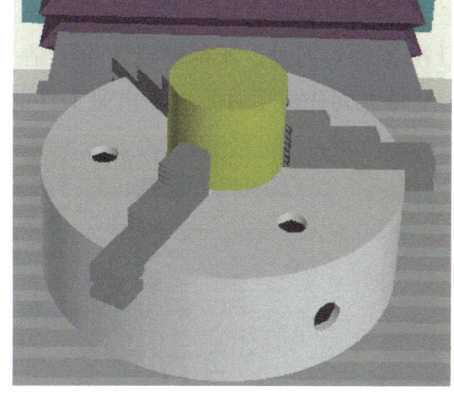

图 6-85 圆柱体毛坯选择　　　　　　图 6-86 圆柱体毛坯建立后实物

8）对刀。

X/Y 轴对刀：

① 单击操作面板上的"MDI"按钮，单击数控系统面板上的"PROG"按钮，输入"M03S400;"，按数控系统面板上的"INSERT"插入键，单击操作面板上的"CYCLE START"循环启动键启动主轴。

② 单击"HANDLE"按钮进入手轮进给方式，让刀具慢慢接触到工件左侧，直到发现有少许切屑为止，然后单击数控系统面板上的"POS"键，单击显示屏下方"相对"所对应的软键，输入"X"选择"起源"后单击"执行"按钮。此时相对坐标中 X 值会变成"X0"，如图 6-87 所示。

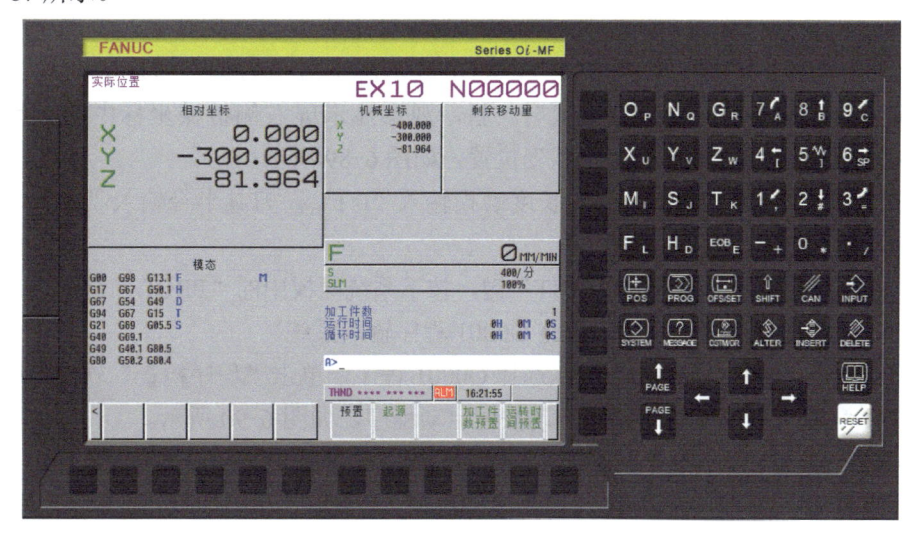

图 6-87 X 轴对刀起源设置

③ 抬起刀具至工件上表面之上，快速移动，让刀具靠近工件右侧。

④ 单击"HANDLE"按钮进入手轮进给方式，让刀具接触工件右侧，直到发现有少许切屑为止，记下此时机械坐标系中的 X 坐标值，如 111.6，然后进行以下操作：选择"OFS/SET"，单击显示屏下方"工件坐标系"所对应的软键，移动光标将黄色的框移动至 G54 选项中，输入"X55.8"选择"测量"，此时工件坐标系的 G54 栏中 X 值为 −400.00，绝对坐标中的 X 值会变成"X55.8"。

注：

① 在 X 轴对刀时，不能移动 Y 轴；在 Y 轴对刀时，不能移动 X 轴。

② Y 轴对刀先碰工件后面，再碰工件前面，其余操作与 X 轴对刀一致，如图 6-88 所示。

图 6-88　G54 坐标系建立

Z 轴对刀：

① 使主轴正转，快速将刀具移动到工件上表面附近。

② 改用手轮操作模式，让刀具慢慢接触到工件上表面，直到发现有少许切屑为止，然后进行以下操作：选择"OFS/SET"，单击显示屏下方"刀偏"所对应的软键，移动光标将黄色的框移动至 001 号"形状"一栏，观察显示屏右侧机械坐标中的 Z 值，如为 −145.099，则将该值输入 001 号"形状"位置，如图 6-89 所示。

9）在刀偏面板中，T001 号刀的长度磨损输入"0.1"，刀具半径输入"10"，刀具半径磨损输入"0.2"。

10）单击数控操作面板上的"EDIT"键，按下系统面板中的"PROG"键，进入程序编辑面板，将 O0002 程序输入系统，再将 O0001 程序输入系统。

11）粗加工：单击"AUTO"键，选择 O0001 程序，单击"程序检查"软键，可以监控程序。按下"CYCLE START"循环启动按钮启动程序，如图 6-90 所示。

12）修改 O0002 程序中 Z 向深度，深度依次减 1，直至将深度设置为"Z-10"。

13）精加工：主程序中的转速改成"S1000"，并将刀补中的磨损去除后重新运行 O0001 程序，如图 6-91 所示。

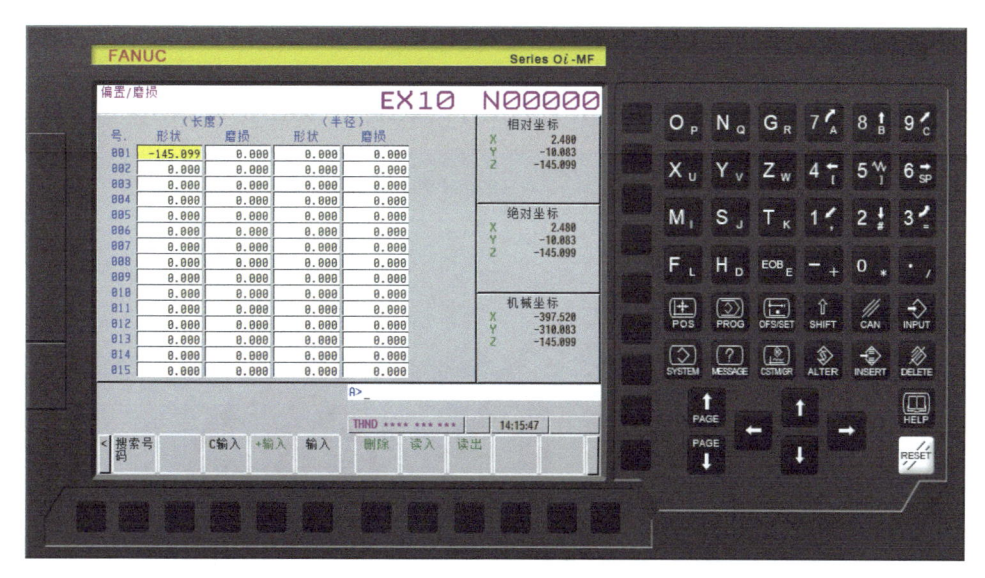

图 6-89 长度补偿设置

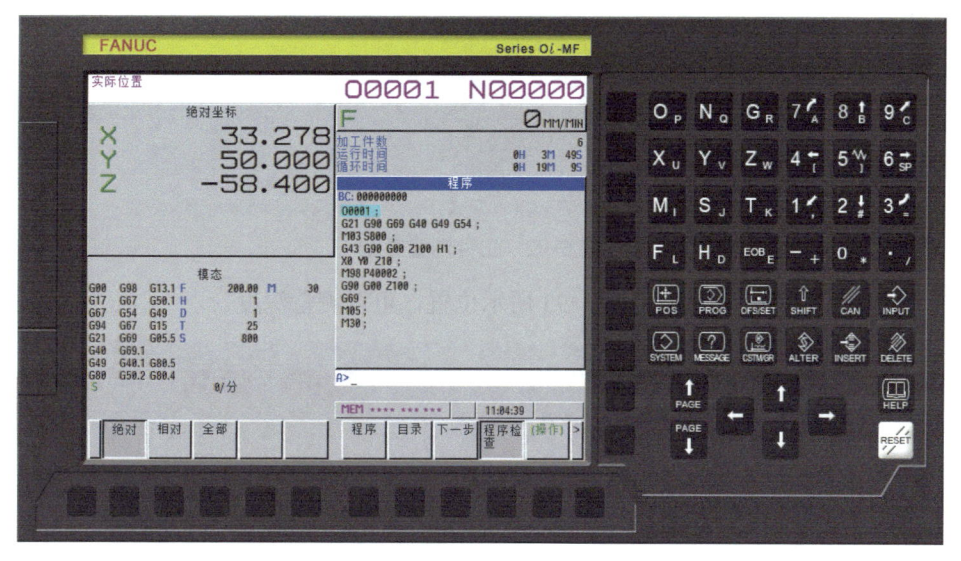

图 6-90 程序检查自动运行

图 6-91 模拟完成后实物

6.5.6 检测与分析

1）单击"工件测量"→"距离",进入工件测量界面,如图 6-92 所示。

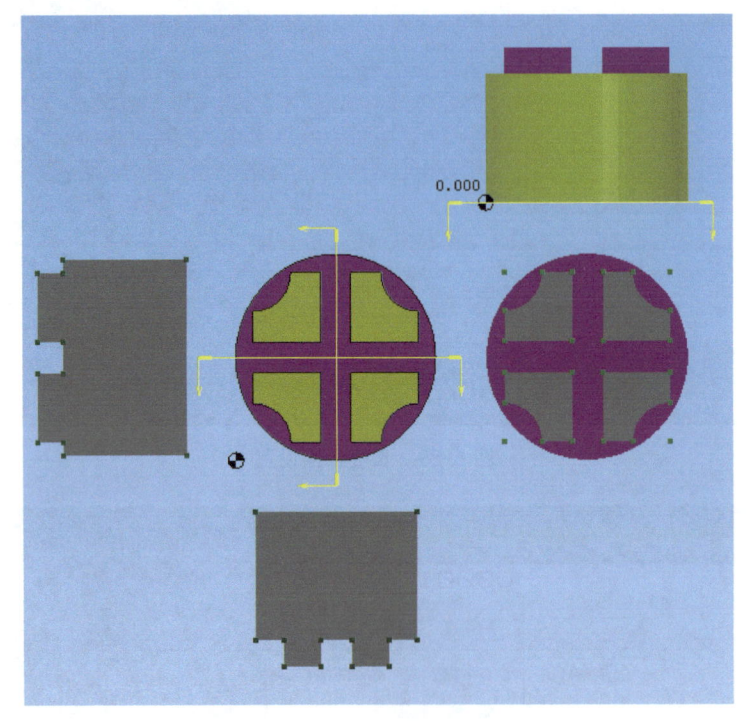

图 6-92 工件测量界面

2）根据图样尺寸要求,单击图 6-93 所示位置,可以测量深度。

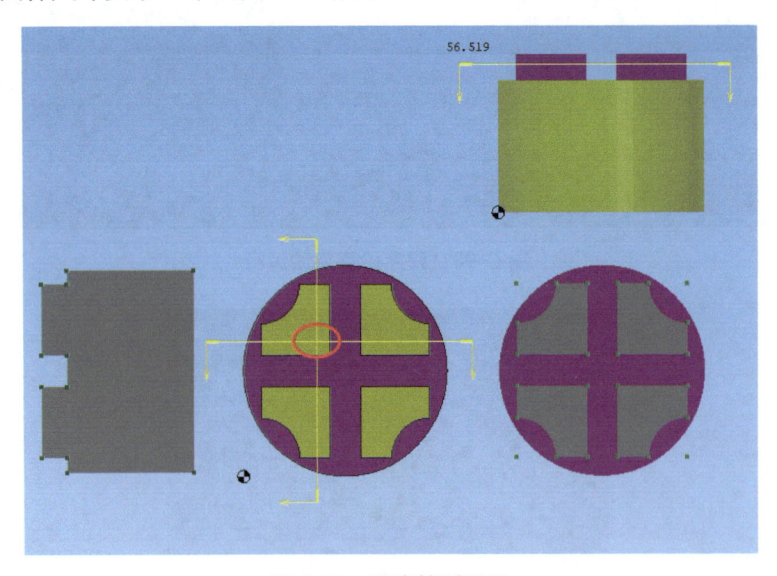

图 6-93 深度检测界面

3）测得几个深度的尺寸为 10mm,符合图样要求,如图 6-94 所示。

4）单击图 6-95 所示位置测量轮廓尺寸。

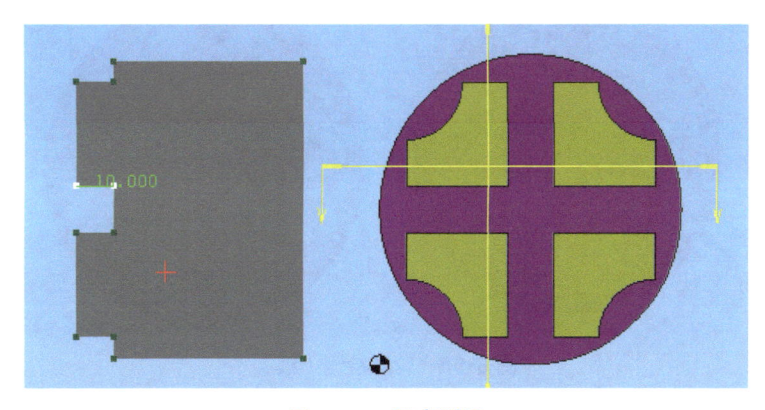

图 6-94 深度测量

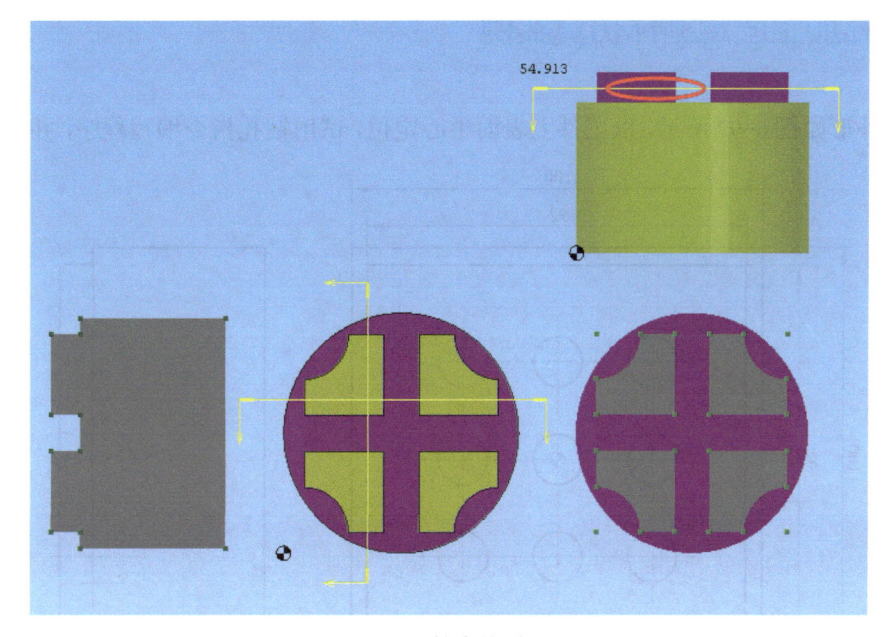

图 6-95 轮廓检测界面

5）测得几个长度的尺寸为 12mm 和 66mm，符合图样要求，如图 6-96 所示。

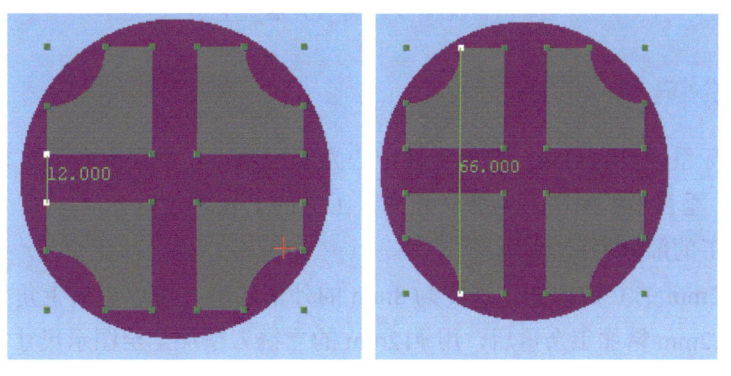

图 6-96 轮廓检测

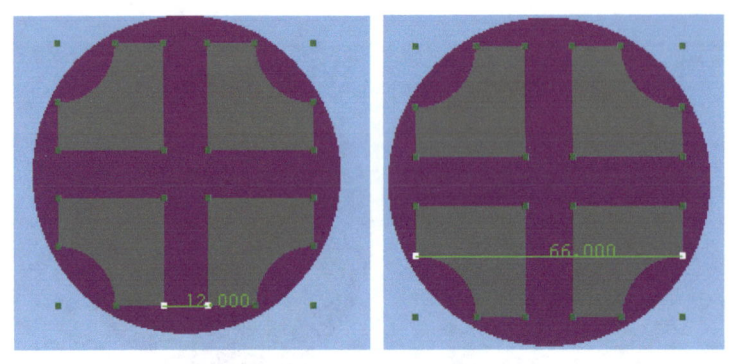

图 6-96 轮廓检测（续）

6.6 孔加工固定循环仿真实例

零件外形如图 6-97 所示，以工件上表面中心定位，试用钻孔指令编写程序，并进行仿真。

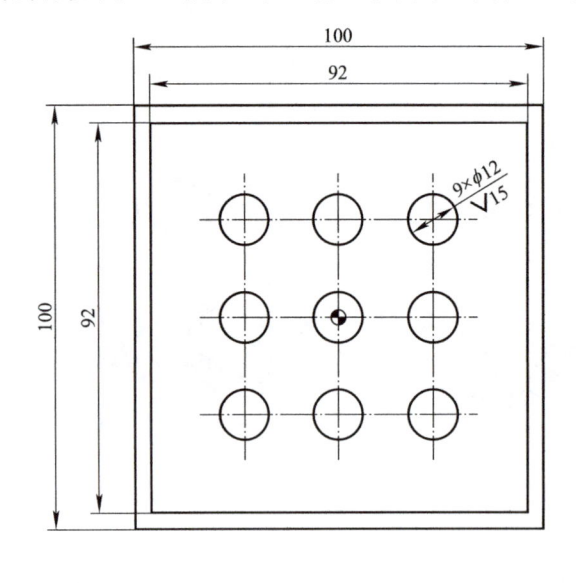

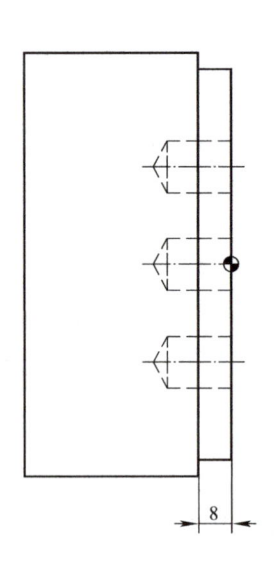

图 6-97 零件外形

6.6.1 工艺分析

1）工件坐标系预设为 G54，选择零件中心为编程原点，水平向右为 X 轴正向，竖直向上为 Y 轴正向，垂直于纸面向上为 Z 轴正向，工件的上表面定为 Z0。

2）需要加工的部分为：

① 使用 ϕ12mm 的立铣刀加工深度为 8mm 的外形轮廓，可以以右上角为起点进行顺时针加工，保留 0.2mm 精加工余量后，用 ϕ12mm 的立铣刀精加工至图示尺寸。

② 先使用中心钻打 1mm 深的定位孔，然后换用 ϕ12mm 的钻头加工至图示尺寸。

6.6.2 走刀路线

铣削路径：P—A—B—C—D—E—P，如图 6-98 所示。
钻孔路径：1—2—3—4—5—6—7—8—9，如图 6-99 所示。

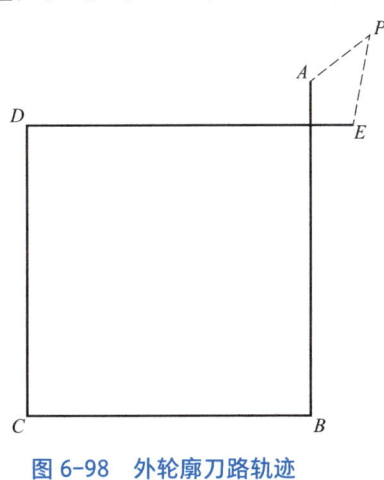

图 6-98　外轮廓刀路轨迹

图 6-99　钻孔刀路轨迹

6.6.3 刀具选择

零件材料为硬铝，加工采用的刀具参数见表 6-18。

表 6-18　加工刀具参数表

刀具号码	刀具名称	刀具材料	刀具直径/mm	转速/(r/min)	径向进给速度/(mm/min)	轴向进给速度/(mm/min)	备注
T1	端铣刀	高速钢	ϕ12	800	200	200	粗铣/精铣
T2	中心钻	高速钢	ϕ3	500		80	
T3	钻头	高速钢	ϕ12	500		80	

6.6.4 加工程序

外轮廓加工程序见表 6-19。

表 6-19　外轮廓加工程序

程序内容	说明
O0001;	程序名
G21 G40 G49 G54;	程序初始化
M03 S800;	主轴正转，转速为 800r/min
G43 G00 Z100 H1;	调用 1 号刀具长度补偿，定位到安全平面
X58 Y58 Z10;	快速定位至起刀点 P
G01 Z-1 F200;	Z 向切削深度 1mm
G41 X46 D1;	
Y-46;	
X-46;	

(续)

程序内容	说明
Y46;	
X58;	
G40 Y58;	
G00 Z100;	铣削完成抬刀
M05;	主轴停止
M30;	程序结束，并返回程序头

钻中心孔程序见表 6-20。

表 6-20　钻中心孔程序

程序内容	说明
O0002;	程序名
G21 G40 G49 G54;	程序初始化
M03 S800;	主轴正转，转速为 500r/min
G43 G00 Z100 H2;	调用 2 号刀具长度补偿，定位到安全平面
G99 G81 X-23 Y23 Z-3 R3 F80;	钻第一个中心孔
X0 Y23;	
X23 Y23;	
X-23 Y0;	
X0 Y0;	
X23 Y0;	
X-23 Y-23;	
X0 Y-23;	
G98 X23 Y-23;	
G80;	取消钻孔
M05;	主轴停止
M30;	程序结束，并返回程序头

钻孔程序见表 6-21。

表 6-21　钻孔程序

程序内容	说明
O0002;	程序名
G21 G40 G49 G54;	程序初始化
M03 S800;	主轴正转，转速为 500r/min
G43 G00 Z25 H3;	调用 3 号刀具长度补偿，定位到安全平面
G99 G83 X-23 Y23 Z-15 R3 Q3 F80;	钻第一个孔
X0 Y23;	
X23 Y23;	
X-23 Y0;	
X0 Y0;	

(续)

程序内容	说明
X23 Y0;	
X-23 Y-23;	
X0 Y-23;	
G98 X23 Y-23;	
G80;	取消钻孔
M05;	主轴停止
M30;	程序结束，并返回程序头

6.6.5 操作过程

1）打开斯沃数控软件，选择"FANUC 0i-MF Plus，单击"运行"按钮。

2）单击机床操作面板中的启动按钮，单击急停按钮解除警报，启动机床。

3）在主界面选择"机床操作"→"选择刀具"（快捷键 Ctrl+T），打开"刀具库管理"对话框，如图 6-100 所示。

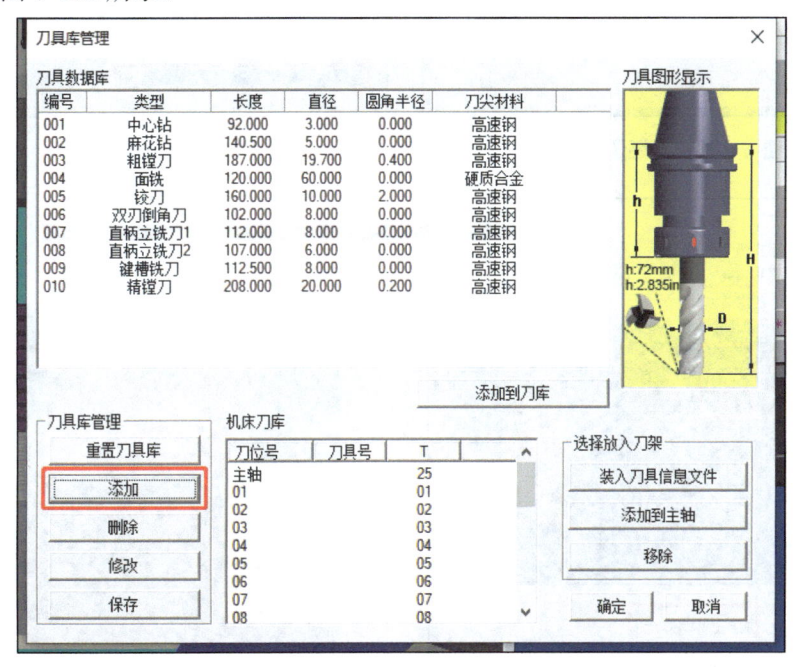

图 6-100 刀具库管理

4）单击"添加"按钮打开"添加刀具"对话框，建立一把 ϕ12mm×100mm 的立铣刀、一把 ϕ12mm×132mm 的钻头和一把 ϕ3mm×92mm 的中心钻。

5）设置毛坯尺寸：在主界面单击"工件操作"→"毛坯选择"，如图 6-101 所示。

6）单击"添加"按钮，设置毛坯的长、宽、高，毛坯材料为 2A12 铝，然后单击"确定"按钮，如图 6-102 所示。

7）在备选毛坯中选择刚刚所创建的毛坯，单击"确定"按钮。

8）在主界面单击"工件操作"→"工件装夹"，选择"平口钳装夹"，单击"加紧上下调整"

中的向上箭头，使工件伸出长度为30mm，如图6-103所示。设置完成后如图6-104所示。

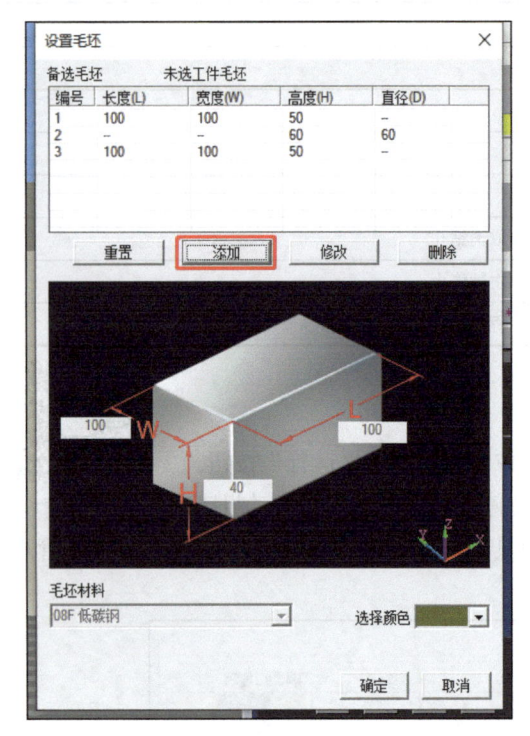

图6-101　毛坯选择

图6-102　毛坯建立

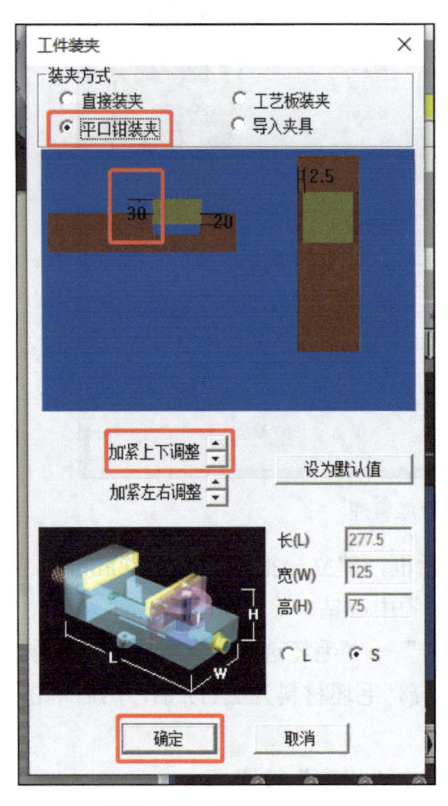

图6-103　夹持位置设置

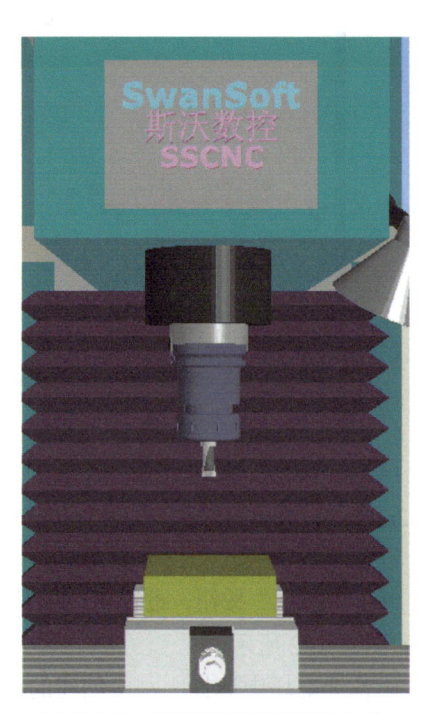

图6-104　模拟机床毛坯装夹方式

9）对刀。

X/Y 轴对刀：

① 单击操作面板上的"MDI"按钮，单击数控系统面板上的"PROG"按钮，输入"M03S400；"，单击数控系统面板上的"INSERT"插入键，单击操作面板上的"CYCLE START"循环启动键启动主轴。

② 单击"HANDLE"按钮进入手轮进给方式，让刀具慢慢接触到工件左侧，直到发现有少许切屑为止，然后单击数控系统面板上的"POS"键，单击显示屏下方"相对"所对应的软键，输入"X"选择"起源"后单击"执行"按钮。此时相对坐标中 X 值会变成"X0"，如图 6-105 所示。

图 6-105　X 轴起源设置

③ 抬起刀具至工件上表面之上，快速移动，让刀具靠近工件右侧。

④ 单击"HANDLE"按钮进入手轮进给方式，让刀具接触工件右侧，直到发现有少许切屑为止，记下此时机械坐标系中的 X 坐标值，如 111.6，然后进行以下操作：选择"OFS/SET"，单击显示屏下方"工件坐标系"所对应的软键，移动光标将黄色的框移动至 G54 选项中，输入"X55.8"选择"测量"，此时工件坐标系的 G54 栏中 X 值为 -400.00，绝对坐标中的 X 值会变成"X55.8"。

注：Y 轴对刀先碰工件后面，再碰工件前面，其余操作与 X 轴对刀一致，如图 6-106 所示。

Z 轴对刀：

① 使主轴正转，快速将刀具移动到工件上表面附近。

② 改用手轮操作模式，让刀具慢慢接触到工件上表面，直到发现有少许切屑为止，然后进行以下操作：选择"OFS/SET"，单击显示屏下方"刀偏"所对应的软键，移动光标将黄色的框移动至 001 号"形状"一栏，观察显示屏右侧机械坐标中的 Z 值，如为

−145.099，则将该值输入 001 号"形状"位置，如图 6-107 所示。

图 6-106 G54 坐标系建立

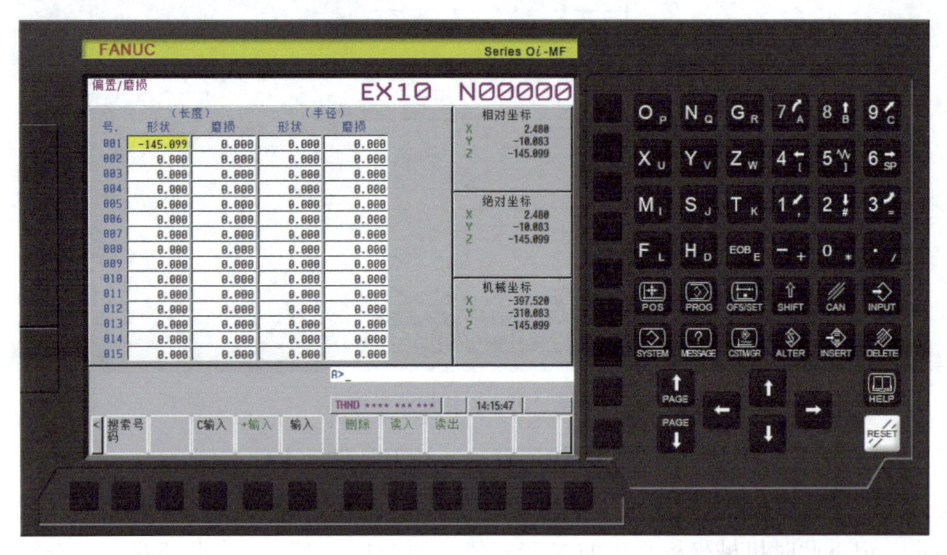

图 6-107 刀具长度补偿

第二把刀对刀：
① 将第二把刀具（中心钻）安装到主轴上。
② 将主轴移动到工件正上方。
③ 单击"机床操作"，选择"Z 向对刀仪选择"。
④ 单击机床操作面板上的"HANDLE"按钮进入手轮进给方式，将主轴靠近对刀仪，在手轮倍率为"×1"的情况下，使对刀仪的指示灯亮起，如图 6-108 所示。
⑤ 单击系统操作面板上的"OFS/SET"按钮，单击显示屏下方"刀偏"软键，读取显示屏右边机械坐标中 Z 轴的值，如："−45.001"。

图 6-108 Z 向对刀仪使用

⑥ 将光标移动到 T002 长度"形状"处输入"-145.001"（注：在输入的尺寸中需要加入对刀仪的高度 100mm）。

第三把刀对刀方法同理，只对刀具长度，如图 6-109 所示。

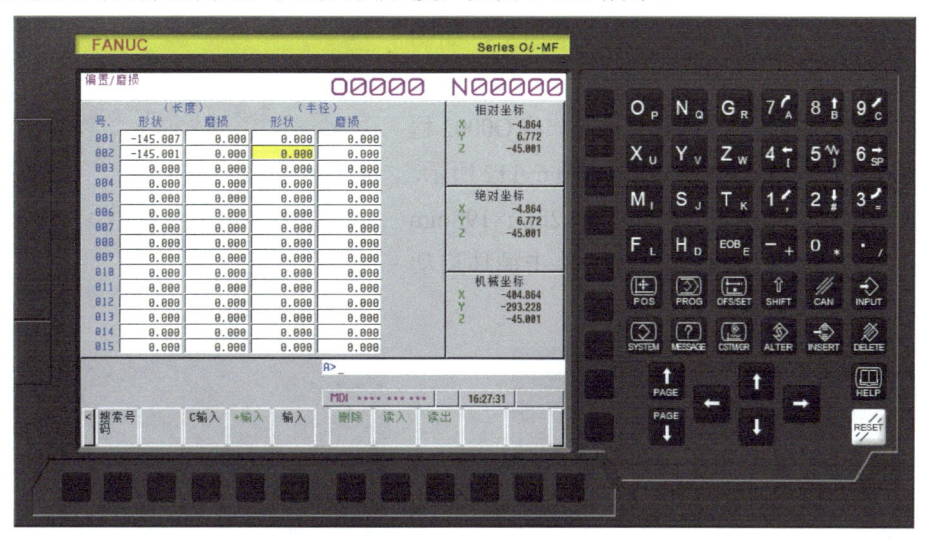

图 6-109　刀具长度补偿

10）在刀偏面板中，T001 号刀的长度磨损输入"0.1"，刀具半径形状输入"12"，刀具半径磨损输入"0.2"；T002 号刀的长度磨损输入"0"，刀具半径形状输入"0"，半径磨损输入"0"（注：在仿真软件中，刀具半径补偿值默认输入刀具直径）。

11）轮廓加工：单击"机床操作"，然后单击"选择刀具"，将 φ12mm×100mm 的刀具装到主轴上。

12）单击数控操作面板上的"EDIT"键，单击系统面板中的"PROG"键，进入程序编辑面板，将上面 O0001 程序输入系统。

13）单击"AUTO"键，单击"程序检查"软键，可以监控程序。单击"CYCLE START"循环启动按钮启动程序，如图 6-110 所示。

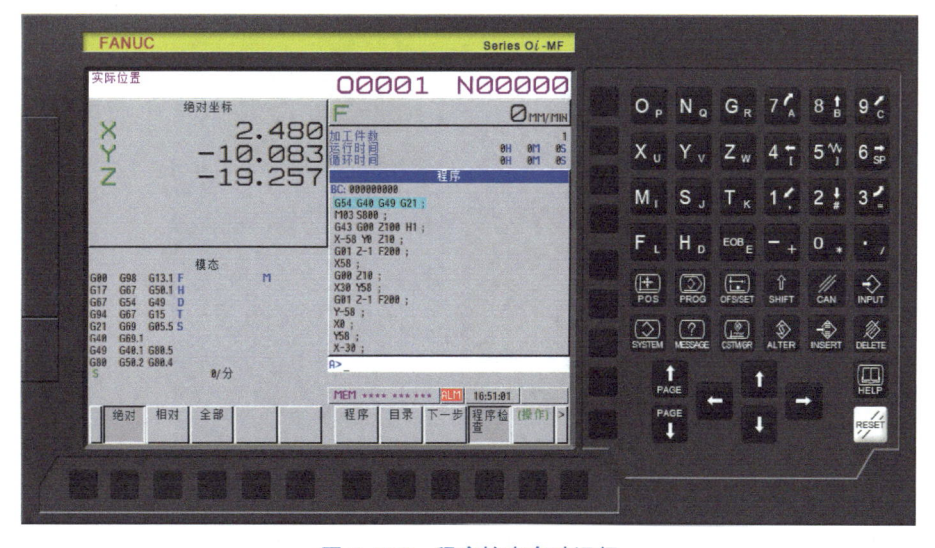

图 6-110　程序检查自动运行

14）修改程序中 Z 向深度，深度依次减 1，直至将深度设置为"Z-8"。

15）单击"OFS/SET"，选择"刀偏"，修改刀具半径补偿值后，运行程序完成精加工，如图 6-111 所示。

16）单击"机床操作"选择中心钻，将 O0002 程序输入机床，单击循环启动按钮，如图 6-112 所示。

17）单击"机床操作"，选择 φ12mm×198mm 的钻头，将 O0003 程序输入机床，单击循环启动按钮，如图 6-113 所示。

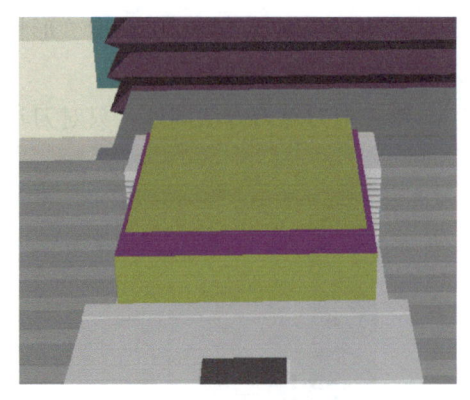

图 6-111　外轮廓铣削加工

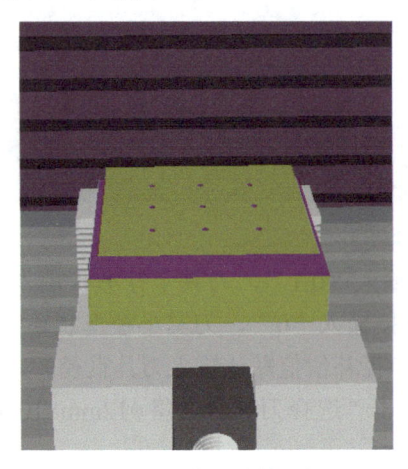

图 6-112　中心孔钻孔加工

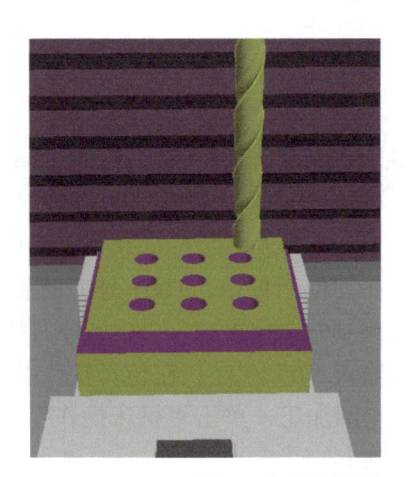

图 6-113　零件加工完成后模型

6.6.6　检测与分析

1）单击"工件测量"→"距离"，进入工件测量界面，如图 6-114 所示。

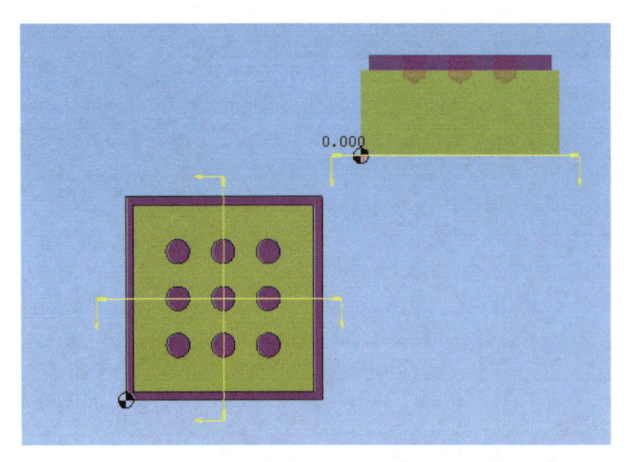

图 6-114　工件测量界面

2）根据图样尺寸要求，单击如图 6-115 所示位置，可以测量深度。

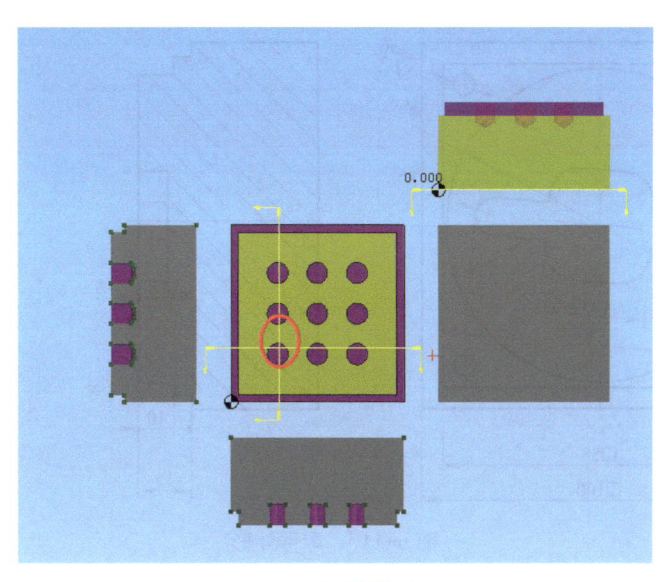

图 6-115 深度检测界面

3) 测得几个长度的尺寸为 8mm，符合图样要求，如图 6-116 所示。

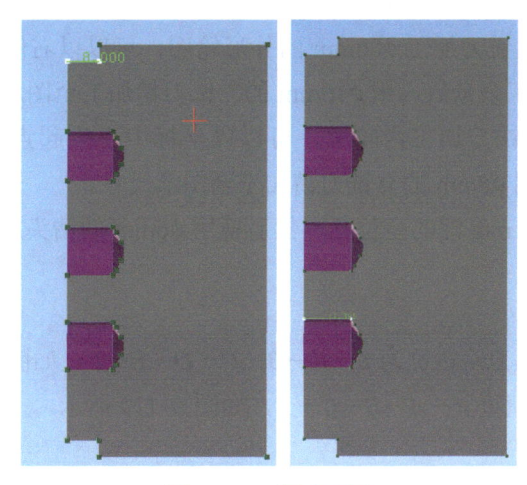

图 6-116 深度测量

注：孔径深度测得为 11.395mm。图样中标注的深度是加上钻头尖角尺寸后的数值，而测量时则去掉了尖角尺寸，因此尺寸也符合要求。

6.7 综合零件仿真加工实例

零件外形如图 6-117 所示，以工件上表面中心定位，试编写加工程序并进行仿真。

6.7.1 工艺分析

1) 工件坐标系预设为 G54，选择零件中心为编程原点，水平向右的方向为 X 的正向，竖直向上的方向为 Y 的正向，垂直纸面向上的方向为 Z 的正向，工件的上表面定为 Z0。

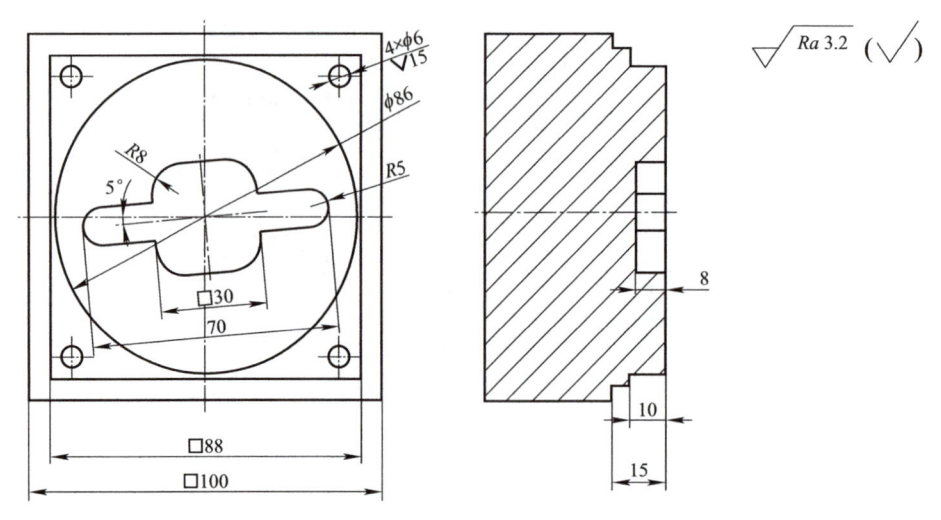

图 6-117 零件外形

2）需要加工的部分为：

① 使用 ϕ10mm 的立铣刀加工 88mm×88mm 的外形轮廓，可以以右上角为起点进行顺时针加工，保留 0.2mm 精加工余量后，用 ϕ10mm 的立铣刀精加工至图示尺寸。

② 使用 ϕ10mm 的立铣刀加工 ϕ86mm 的外形轮廓，可以以右侧中心为起点进行顺时针加工，保留 0.2mm 精加工余量后，用 ϕ10mm 的立铣刀精加工至图示尺寸。

③ 使用 ϕ8mm 的立铣刀加工内轮廓，可以以坐标中心为起点进行逆时针加工，保留 0.2mm 精加工余量后，用 ϕ8mm 的立铣刀精加工至图示尺寸。

④ 先使用中心钻打 1mm 深的定位孔，然后换用 ϕ6mm 的钻头加工至图示尺寸。

6.7.2　走刀路线

88mm×88mm 外轮廓刀路轨迹为 P—A—B—C—D—E—P，如图 6-118 所示。

ϕ86mm 外轮廓刀路轨迹 P—A—B—C—P，如图 6-119 所示。

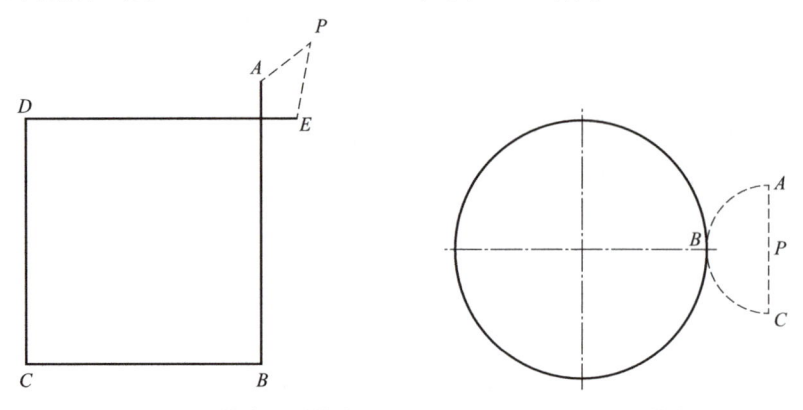

图 6-118　88mm×88mm 外轮廓刀路轨迹　　图 6-119　ϕ86 外轮廓刀路轨迹

内轮廓刀路轨迹为 P—A—B—C—D—E—F—G—H—I—J—K—L—M—N—O—P，如图 6-120 所示。

钻孔顺序为 1—2—3—4，如图 6-121 所示。

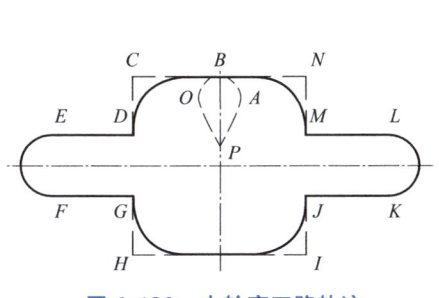

图 6-120　内轮廓刀路轨迹

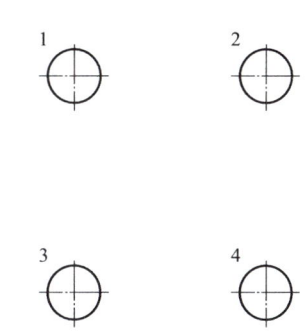

图 6-121　钻孔顺序

6.7.3　刀具选择

零件材料为硬铝，加工采用的刀具参数见表 6-22。

表 6-22　加工刀具参数

刀具号码	刀具名称	刀具材料	刀具直径/mm	转速/(r/min)	径向进给速度/(mm/min)	轴向进给速度/(mm/min)	备注
T1	端铣刀	高速钢	$\phi 10$	800	200	200	粗铣/精铣
T2	端铣刀	高速钢	$\phi 8$	800	200	200	粗铣/精铣
T3	中心钻	高速钢	$\phi 3$	500		80	
T4	钻头	高速钢	$\phi 6$	500		80	

6.7.4　加工程序

88mm×88mm 外轮廓加工程序见表 6-23。

表 6-23　88mm×88mm 外轮廓加工程序

程序内容	说明
O0001;	程序名
G21 G40 G49 G54;	程序初始化
M03 S800;	主轴正转，转速为 800r/min
G43 G00 Z100 H1;	调用 1 号刀具长度补偿，定位到安全平面
X58 Y58 Z10;	快速定位至起刀点 P
G01 Z-1 F200;	Z 向切削深度 1mm
G41 X44 D1;	
Y-44;	
X-44;	
Y44;	
X58;	
G40 Y58;	
G00 Z100;	铣削完成抬刀
M05;	主轴停止
M30;	程序结束，并返回程序头

ϕ86mm 外轮廓加工程序见表 6-24。

表 6-24 ϕ86 外轮廓加工程序

程序内容	说明
O0002;	程序名
G21 G40 G49 G54;	程序初始化
M03 S800;	主轴正转，转速为 800r/min
G43 G00 Z100 H1;	调用 1 号刀具长度补偿，定位到安全平面
X60 Y0 Z10;	快速定位至起刀点 P
G01 Z-1 F200;	Z 向切削深度 1mm
G41 Y17 D1;	
G03 X43 Y0 R17;	
G02 I-43;	
G03 X60 Y-17 R17;	
G40 G01 Y0;	
G02 X30 Y22 R8;	
G03 X50 R10;	圆弧切出
G40 G01 Y58;	取消刀补
G00 Z100;	铣削完成抬刀
M05;	主轴停止
M30;	程序结束，并返回程序头

内轮廓加工程序见表 6-25。

表 6-25 内轮廓加工程序

程序内容	说明
O0003;	程序名
G21 G40 G49 G54;	程序初始化
M03 S800;	主轴正转，转速为 800r/min
G43 G00 Z100 H2;	调用 2 号刀具长度补偿，定位到安全平面
G68 X0 Y0 R5;	
X0 Y3 Z10;	快速定位至起刀点 P
G03 Z-1 J-3 F200;	螺旋下刀 Z 向切削深度 1mm
J-3;	
G41 G01 X6 Y9 D2;	
G03 X0 Y15 R6;	
G01 X-15, R8;	
Y5;	
X-30;	
G03 Y-5 R5;	
G01 X-15;	
Y-15, R8;	
X15, R8;	
Y-5;	
X30;	
G03 Y5 R5;	

（续）

程序内容	说明
G01 X15;	
Y15, R8	
X0;	
G03 X-6 Y9 R6;	
G40 X0 Y4	取消刀补
G69	取消坐标旋转
G00 Z100;	铣削完成抬刀
M05;	主轴停止
M30;	程序结束，并返回程序头

钻中心孔程序见表 6-26。

表 6-26　钻中心孔程序

程序内容	说明
O0004;	程序名
G21 G40 G49 G54;	程序初始化
M03 S800;	主轴正转，转速为 500r/min
G43 G00 Z125 H3;	调用 3 号刀具长度补偿，定位到安全平面
G99 G81 X-40 Y40 Z-13 R3 F80;	钻第一个中心孔
X40;	
X-40 Y40;	
G98 X40;	
G80;	取消钻孔
M05;	主轴停止
M30;	程序结束，并返回程序头

钻孔程序见表 6-27。

表 6-27　钻孔程序

程序内容	说明
O0005;	程序名
G21 G40 G49 G54;	程序初始化
M03 S800;	主轴正转，转速为 500r/min
G43 G00 Z25 H4;	调用 4 号刀具长度补偿，定位到安全平面
G98 G81 X-40 Y40 Z-25 R-17 F80;	钻第一个孔
X40;	
X-40 Y40;	
G98 X40;	
G80;	取消钻孔
M05;	主轴停止
M30;	程序结束，并返回程序头

6.7.5　操作过程

1）打开斯沃数控软件，选择"FANUC 0i-MF Plus"，单击"运行"按钮。

2）单击机床操作面板中的启动按钮，单击急停按钮解除警报，启动机床。

扫一扫，看视频

3）在主界面选择"机床操作"→"选择刀具"（快捷键 Ctrl+T），打开"刀具库管理"对话框，如图 6-122 所示。

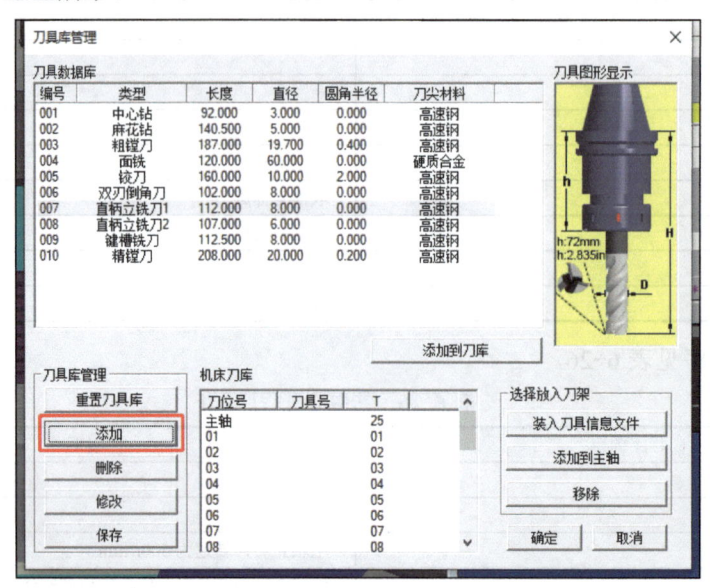

图 6-122 刀具库管理

4）单击"添加"按钮打开"添加刀具"对话框，建立一把 ϕ10mm×100mm 的立铣刀、一把 ϕ8mm×100mm 的立铣刀、一把 ϕ3mm×92mm 的中心钻和一把 ϕ6mm×132mm 的钻头。

5）设置毛坯尺寸：到主界面单击"工件操作"→"毛坯选择"，如图 6-123 所示。

6）单击"添加"按钮，设置毛坯的长、宽、高，毛坯材料为 2A12 铝，然后单击"确定"按钮，如图 6-124 所示。

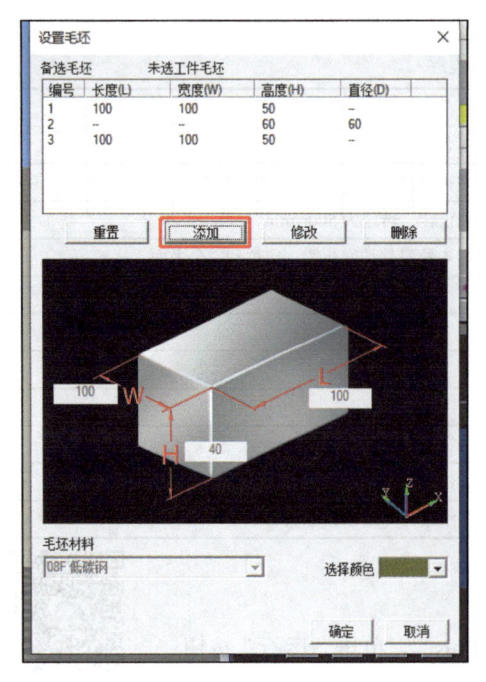

图 6-123 毛坯选择

图 6-124 建立毛坯

7）在备选毛坯中选择刚刚所创建的毛坯，然后单击"确定"按钮，如图 6-125 所示。

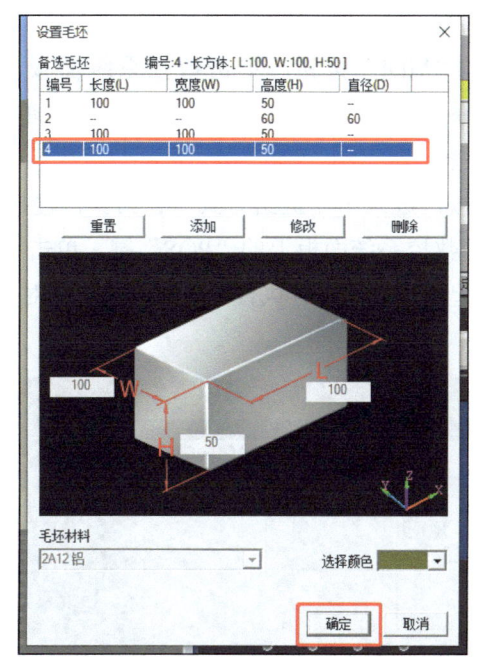

图 6-125　选择建立的毛坯

8）在主界面单击"工件操作"→"工件装夹"，选择"平口钳装夹"，单击"加紧上下调整"中的向上箭头，使工件伸出长度为 30mm，如图 6-126 所示。设置完成后如图 6-127 所示。

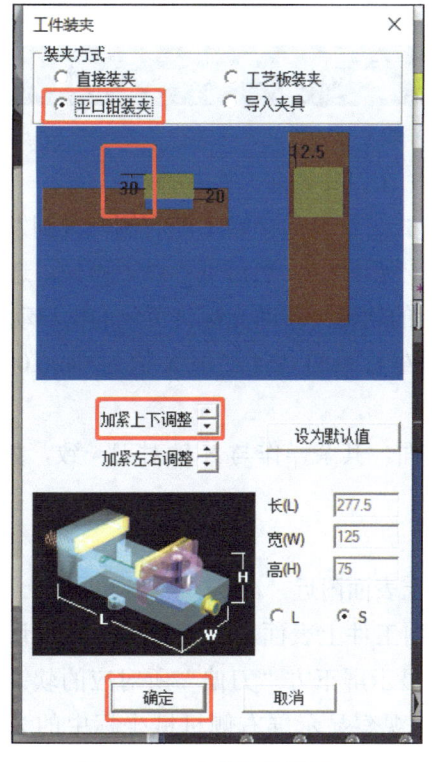

图 6-126　夹持位置设置

图 6-127　模拟机床毛坯装夹方式

9) 对刀。

X/Y 轴对刀：

① 单击操作面板上的"MDI"按钮，单击数控系统面板上的"PROG"按钮，输入"M03S400；"，单击数控系统面板上的"INSERT"插入键，单击操作面板上的"CYCLE START"循环启动键启动主轴。

② 单击"HANDLE"按钮进入手轮进给方式，让刀具慢慢接触到工件左侧，直到发现有少许切屑为止，然后单击数控系统面板上的"POS"键，单击显示屏下方"相对"所对应的软键，输入"X"选择"起源"后单击"执行"按钮。此时相对坐标中 X 值会变成"X0"，如图 6-128 所示。

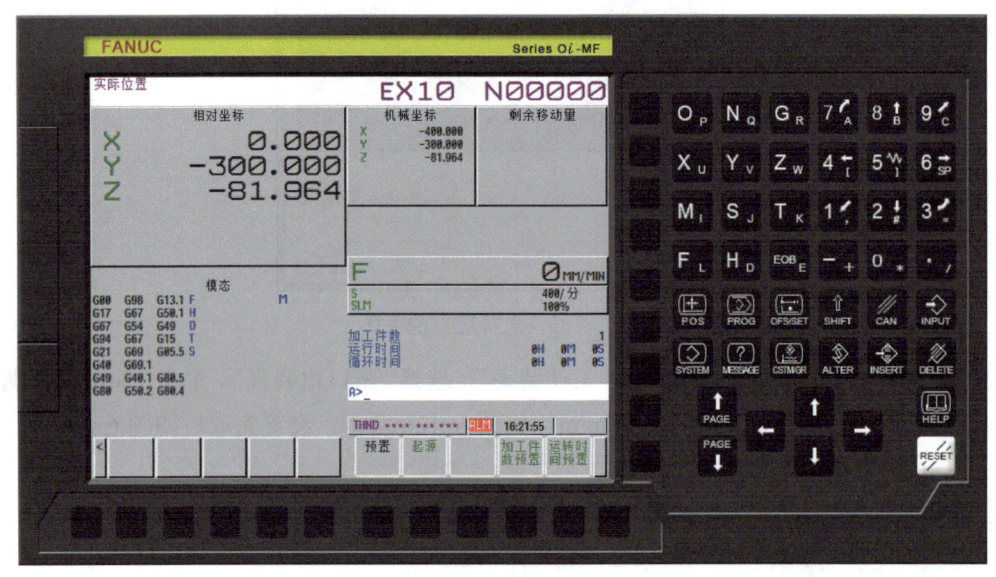

图 6-128 X 轴起源

③ 抬起刀具至工件上表面之上，快速移动，让刀具靠近工件右侧。

④ 单击"HANDLE"按钮进入手轮进给方式，让刀具接触工件右侧，直到发现有少许切屑为止，记下此时机械坐标系中的 X 坐标值，如 111.6，然后进行以下操作：选择"OFS/SET"，单击显示屏下方"工件坐标系"所对应的软键，移动光标将黄色的框移动至 G54 选项中，输入"X55.8"选择"测量"，此时工件坐标系的 G54 栏中 X 值为 -400.00，绝对坐标中的 X 值会变成"X55.8"。

注：Y 轴对刀先碰工件后面，再碰工件前面，其余操作与 X 轴对刀一致，如图 6-129 所示。

Z 轴对刀：

① 启动主轴正转，快速将刀具移动到工件上表面附近。

② 改用手轮操作模式，让刀具慢慢接触到工件上表面，直到发现有少许切屑为止，然后进行以下操作：选择"OFS/SET"，单击显示屏下方"刀偏"所对应的软键，移动光标将黄色的框移动至 001 号"形状"一栏中，观察显示屏右侧机械坐标中的 Z 值，如为 -145.099，则将该值输入 001 号"形状"位置，如图 6-130 所示。

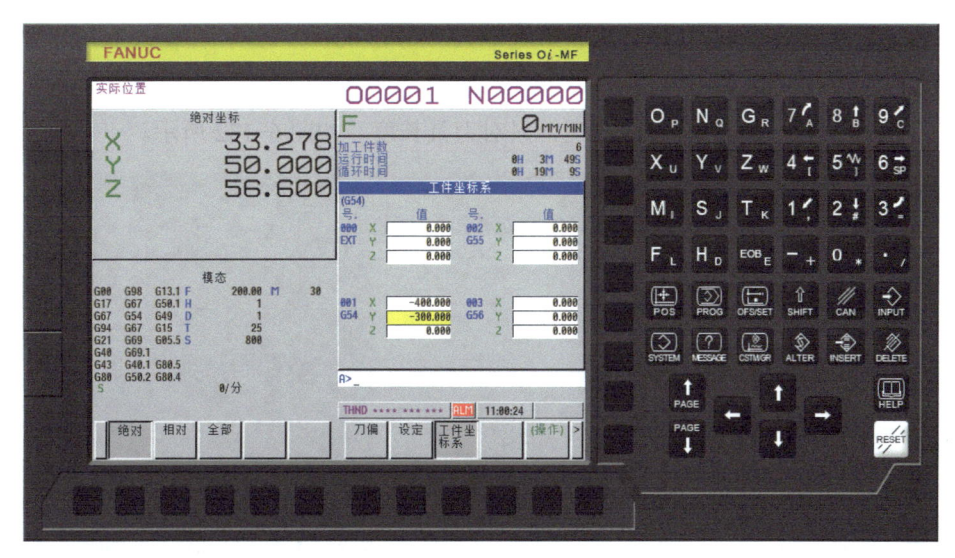

图 6-129 G54 坐标系建立

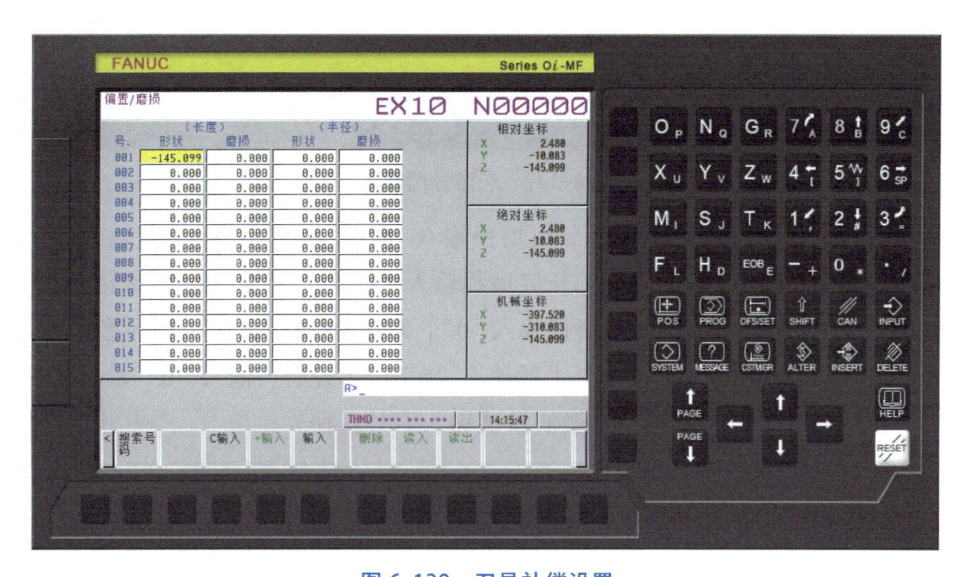

图 6-130 刀具补偿设置

第二把刀对刀：

① 将第二把刀具（中心钻）安装到主轴上。

② 将主轴移动到工件正上方。

③ 单击"机床操作"，选择"Z 向对刀仪选择"。

④ 单击机床操作面板上的"HANDLE"按钮进入手轮进给方式，将主轴靠近对刀仪，在手轮倍率为"×1"的情况下，使对刀仪的指示灯亮起，如图 6-131 所示。

⑤ 单击系统操作面板中的"OFS/SET"键，单击显示屏下方"刀偏"软键，读取显示屏右边机械坐标中 Z 轴的值，如："-45.001"。

图 6-131 Z 向对刀设置

⑥ 将光标移动到 T002 长度"形状"处输入"-145.001"（注：在输入的尺寸中需要加入对刀仪的高度 100mm）。

第三把刀、第四把刀对刀方法同理，只对刀具长度，如图 6-132 所示。

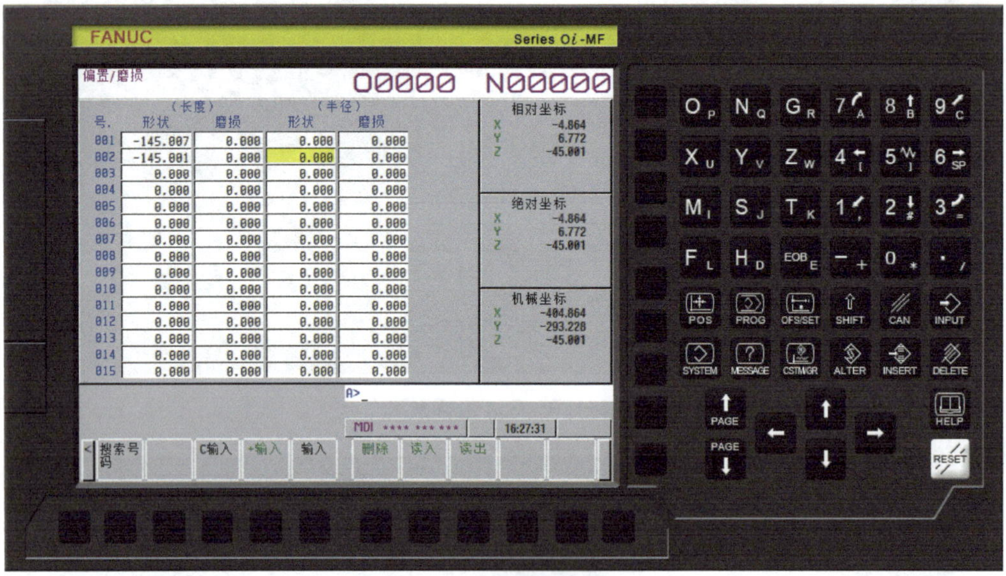

图 6-132 长度补偿输入

10）在刀偏面板中，T001 号刀的长度磨损输入"0.1"，刀具半径形状输入"10"，刀具半径磨损输入"0.2"；T002 号刀的长度磨损输入"0.1"，刀具半径形状输入"8"，半径磨损输入"0.2"；T003 号刀的长度磨损输入"0"，刀具半径输入"0"，半径磨损输入"0"；T004 号刀的长度磨损输入"0"，刀具半径输入"0"，半径磨损输入"0"，如图 6-133 所示（注：在仿真软件中，刀具半径补偿值默认输入刀具直径）。

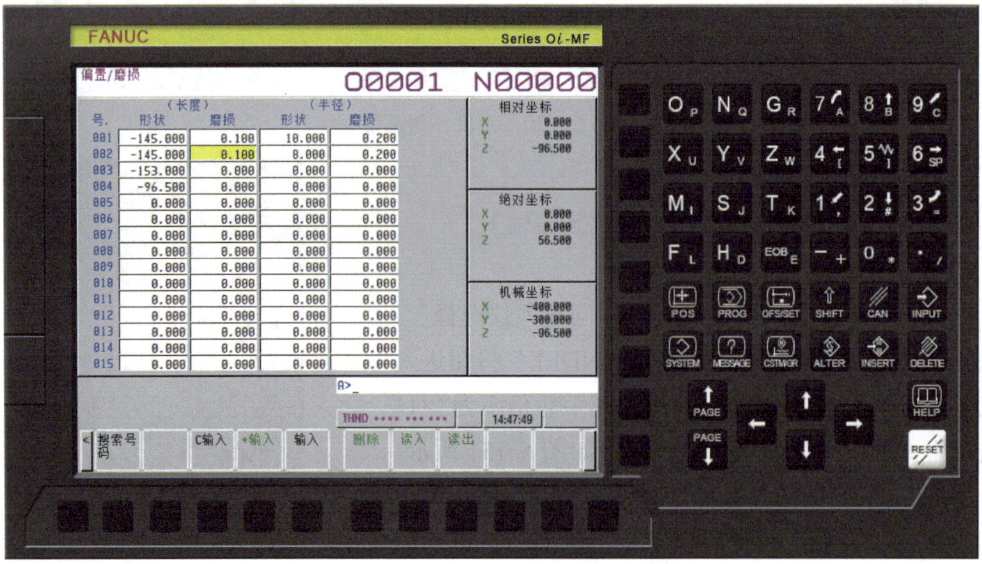

图 6-133 刀具参数设置

11）88mm×88mm 凸台：单击"机床操作"→"选择刀具"，将 φ10mm×100mm 的刀具装到主轴上。

12）单击数控操作面板上的"EDIT"键，再单击系统面板中的"PROG"键，进入程序编辑面板，将上面 O0001 程序输入系统。

13）单击"AUTO"键，单击"程序检查"软键，可以监控程序。单击"CYCLE START"循环启动按钮启动程序，如图 6-134 所示。

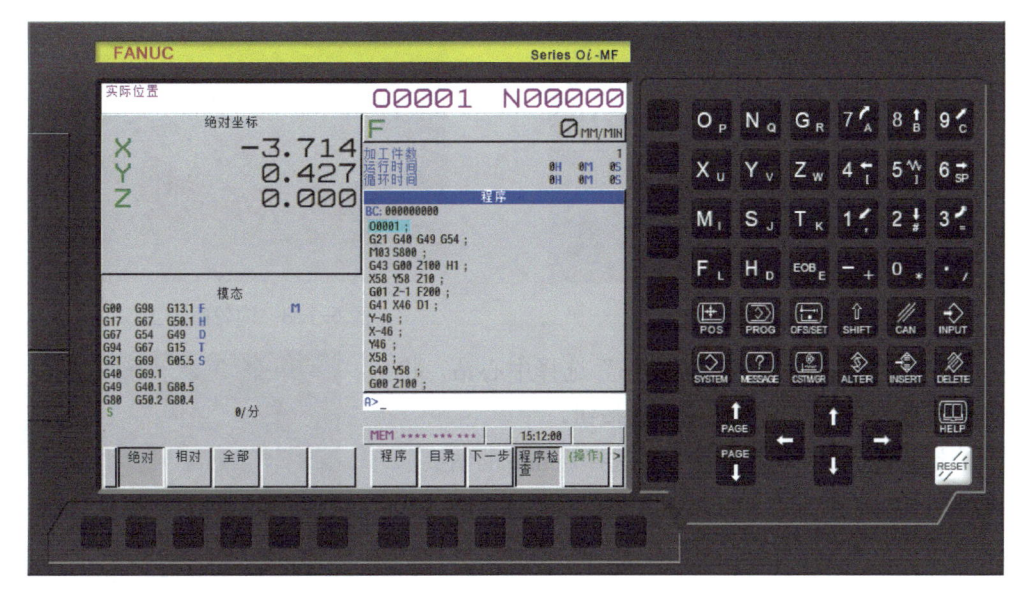

图 6-134 程序检查自动运行

14）修改程序中 Z 向深度，深度依次减 1，直至将深度设置为"Z-15"。

15）单击"OFS/SET"，选择"刀偏"，修改刀具半径补偿值后运行程序完成精加工，如图 6-135 所示。

16）φ86mm 凸台：单击"机床操作"→"选择刀具"，将 φ10mm×100mm 的刀具装到主轴上，将 O0002 程序输入机床，单击循环启动按钮，如图 6-136 所示。

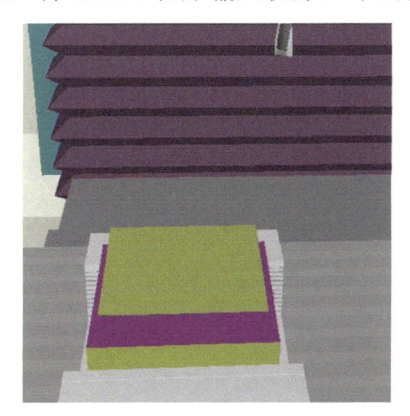

图 6-135 88mm×88mm 轮廓粗加工 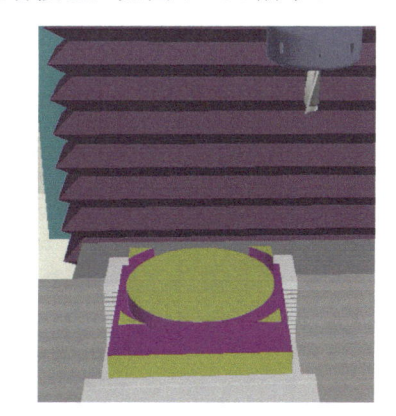   图 6-136 φ86mm 凸台粗加工

17）粗加工完成后，如果毛坯外侧还有余量，单击"OFS/SET"，选择"刀偏"，在 T001 刀具半径"形状"中输入"15"（注：此处输入的值以刀具半径的倍数值输入），并

重新运行程序，直至将毛坯全部铣削完成。

18）去除余量后，修改参数并精加工完成，如图 6-137 所示。

19）内轮廓加工：单击"机床操作"，选择 $\phi 8mm \times 100mm$ 的刀具，将 O0003 程序输入机床，单击循环启动按钮，如图 6-138 所示。

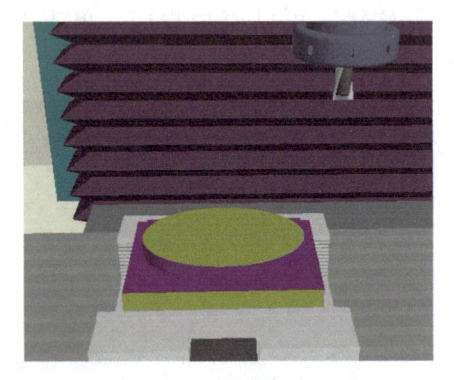

图 6-137　去除余量的模型

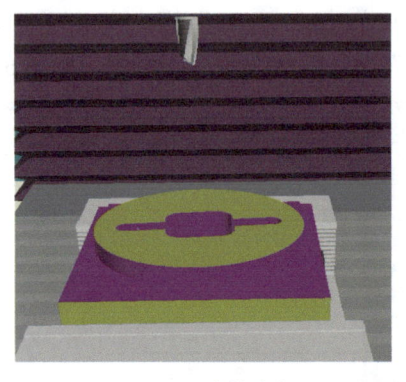

图 6-138　内轮廓加工

20）钻中心孔：单击"机床操作"选择中心钻，将 O0004 程序输入机床，单击循环启动按钮。

21）钻孔：单击"机床操作"，选择 $\phi 6mm$ 的钻头，将 O0005 程序输入机床，单击循环启动按钮，如图 6-139 所示。

6.7.6　检测与分析

1）单击"工件测量"→"距离"，进入工件测量界面，如图 6-140 所示。

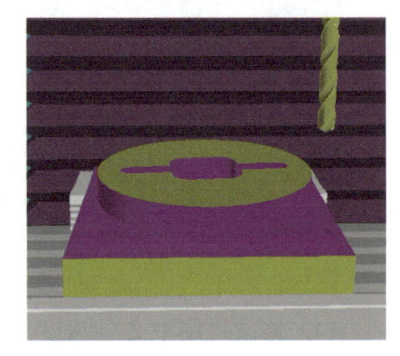

图 6-139　钻孔加工模型

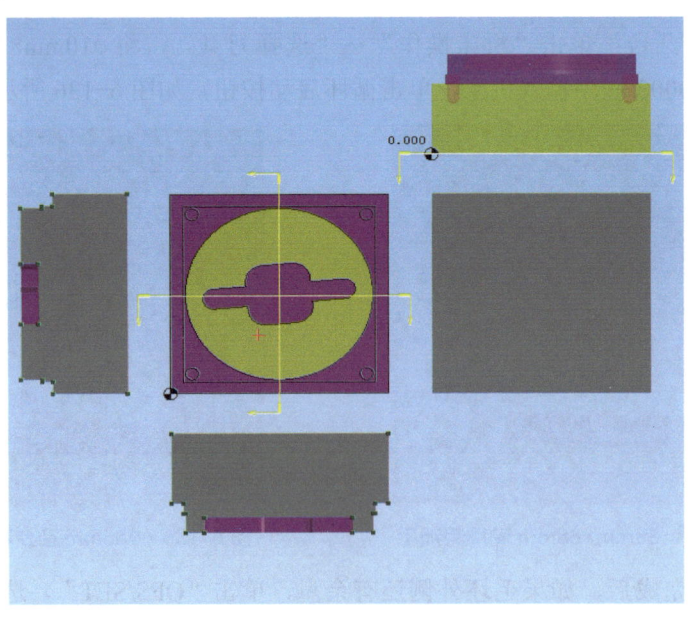

图 6-140　工件测量界面

2）根据图样尺寸要求，单击如图 6-141 所示位置，可以测量深度。

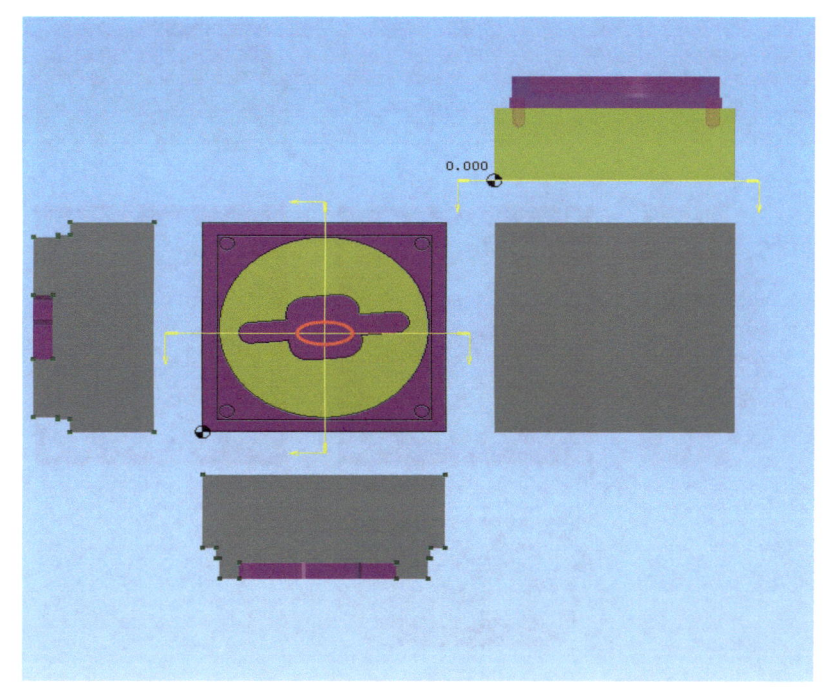

图 6-141 深度检测界面

3）测得几个深度的尺寸 8mm、10mm、15mm，符合图样要求，如图 6-142 所示。

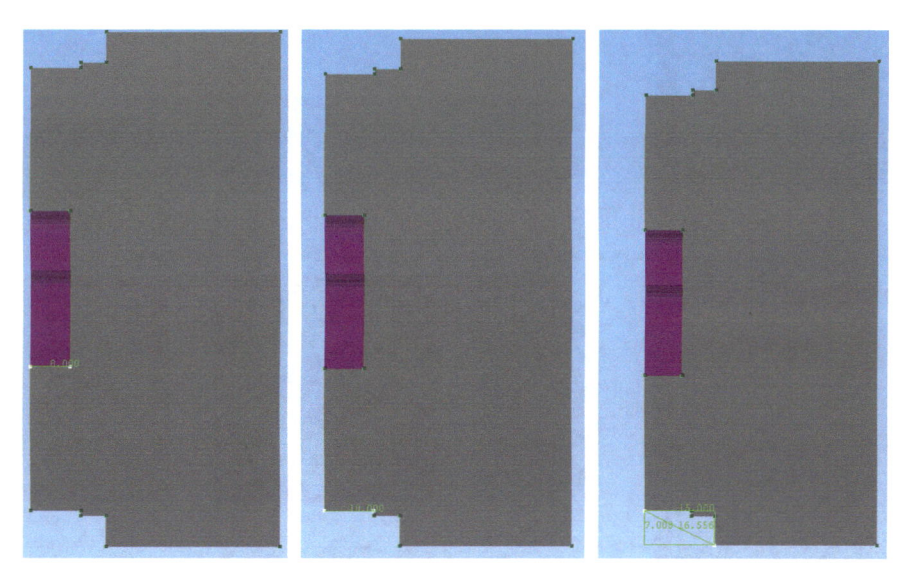

图 6-142 深度测量

4）根据图样尺寸要求，单击如图 6-143 所示位置，可以测量尺寸 88mm×88mm。

5）测得尺寸为 88mm 和 88mm，如图 6-144 所示。

6）根据图样尺寸要求，单击如图 6-145 所示位置，可以测量尺寸 ϕ86mm。

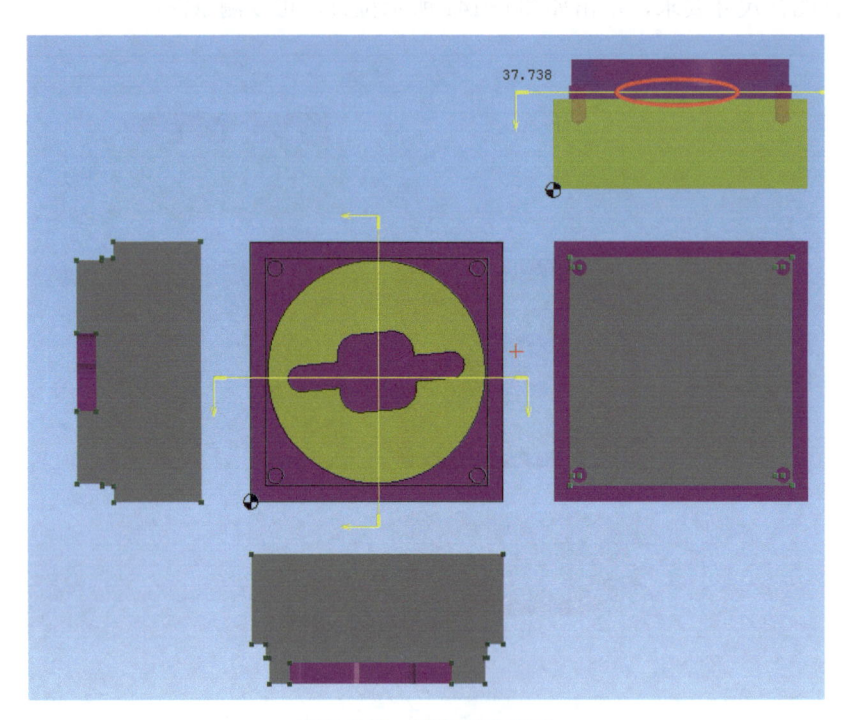

图 6-143 轮廓测量界面

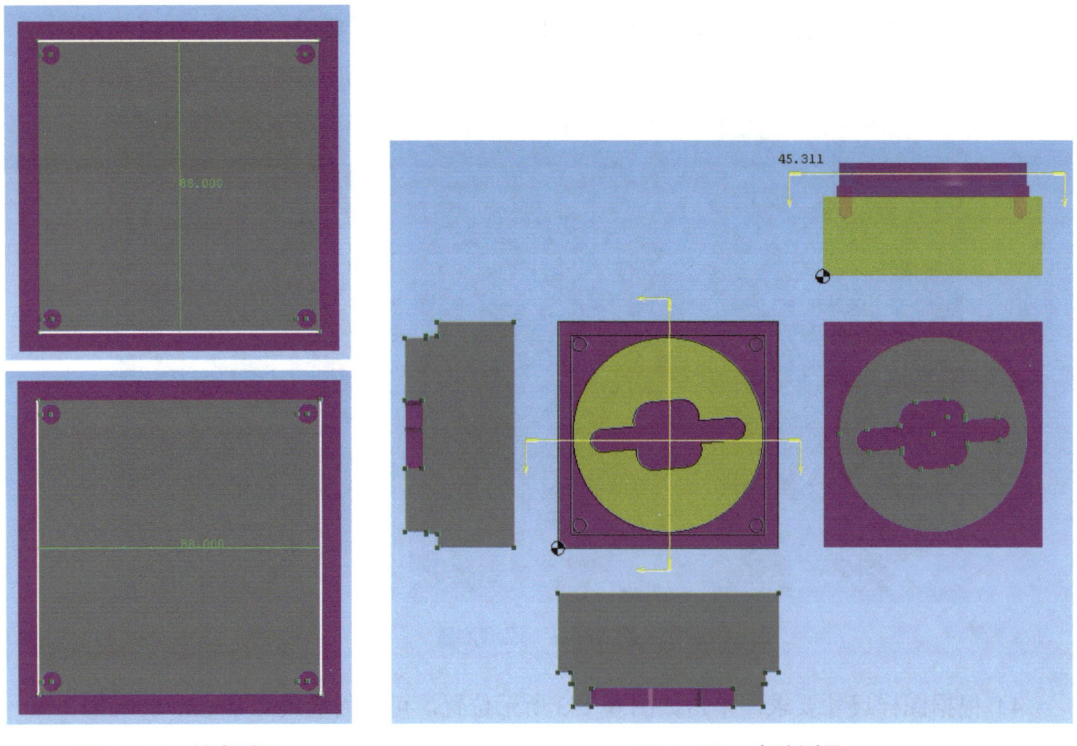

图 6-144 轮廓测量

图 6-145 内孔测量

7）测得相关尺寸为 $\phi86$mm、30mm、10mm，如图 6-146 所示。

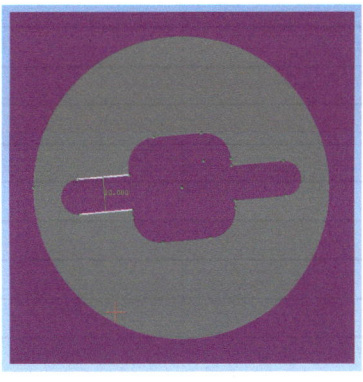

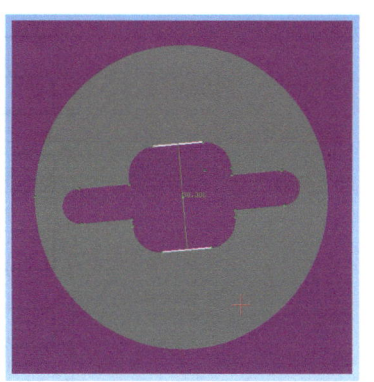

图 6-146 内外轮廓测量

6.8 加工中心宏程序编程仿真实例

如图 6-147 所示,有一块 100mm×100mm 的平板需要加工其上表面,试通过宏程序方式编写程序。

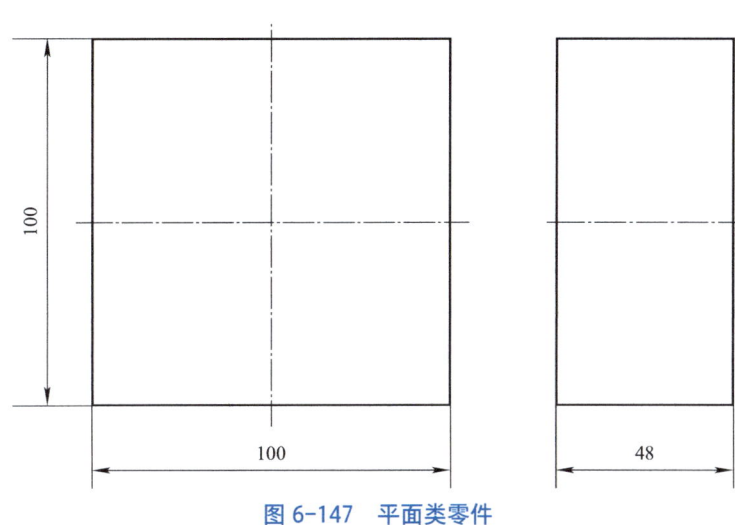

图 6-147 平面类零件

6.8.1 工艺分析

1)工件坐标系预设为 G54,选择零件中心为编程原点,水平向右为 X 轴正向,竖直向上为 Y 轴正向,垂直于纸面向上为 Z 轴正向,工件的上表面定为 Z0。

2)需要加工的部分为:使用 ϕ12mm 的立铣刀加工 100mm×100mm 的上表面,采用双向来回形式减少刀具空切时间。

6.8.2 走刀路线

铣平面走刀路线为 P—A—B—C—D—E—F—G—H—I—J—K—L—M—N—O—Q—R—S—T—U—V,如图 6-148 所示。

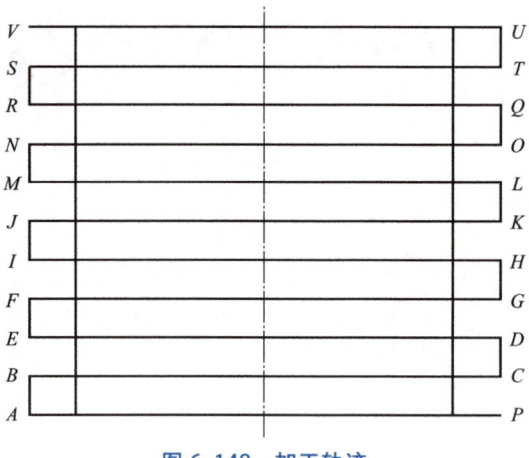

图 6-148 加工轨迹

6.8.3 刀具选择

零件材料为硬铝，加工采用的刀具参数见表 6-28。

表 6-28 加工刀具参数表

刀具号码	刀具名称	刀具材料	刀具直径/mm	转速/(r/min)	径向进给速度/(mm/min)	轴向进给速度/(mm/min)	备注
T1	端铣刀	高速钢	φ12	800	200	200	

6.8.4 加工程序

加工程序见表 6-29。

表 6-29 加工程序

程序内容	说明
O0001;	程序名
#1=100;	矩形 X 方向边长
#2=100;	矩形 Y 方向边长
#3=12.0;	（平底立铣刀）刀具直径
#4=-#2/2;	Y 坐标设为自变量，赋初始值为 -#2/2
#14=0.8*#3;	变量 #14，即步距（0.8 倍刀具直径）
#5=[#1+#3]/2+2.0;	开始点的 X 坐标
G54 G90 G49 G40 S1300 M3;	刀具初始化，选用户坐标系为 G54
G43 H1 Z100;	1 号刀的长度补偿
X#5Y#4;	定位到 X#5Y#4 上方
Z5;	
G01 Z-2. F100;	
N1 IF[#4GT[#2/2+0.3*#3]] GOTO2;	如果刀具还没有加工到上边缘，继续以下循环
G01 X-#5 F200;	开始铣削，G01 移动至左边
#4=#4+#14;	Y 坐标即变量 #4 递增 #14

（续）

程序内容	说明
Y#4;	Y 坐标向正方向 G01 移动 #4
X#5;	G01 移动至右边
#4=#4+#14;	Y 坐标即变量 #4 递增 #14
Y#4;	Y 坐标向正方向 G01 移动 #14（完成一个循环）
GOTO1;	循环 1 结束
N2 G0 Z100.0;	循环结束，提刀至安全高度
M05;	主轴停止
M30;	程序结束

6.8.5 操作过程

1）打开斯沃数控软件，选择"FANUC 0i-MF Plus"，单击"运行"按钮，如图 6-149 所示。

扫一扫，看视频

图 6-149 启动界面

2）单击机床操作面板中的启动按钮，单击急停按钮解除警报，启动机床，如图 6-150 所示。

图 6-150 开机

3）在主界面选择"机床操作"→"选择刀具"（快捷键 Ctrl+T），打开"刀具库管理"对话框，如图 6-151 所示。

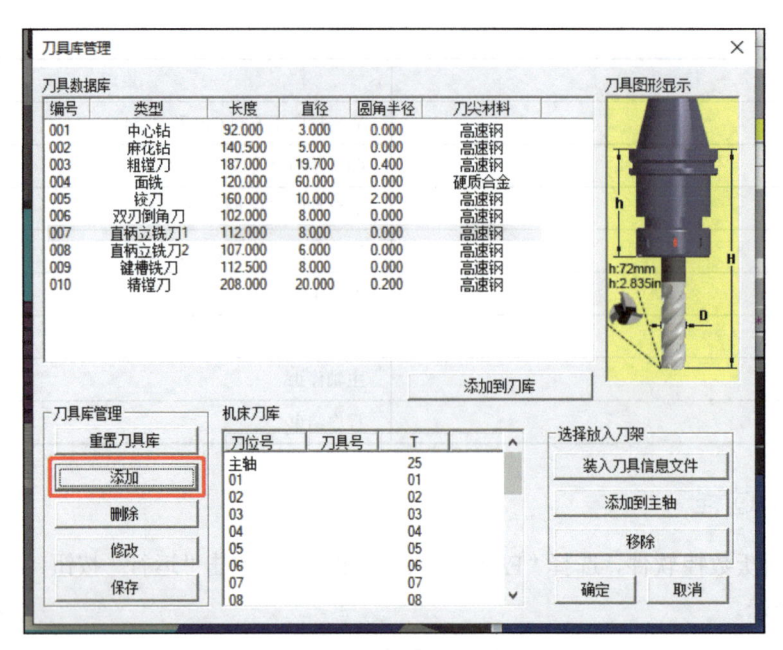

图 6-151 刀具库管理

4）单击"添加"按钮，打开"添加刀具"对话框，如图 6-152 所示。

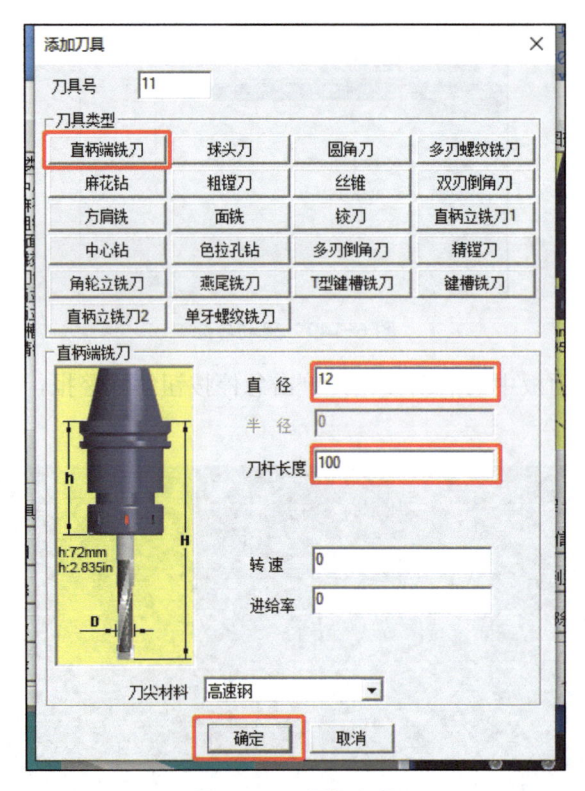

图 6-152 添加刀具

5）单击"直柄端铣刀"，"直径"输入 12，"刀杆长度"输入 100（刀杆长度包含刀柄长度加铣刀伸出长度），最后单击"确定"按钮完成刀具的创建。

6）在"刀具数据库"中选中刚创建的直柄端铣刀，单击右边的"添加到刀库"按钮，将其添加到"主轴刀位"，如图 6-153 所示。

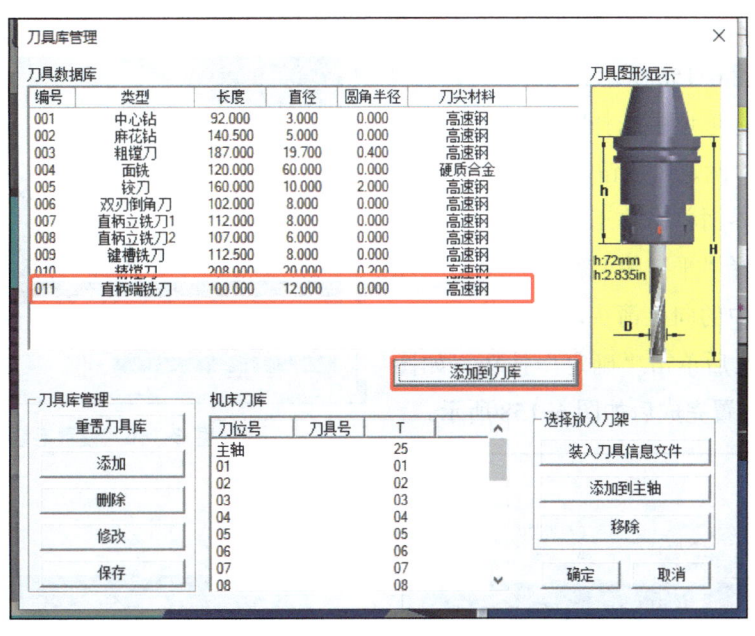

图 6-153　添加到机床

7）单击"确定"按钮，如图 6-154 所示。
8）设置毛坯尺寸：到主界面单击"工件操作"→"毛坯选择"，如图 6-155 所示。

图 6-154　刀具安装模拟

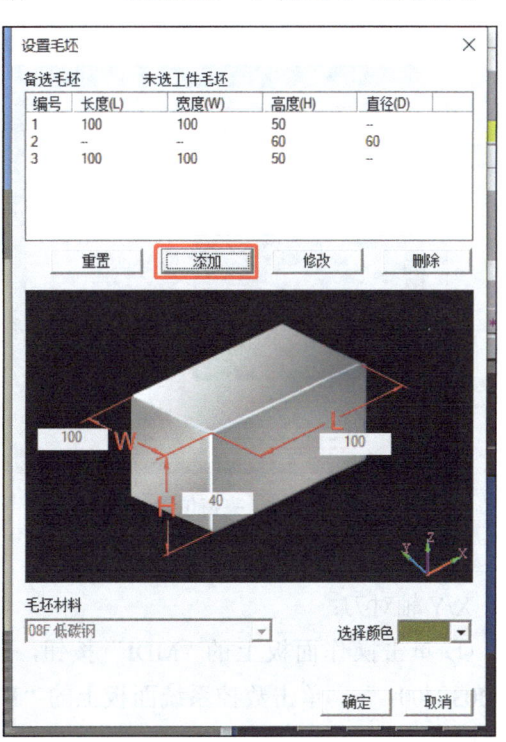

图 6-155　毛坯选择

9）单击"添加"按钮，设置毛坯的长、宽、高，毛坯材料为2A12铝，然后单击"确定"按钮，如图6-156所示。

10）在备选毛坯中选择刚刚所创建的毛坯，然后单击"确定"按钮。

11）在主界面单击"工件操作"→"工件装夹"，选择"平口钳装夹"，单击"加紧上下调整"中的向上箭头，使工件伸出长度为30mm，然后单击"确定"按钮，如图6-157所示。设置完成后如图6-158所示。

图6-156　设置毛坯

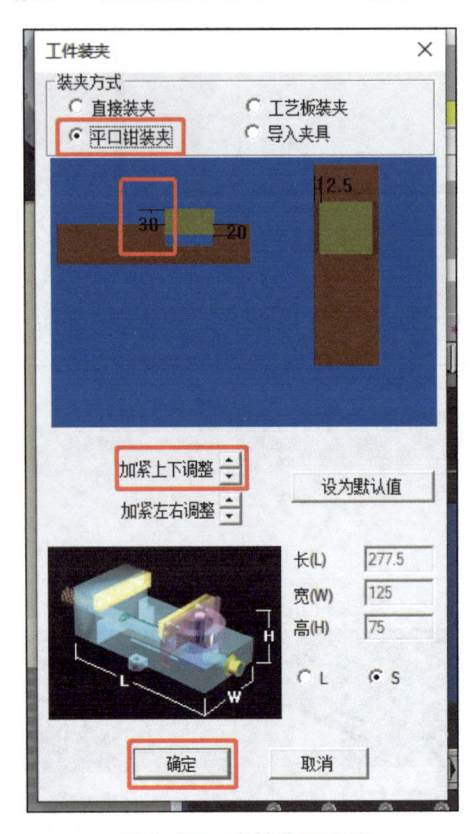

图6-157　夹持位置设置

图6-158　模拟机床毛坯装夹方式

12）对刀。

X/Y轴对刀：

① 单击操作面板上的"MDI"按钮，单击数控系统面板上的"PROG"按钮，输入"M03S400;"，单击数控系统面板上的"INSERT"插入键，单击操作面板上的"CYCLE START"循环启动键启动主轴。

② 单击"HANDLE"按钮进入手轮进给方式，让刀具慢慢接触到工件左侧，直到发现

有少许切屑为止,然后单击数控系统面板上的"POS"键,单击显示屏下方"相对"所对应的软键,输入"X"选择"起源"后单击"执行"按钮。此时相对坐标中 X 值会变成"X0",如图 6-159 所示。

图 6-159 X 轴起源设置

③ 抬起刀具至工件上表面之上,快速移动,让刀具靠近工件右侧。

④ 单击"HANDLE"按钮进入手轮进给方式,让刀具接触工件右侧,直到发现有少许切屑为止,记下此时机械坐标系中的 X 坐标值,如 111.6,然后进行以下操作:选择"OFS/SET",单击显示屏下方"工件坐标系"所对应的软键,移动光标将黄色的框移动至 G54 选项中,输入"X55.8"选择"测量",此时工件坐标系的 G54 栏中 X 值为 -400.00,绝对坐标中的 X 值会变成"X55.8"。

注:Y 轴对刀先碰工件后面,再碰工件前面,其余操作与 X 轴对刀一致,如图 6-160 所示。

图 6-160 G54 坐标系设置

Z 轴对刀：

① 启动主轴正转，快速将刀具移动到工件上表面附近。

② 用手轮操作模式，让刀具慢慢接触到工件上表面，直到发现有少许切屑为止，然后进行以下操作：选择"OFS/SET"，单击显示屏下方"刀偏"所对应的软键，移动光标将黄色的框移动至 001 号"形状"一栏中，观察显示屏右侧机械坐标中的 Z 值，如为 −145.099，则将该值输入 001 号"形状"位置，如图 6-161 所示。

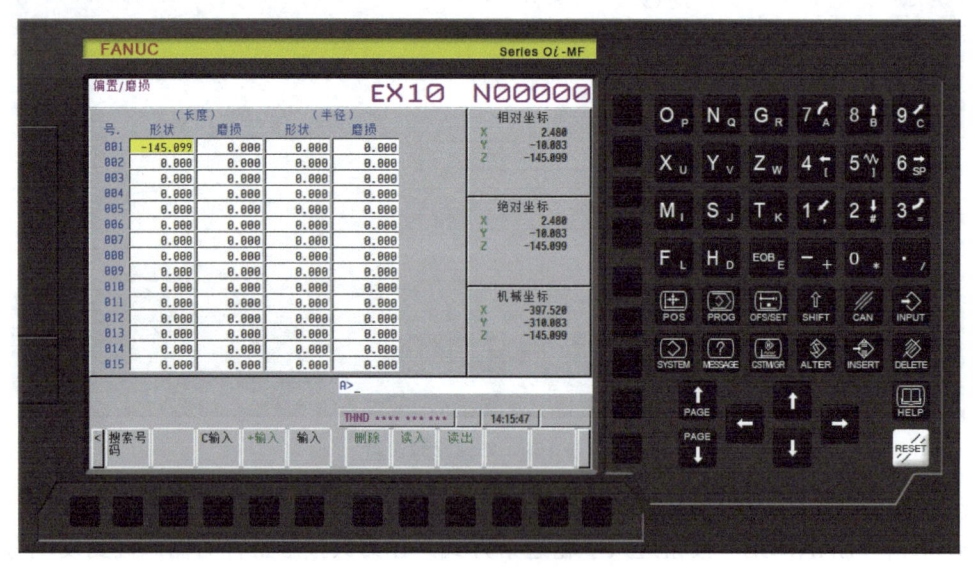

图 6-161 刀偏设置界面

13）单击数控操作面板上的"EDIT"键，单击系统面板中的"PROG"键进入程序编辑面板，将上面程序输入系统。

14）单击"AUTO"键，单击"程序检查"软键，可以监控程序。单击"CYCLE START"循环启动按钮启动程序，如图 6-162 所示。

图 6-162 程序检测加工界面

6.8.6 检测与分析

1）单击"工件测量"→"距离",进入工件测量界面,如图 6-163 所示。

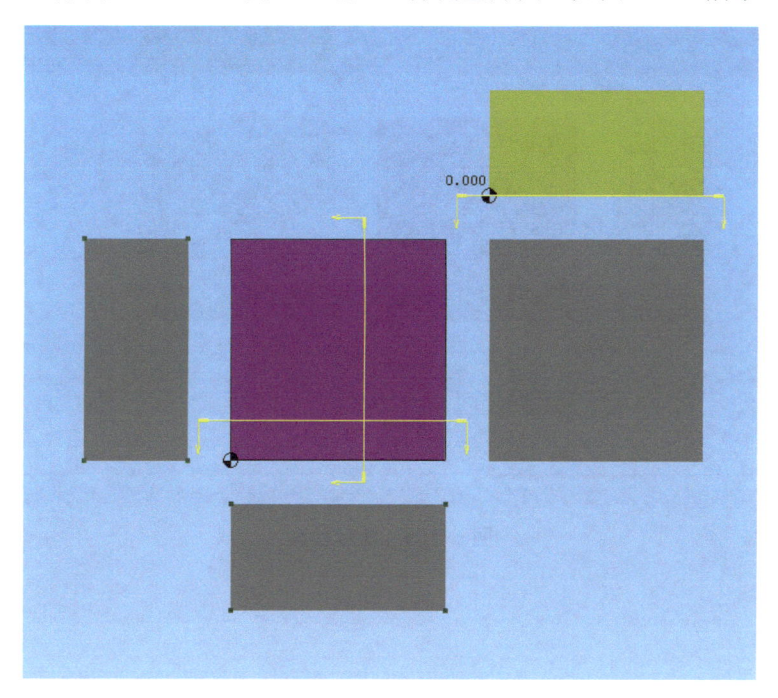

图 6-163 工件测量界面

2）根据图样尺寸要求,单击如图 6-164 所示位置,可以测量深度。

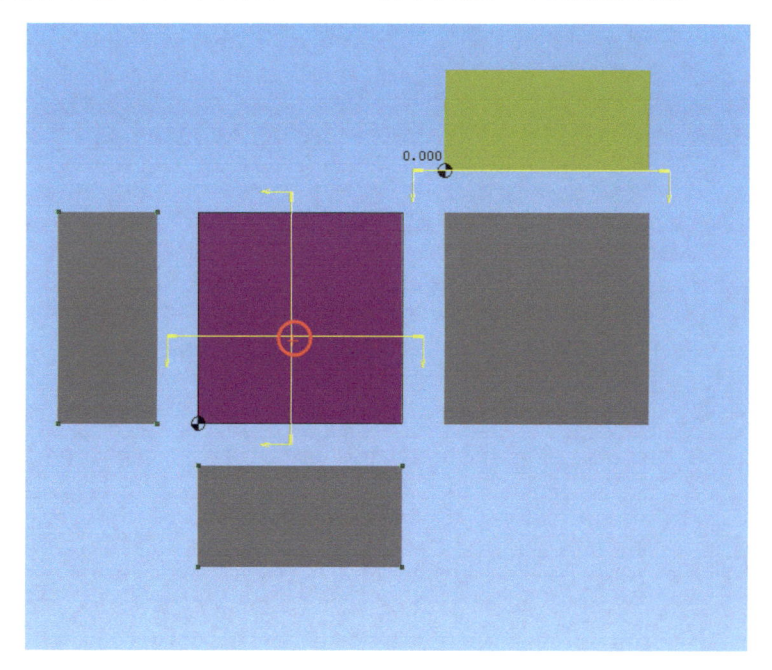

图 6-164 深度检测界面

3）测得几个深度的尺寸 48mm,符合图样要求,如图 6-165 所示。

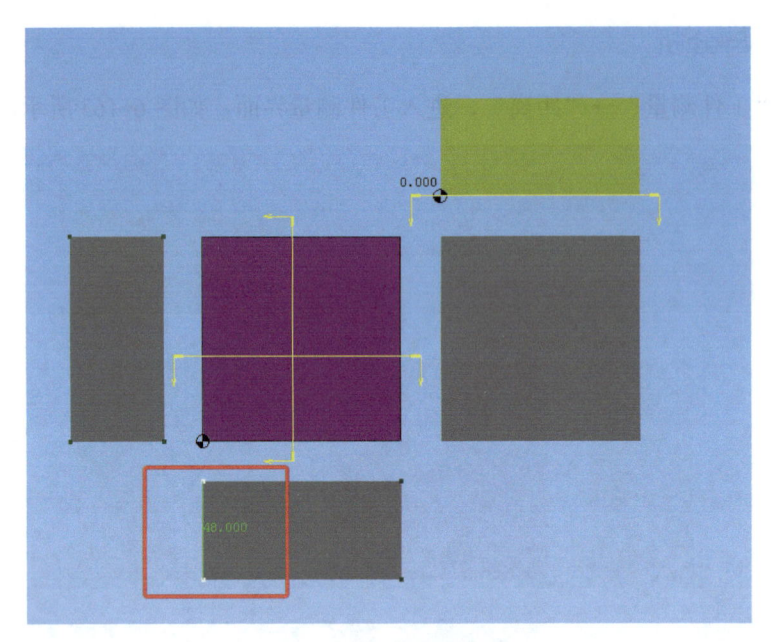

图 6-165　深度检测

附录 斯沃 V7.36 操作中常见问题及处理方法

问题 1 为什么车床不能切换成四方刀架？

答： 只有在选中第一个"General"模型时才能切换，其他模型都是后置刀架固定方位。操作如下：

1）将光标移动到机床模型上右击，弹出附图 1，勾选"显示视图树"，不勾选"只显示 G 代码"。

2）单击附图 2 所示"Machine Model"前面的"+"号，展开机床模型。

附图 1 显示视图树

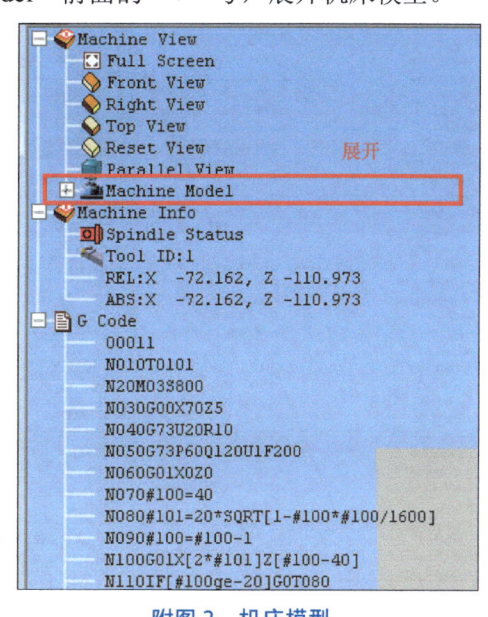

附图 2 机床模型

3）展开之后出现附图 3，仅"General"模型可以切换为四方刀架，其他模型是默认刀架（无法改变）。

问题 2 为什么打开车床出现"刀架上无 6 号刀具"的报警？

答： 原因是当前程序中的"T0606"NC 代码和当前的四方刀架发生冲突，6 号刀无法在四方刀架上安装。

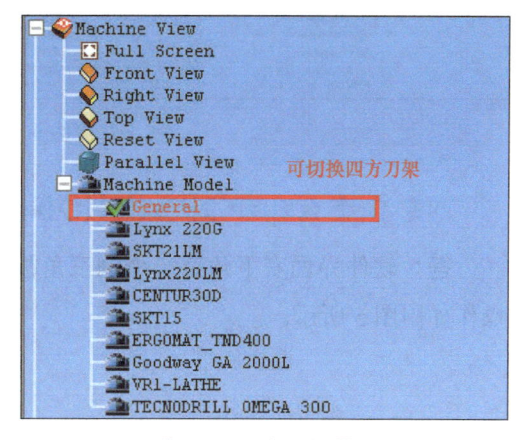

附图 3 四方刀架模型

解决方法有两个：

方法1：单击左侧工具栏中的"清空 NC 代码"按钮 。

方法2：把四方刀架设置成超过 6 个方位的刀架（例如八方刀架）即可。

问题 3 在加工中心和铣床中，输入刀具半径补偿值后为什么发生欠切或过切？

答： 在不同的系统中，半径补偿值的定义有所不同、可表示直径或半径，同一个系统也可以更改系统参数来指定。斯沃数控仿真软件可通过修改配置文件 config.ini 中的 DiameterOffset=1 或 0 指定是直径还是半径，默认 DiameterOffset=1 表示直径（见附图 4）。

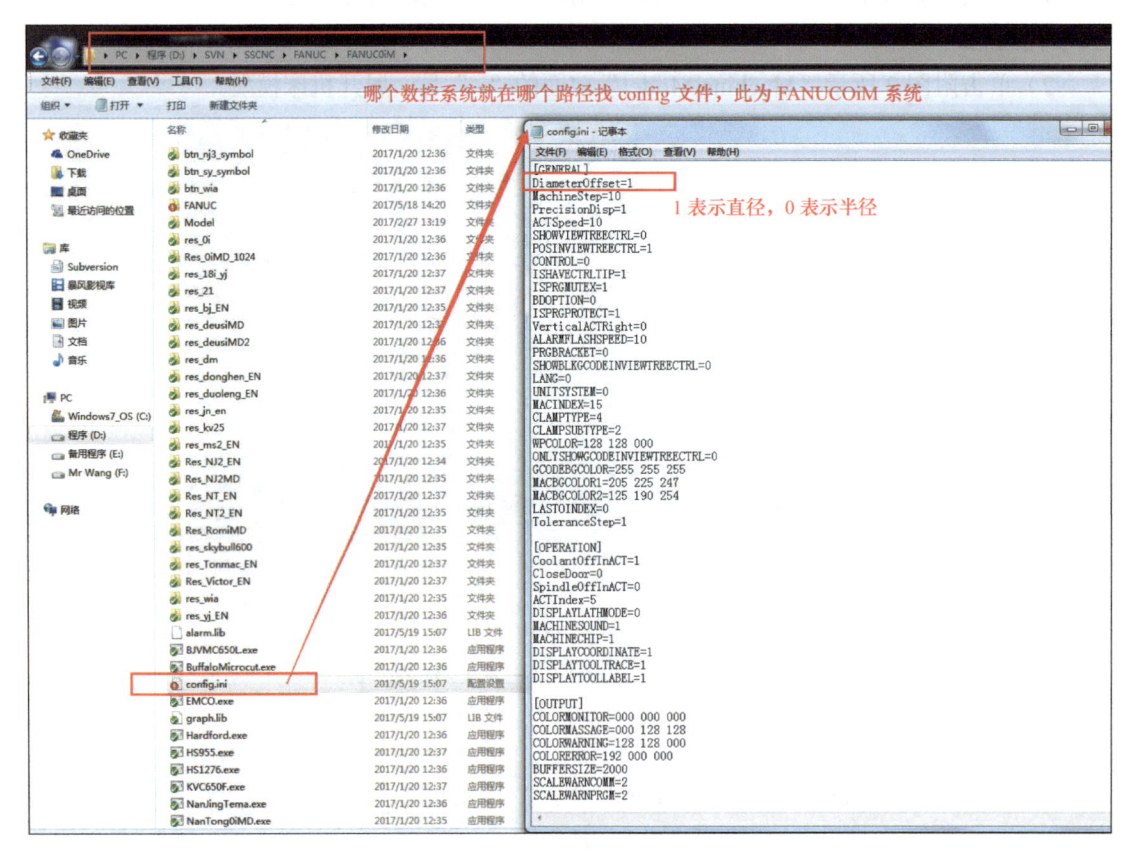

附图 4　半径补偿值设置

问题 4 怎么切换不同厂家的数控操作面板？

答： 软件界面右下角有一个倒三角按钮，单击此按钮可以弹出各个厂家的操作面板。操作如附图 5 所示。

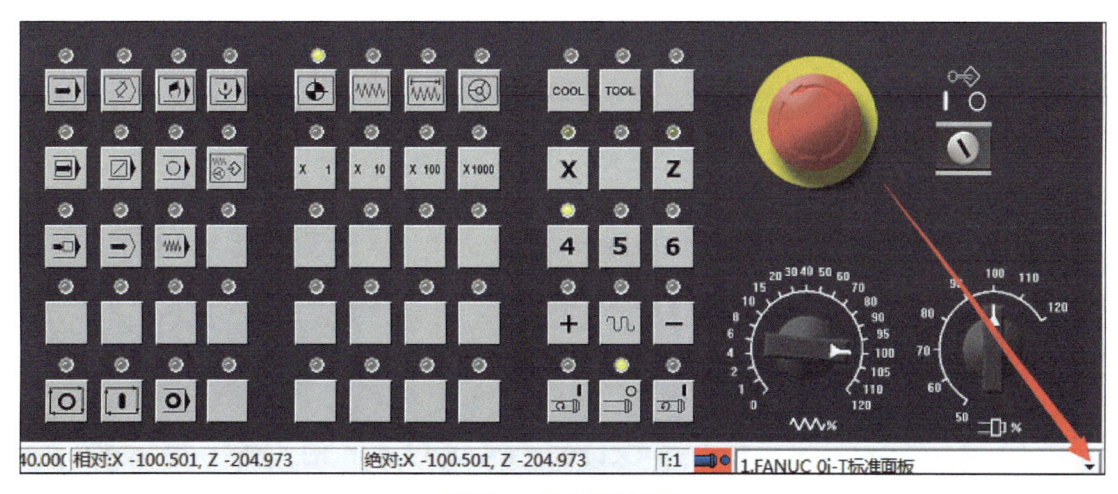

附图 5　切换操作面板

问题 5　为什么打开软件后左边的工具栏菜单是灰色的，不能使用？

答：这是因为急停按钮没有释放。将其释放后左边工具栏菜单就变亮了，如附图 6 所示。

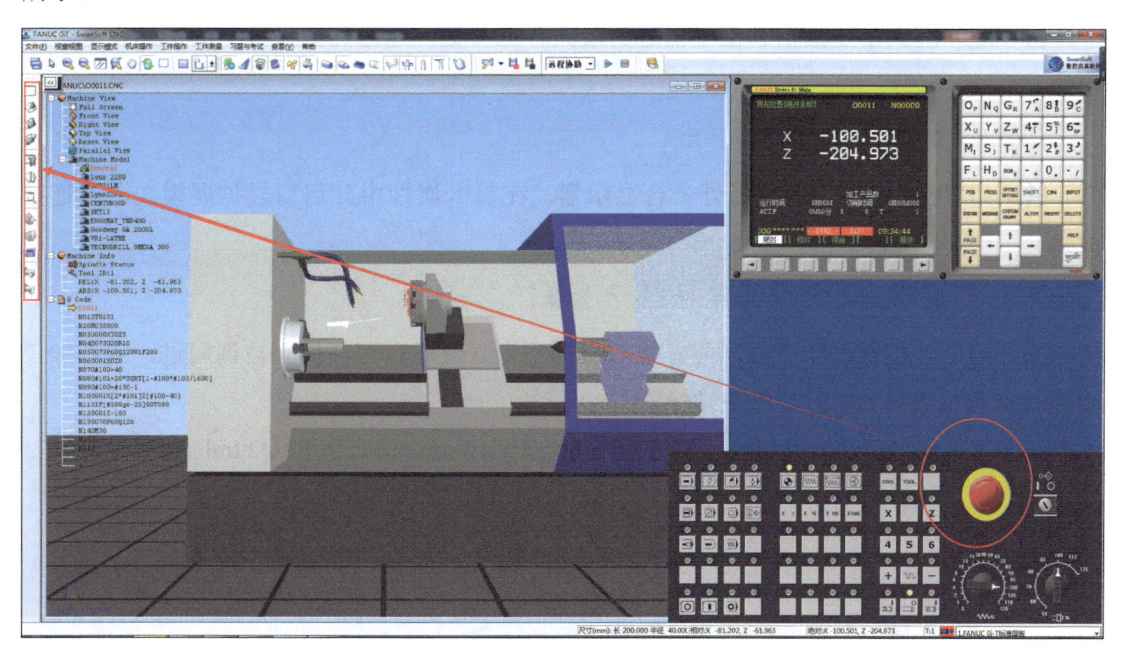

附图 6　释放急停按钮

问题 6　打开软件后出现红色的 **ALM** 报警是怎么回事？

答：这是因为舱门没有关闭。只要关闭舱门，ALM 报警就会消失，如附图 7 所示。

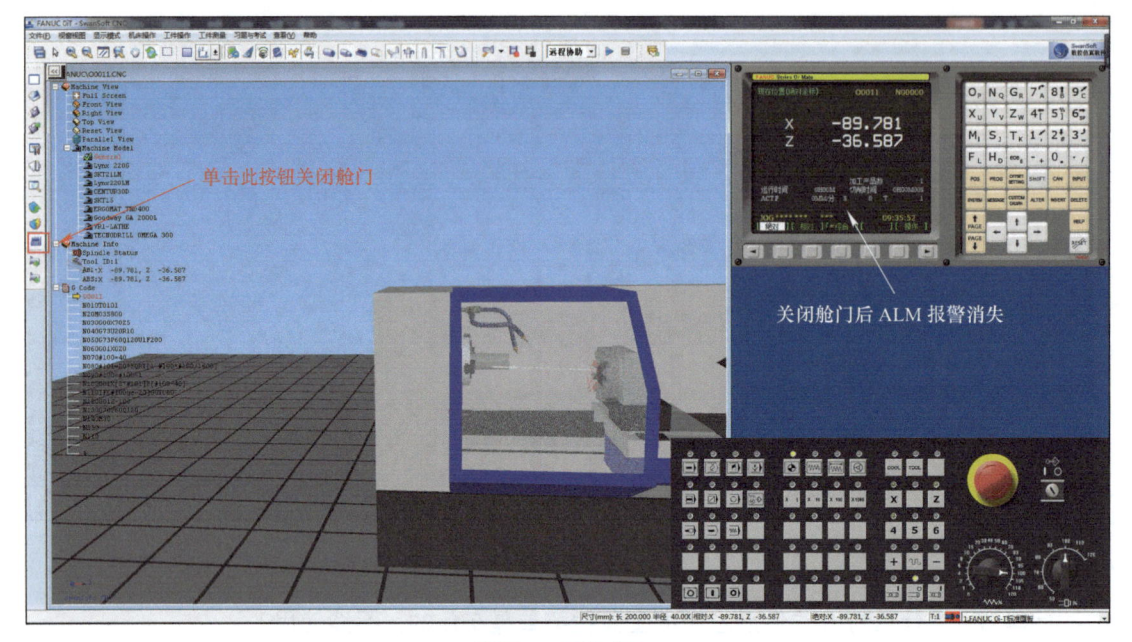

附图 7 关闭舱门

问题 7 怎么理解参数设置里面的"缓冲区大小"?

答: 缓冲区大小是指消息框中消息的最大存放个数,超过此数,最早的消息将被自动删除。

问题 8 双显示器功能怎样开启?

答: 用 VGA 信号线连接另外一台显示器,在显卡属性中开启双显扩展模式,可连接成功。

问题 9 为什么回参考点后绝对坐标不为 0?

答: 回零是指将机床坐标回零。绝对坐标不为 0 说明有刀补值且被调用过,或者加工中心 G54 坐标系被调用过,是正常现象。

更多常见问题解决方案可通过官方网址 http://www.swansc.com/FAQ.html 查看。

参 考 文 献

[1] 何平. 加工中心仿真实训教程 [M]. 北京：国防工业出版社，2015.

[2] 涂志标，张子园，黎胜容. 斯沃 V6.20 数控仿真技术与应用实例详解 [M]. 北京：机械工业出版社，2012.

[3] 关雄飞. 数控加工工艺与编程 [M]. 北京：机械工业出版社，2011.

[4] 彭美武. 宇龙 4.2 数控仿真技术与应用实例详解 [M]. 北京：机械工业出版社，2012.